土木工程应用软件
——理论基础及其工程应用

王春江　编著

中国建筑工业出版社

图书在版编目（CIP）数据

土木工程应用软件：理论基础及其工程应用/王春江编著. —北京：中国建筑工业出版社，2019.3
ISBN 978-7-112-23323-6

Ⅰ.①土…　Ⅱ.①王…　Ⅲ.①土木工程-应用软件-高等学校-教学参考资料　Ⅳ.①TU-39

中国版本图书馆 CIP 数据核字（2019）第 028253 号

　　本书是为了满足土木建筑类本科教学阶段中关于软件应用和相关实践类课程的教材需要而编写的。不局限于简单的软件操作，而是从原理和方法出发，较详细介绍了结构分析类的土木工程应用软件。本教材共分为 12 章，第 1 章，概述了计算机、软件、土木工程计算等方面的历史背景和发展脉络；第 2～5 章，从有限元的基本概念讲起，让学生掌握结构分析和有限元的基本原理；第 6 章，概述了目前发展比较迅猛的 BIM 技术，并就其在土木工程应用软件的数据库和二次开发技术方面做了简要介绍；第 7～10 章，分别以 MIDAS，ABAQUS，SAP2000 等软件为操作平台，分别针对多层框架结构、高层框架-剪力墙结构、大跨空间结构等几种基本结构类型介绍了分析和设计的软件操作过程；第 11 章，分别从简单原理和软件操作层面介绍了静力弹塑性、动力弹塑性分析方法；第 12 章，是作者的一点教学心得和体会，介绍了本教材所针对的"土木工程应用软件"课程的教学建议和改进思路。

　　本书可作为高等院校土木建筑类软件实践课程的教材，也可供结构工程技术人员参考之用。

责任编辑：赵梦梅　郭　栋
责任设计：李志立
责任校对：李欣慰

土木工程应用软件——理论基础及其工程应用

王春江　编著

*

中国建筑工业出版社出版、发行（北京海淀三里河路 9 号）
各地新华书店、建筑书店经销
北京科地亚盟排版公司制版
北京富生印刷厂印刷

*

开本：787×1092 毫米　1/16　印张：14¾　字数：365 千字
2019 年 6 月第一版　2019 年 6 月第一次印刷
定价：69.00 元
ISBN 978-7-112-23323-6
（33623）

前　言

我国土木工程设计的发展历史，经历了从手工计算，到计算机计算，以及现在的如火如荼的云计算和智能计算阶段。自改革开放以来，我国土木工程建设取得了举世瞩目的辉煌成就。目前，在已经建成的高楼中，2016年落成的上海中心大厦（632m）总高度排名世界第二，排在迪拜哈利法塔（828m）之后。在已经建成的大跨径桥梁中，中国苏通长江大桥（主跨1088m），位列斜拉桥跨度排名世界第一；舟山西堠门大桥（主跨1650m），位列悬索桥跨度排名世界第二；已经建成通车的港珠澳大桥，主体工程全长49.968km，成为世界最长的跨海大桥。为迎接2008年奥运会，北京建设了一大批大跨空间结构，像国家体育场"鸟巢"结构、国家游泳中心"水立方"、国家大剧院等。所有这些土木工程的建设成就，都离不开土木工程应用软件的技术支撑。无法想象，如果没有土木工程应用软件作为计算工具，上述任何一项巨大工程的建设将面临何种困难。

伴随着这些巨大、复杂工程项目的实施，对工程技术人员的综合素质，提出了更高的要求。高校土木工程专业现在的目标也是培养未来的卓越工程师，从理论基础到专业素养全面培养出工程师的好苗子。目前，国内土木工程专业方向，关于软件课程的设计，大致分为几个方面：一是计算机语言课程，有的学校开设C或C++，有的开设FORTRAN，也有的不开设相关语言类课程，从实践角度考虑，为土木专业的本科生开设计算机语言类的课程是非常有必要的；二是制图类与CAD操作类课程，有的学校是开设两门课程，分别讲述工程制图和CAD操作，有的是把两门课程合并；三是软件应用类课程，有的学校是以ANSYS为主，有的是以PKPM为主，有的是以SAP2000为主，课程名称是各有不同，教材也是五花八门。

本教材就是针对土木工程专业软件应用方面的教学需求，所开设课程"土木工程应用软件"的教学参考书。伴随着土木工程建设和相关领域的飞速发展，土木工程应用软件的功能也发生了翻天覆地的巨大变化，工程应用的实例也是非常的丰富。通过本教材的编写，力图把"土木工程应用软件"这门课程打造成土木工程专业从基础理论到应用实践的桥梁，以及学生融会贯通的知识交汇点和创新创造力的起点。

本教材的基本编排如下，全书分为12章。其中，第1章概述，从计算机的发展、软件的发展、土木工程计算手段的发展阐述其历史背景和发展脉络；通过介绍软件的开发原理和基本过程，以及软件开发模式的发展历程，让学生掌握软件开发的基本方法。第2-5章，从有限元的基本概念讲起，让学生掌握结构分析和有限元的基本原理，结合工程实际软件应用中的单元类型和分析手段进行介绍，这部分可作为本科生的选学内容；第6章BIM技术与土木工程应用软件，该章节是适应目前土木工程应用软件发展的趋势而新增的，系统介绍了BIM的原理和基本应用方法，目前，随着工程项目复杂程度的提高，从土木工程跨专业角度提高效率，已经成为必然的选择，BIM中工程数据库的应用也是很多设计单位和施工单位，甚至是业主单位的选择；第7-10章，分别以Midas，Abaqus，

SAP2000 等软件为操作平台，介绍了一般多层混凝土框架结构、多层钢框架结构、高层框架-剪力墙结构、大跨空间钢结构等几大类常见工程结构类型，及其分析和设计的软件操作过程；第 11 章，是软件的高级应用专题部分，分别从简单原理和软件操作层面详细介绍了静力弹塑性、动力弹塑性分析方法。针对大型复杂工程应用，这一章的学习内容是必要的。第 12 章，系统介绍了本教材所针对的《土木工程应用软件》课程的改革思路和教学建议，为本课程的课堂教学提出了一些建议。

　　本教材的编写，得到了浙江大学董石麟院士、同济大学钱若军教授和王人鹏副教授、上海民用建筑设计研究院李亚明教授级高工和徐晓明教授级高工等专家的大力支持，课题组的滕念管副教授、龚景海研究员等各位老师在本教材的具体细节上都有比较深入的交流探讨和指点；本教材的出版得到了上海交大船建学院赵金城副院长、夏利娟副院长和袁敏主任的关心和支持，并得到了上海交大教务处在教学改革项目上的经费支持；在本教材的编辑和内容整理过程中，研究生贾如钊、蔡文涛等在算例和图表的编辑整理方面付出了辛勤的工作，在此一并表示衷心的感谢！由于时间仓促，错误和不当在所难免，敬请读者不吝指正！

王春江

2019 年 4 月 3 日

于上海交大木兰楼

目　录

1 概　　述

1.1　背景介绍

在我们国家改革开放 40 多年的时间里，我国土木工程领域发生了翻天覆地的变化。高楼大厦鳞次栉比，高度不断刷新纪录，2016 年落成的上海中心大厦（高度 632m）排名世界第二，排在迪拜哈利法塔（高度 828m）之后；大跨空间结构和大跨桥梁结构如雨后春笋般大量涌现，苏通长江大桥（主跨 1088m），位列斜拉桥跨度排名世界第一；舟山西堠门大桥（主跨 1650m），位列悬索桥跨度排名世界第二；港珠澳大桥，主体工程全长 49.968km，成为世界最长的跨海大桥。随着社会的飞速发展，如此鲜活耀眼的工程实例不胜枚举，并在日新月异地发展当中。比照 20 世纪 70、80 年代中国土木工程领域的半手工、半机械化的设计和建造水平，目前在土木工程领域体现出来的生产力水平是非常高的。土木工程的飞速发展与计算手段的飞速发展是息息相关的，土木领域计算对象及其计算方法的复杂度也有了质的提升。

土木工程领域高生产力水平的重要体现，除了机械化和自动化等先进的制作和施工手段普及以外，非常重要的一点就是分析和设计手段的现代化，土木工程应用软件的大量应用。设计工程师从繁琐的图纸工作中解放出来，把智力用于土木工程中复杂模型的分析和设计，以及专业问题的解决。在这 40 多年的发展历程中，土木工程应用软件的种类、功能以及智能化程度都有显著的提升。软件代表了土木行业的先进生产力，是极其重要的工具。软件的发展也反映了土木领域结构新形式发展和重大工程问题研究的新方向。

在我国提出《中国制造 2025》国家战略之际，软件作为土木工程制造领域的关键核心之一，必将得到更大的发展机遇，将来分析、设计、制造、管理一体化将是重要的发展方向。土木工程应用软件已经完全突破了简单绘图工具的发展瓶颈，以及简单设计某一类构件或结构等非常单一的功能的限制，将向跨学科、跨专业、跨领域的智能制造方向发展；也必将为土木领域的再次蓬勃发展起到重要的推动作用。作为土木专业的学生以及一线的土木工程师，掌握 1～2 门土木工程应用软件的使用以及必要的软件技术已经成为土木工程师的必要选择。

本教材试图从计算机和软件的发展历程、软件工程的基本知识、软件编写的专业背景以及具体软件的操作等方面，多角度多层次介绍土木工程应用软件。毕竟土木工程应用软件是一个非常庞杂的对象，要想在一本书里介绍透彻是不可能的，本教材本着重在原理、讲求实效的原则，力图对土木工程应用软件进行较系统性地介绍。

1.2　计算机的发展历史

在介绍土木工程应用软件之前，我们不得不首先介绍一下软件的运行载体——计算机的发展历史。计算机是人类历史上第三次科技革命中的重要产物，为人类生产力的提高起到了巨大作用。计算机是人类征服自然改造自然过程中发明的重要工具，也是人类科技发展史上的杰作，是第三次科技革命中的重要发明。伴随而来的科技革命把人类认识世界、改造世界的能力大大往前推进了。

第三次科技革命是人类文明史上继蒸汽技术革命（第一次科技革命）和电力技术革命（第二次科技革命）之后科技领域里的又一次重大科技飞跃。第三次科技革命以原子能、电子计算机、空间技术和生物工程的发明和应用为主要标志，涉及信息技术、新能源技术、新材料技术、生物技术、空间技术和海洋技术等诸多领域的一场信息技术革命。其中，计算机的发明和应用是其间的重要科技成就，并对其他科技成果的诞生产生了重要的支撑作用。第三次科技革命的出现，既是由于基础科学理论出现了重大突破，并具备了一定的物质和技术基础而形成的科技领域的重大进步，也是由于当时社会发展的需要以及各国对高科技迫切需求的结果。电子计算机技术的利用和发展是其中一项重大科技成果。

在推动计算机发展的众多因素中，电子元器件的发展起着非常重要的基础作用；其次，计算机系统结构和计算机软件技术的发展也起了重要的推动作用。从生产计算机的主要技术要素来看，计算机的发展过程大致可以划分为四个阶段：

(1)　第一代计算机，电子管计算机时代（1943～1957 年）

第一代计算机的基本特征是采用电子管（Election Tube）作为计算机的逻辑元件；内存储器采用水银延迟线；外存储器采用磁鼓、纸带、卡片等。最早的计算机运算速度只有每秒几千次到几万次基本运算，内存容量只有几千个字节，而且，只能用二进制表示的机器语言或汇编语言编写程序。由于第一代计算机的体积大、功耗大、造价高、使用不便，因此，当时主要用于军事和大型科研部门的数值计算，在民用领域应用很少。

1943 年二战期间英国推出了一款可编程的计算装置，主要用于破译德国的密码，该装置包括了 2400 个真空电子管，每秒能解译 5000 个字符。世界上第一台真正意义上的电子数字式计算机于 1946 年 2 月 15 日在美国宾夕法尼亚大学正式投入运行，它的名称叫ENIAC（埃尼阿克），是电子数值积分计算机（The Electronic Numberical Intergrator and Computer）的缩写。它使用了 17468 个真空电子管，耗电 174kW，占地 170m^2，重达30t，每秒钟可进行 5000 次加法运算。虽然它的功能还比不上今天最普通的一台微型计算机，但在当时它已是运算速度的绝对冠军，并且其运算的精确度和准确度也是史无前例的。以圆周率（π）的计算为例，中国的古代科学家祖冲之利用算筹（用一根根同样长短和粗细的小棍子制作的计算工具，功能类似算盘），耗费 15 年心血，才把圆周率计算到小数点后 7 位数。一千多年后，英国数学家香克斯·威廉（Shanks William）以毕生精力计算圆周率，计算到小数点后 707 位。而使用 ENIAC 进行计算，仅用了 40s 就达到了这个记录，还发现香克斯的计算中，第 528 位是错误的。ENIAC 奠定了电子计算机的发展基础，开辟了一个计算机科学技术的新纪元，人们将其视为人类第三次科技革命开始的标志。

　　ENIAC 诞生后的 1946 年 6 月，数学家冯·诺依曼针对计算机的体系结构提出了重大的改进理论，起草了一个存贮程序通用电子计算机方案（Electronic Discrete Variable Automatic Computer，EDVAC），对 ENIAC 进行了改造，主要有两点：（一）电子计算机应该以二进制为运算基础；（二）电子计算机应采用存储程序方式工作，并且进一步明确指出了整个计算机的结构应由五个部分组成：运算器、控制器、存储器、输入装置和输出装置。该体系的设计体现了"存储程序原理"和"二进制"的思想，这就是著名的冯·诺依曼型计算机结构体系，对后来计算机的发展产生了深远的影响。冯·诺依曼这些理论的提出，解决了计算机运算的自动化问题和速度配合问题，对后来计算机的发展起到了决定性的作用。直至今天，绝大部分的计算机还是采用冯·诺依曼体系结构。

　　虽然二进制在计算机中使用的合理性以及关于存储器的设想，在冯·诺依曼之前就有人提出。但是，冯·诺依曼的功绩在于他不仅提出并论证了这些新思想、新概念，而且还研究了实现它们的方法，即提出了 EDVAC 和 IAS 机方案（IAS 是普林斯顿高等研究院，the Institute for Advance Study at Princeton，的简写）。1951 年，IAS 机以比 ENIAC 快几百倍的事实以及后来的研制计算机的经验证明了冯·诺依曼结论的正确性。冯·诺依曼的报告是对通用电子计算机线路结构方面的巨大贡献。人们确认，计算机工程的发展很大程度上归功于冯·诺依曼，因为无论是计算机的逻辑图式，还是计算机中存储、速度、基本指令的选取以及线路之间相互作用的设计，都深深地受到冯·诺依曼思想的影响，因此，冯·诺依曼被人们誉为"电子计算机之父"。

（2）第二代计算机，晶体管计算机时代（1958～1964 年）

　　第二代计算机的特征是用体积更小的固体晶体管（Solid Transistor）代替了体积较大的玻璃电子管（Electronic valve）；采用磁芯作为内存储器，采用磁盘、磁带等作外存储器；不但体积缩小、功耗降低，运算速度也提高到了每秒几十万次基本运算，内存容量也扩大到了几十万字节。在这个时候，计算机软件技术才开始有了真正的起步和发展，出现了像 FORTRAN、ALGOL-60、COBOL 等高级程序设计语言，大大方便了计算机的使用。因此，它的应用从数值计算扩大到了数据处理、工业过程控制等领域，并开始进入商业市场。在那个年代，代表性的计算机是 IBM 公司生产的 IBM-7094 机和 CDC 公司的 CDC-1604 机。虽然以今天的眼光来看，那就是个巨大而笨重的机器，但是，在当时代表着最先进的生产力。

（3）第三代计算机，集成电路计算机时代（1964～1975 年）

　　第三代计算机的特征是采用集成电路（Intergrated Circuit，IC）代替了分立元件。集成电路是把多个电子元器件集中在几平方毫米的基片上形成复杂的逻辑电路（Logic Circuits）。第三代计算机发展，从每个基片上集成几个到十几个电子元件（逻辑门）的小规模集成电路，逐步发展到每个基片上集成几十个元件的中规模集成电路的基本电子元件。第三代计算机已开始采用性能优良的半导体存储器取代磁芯存储器；运算速度提高到每秒几十万到几百万次基本运算。在存储器容量和可靠性等方面都有了较大的提高。

　　同时，计算机软件技术的进一步发展，尤其是操作系统的逐步成熟是第三代计算机的显著特点。多处理机、虚拟存储器系统以及面向用户的应用软件的发展，大大丰富了计算机软件资源。为了充分利用已有的软件，解决软件兼容问题，出现了系列化的计算机。当时，比较有影响的机型有：IBM 公司研制的 IBM-360 计算机系列；DEC 公司研制的 PDP-8 机、PDP-11 系列机以及后来的 VAX-11 系列机等。这些机型都曾对计算机的推广和发展起到极大的推动作用。

（4）第四代计算机，大规模集成电路计算机时代（1975 年～今）

第四代计算机的特征是由每个基片上集成几百到几千个逻辑门的大规模集成电路 LSI（Large-Scale Integration）来构成计算机的主要功能部件；主存储器采用集成度很高的半导体存储器；运算速度可达每秒几百万次甚至上亿次基本运算。大规模集成电路技术的产生，对电子元器件的发展和计算机的发展起到了巨大的推动作用，计算机领域也因此出现了反映计算机硬件发展速度的摩尔定律（Moore Law）。在软件方面，出现了数据库系统、分布式操作系统等，应用软件的开发已逐步成为一个庞大的现代产业。

时至今日，计算机硬件的体系结构已经发展到一个相对稳定的阶段，或者说一个瓶颈阶段，当前硬件发展的摩尔定律已经到了极限。目前流行的冯·诺依曼结构的计算机体系结构图如图 1-1（a）所示；计算机的详细设备构成如图 1-1（b）所示。

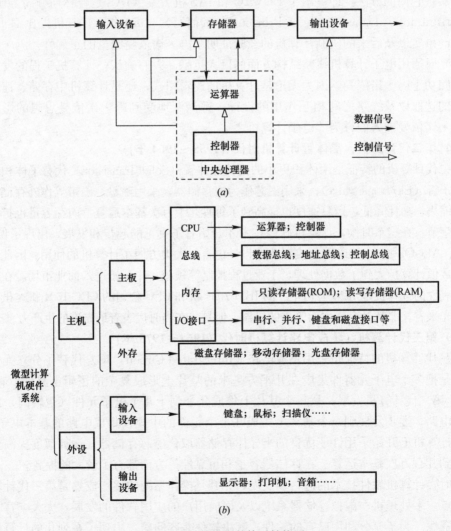

图 1-1　计算机硬件体系结构图
(a) 冯-诺依曼计算机体系结构示意图；(b) 计算机硬件设备关系示意图

在计算机的发展历史上，出现过两种计算机存储器结构：冯·诺依曼结构和哈佛结构。冯·诺依曼结构的计算机，其程序和数据共用一个存储空间，程序指令存储地址和数据存储地址指向同一个存储器的不同物理位置；采用单一的地址及数据总线，程序指令和数据的宽度相同；处理器执行指令时，先从储存器中取出指令解码，再取操作数执行运算，即使单条指令也要耗费几个甚至几十个 CPU 时钟周期，在高速运算时，在传输通道上会出现瓶颈效应。哈佛（Harvard）结构，是一种将程序指令存储和数据存储分开的存储器结构；哈佛结构是一种并行体系结构，它的主要特点是将程序和数据存储在不同的存储空间中，即程序存储器和数据存储器是两个相互独立的存储器，每个存储器独立编址、独立访问；分离的程序总线和数据总线可允许在一个机器周期内同时获取指令字和操作数，从而提高了执行速度，取指令和执行能完全并行重叠。两种计算机存储器结构各有优缺点和适用对像，其体系示意图如图 1-2 所示；CPU 内部各个逻辑单元之间的详细关系如图 1-3 所示。

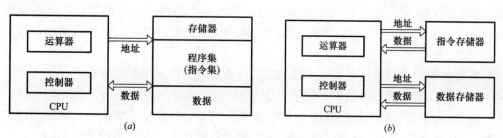

图 1-2　计算机存储器体系结构示意图

（a）冯-诺依曼体系结构；（b）哈佛体系结构

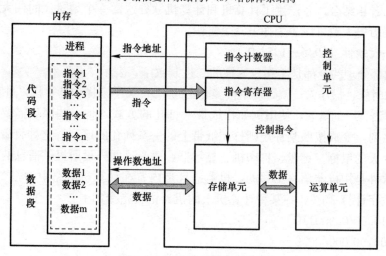

图 1-3　CPU 体系结构示意图

1.3　软件的发展历史

计算机软件（Computer software）是一系列按照特定顺序组织的计算机数据和指令的集合，是用户与硬件之间的通信接口。用户主要是通过软件与计算机进行交流，为了方便用户，使计算机系统具有更高的总体效用，在设计计算机系统时，必须通盘考虑软件与硬件的性能结合，以及用户对软件的要求。

一般来讲，软件被划分为系统软件、应用软件和作用介于这两者之间的中间软件等三大类。其中系统软件为计算机的使用和硬件功能的发挥提供了最基本的功能，但是并不针对某一特定的高级应用领域。而应用软件则恰好相反，不同的应用软件根据用户和所服务的领域不同，来提供具有针对性的不同的软件功能。

系统软件是负责管理计算机系统中各种独立的硬件，使得它们可以协调工作。系统软件使得计算机使用者和其他软件将计算机当作一个整体而不需要顾及到底层每个硬件是如何工作的。一般来讲，系统软件包括操作系统和一系列的基本工具（比如编译器，数据库管理，存储器格式化，文件系统管理，用户身份验证，驱动管理，网络连接等方面的工具）。目前比较流行的系统软件有：WINDOWS，LINUX 等。

应用软件是为了某种特定的用途而被开发的软件。它可以是一个特定的程序，比如一个图像浏览器；也可以是一组功能联系紧密，可以互相协作的程序的集合，比如微软的Office 软件；也可以是一个由众多独立程序组成的庞大的软件系统，比如数据库管理系统SQL SERVER。

计算机出现之前，就已经有很多数学家为计算机软件的诞生和发展打下了坚实的数学理论基础，比如著名的英国数学家阿兰·图灵（Alan Mathison Turing）和他的导师一起努力，在 20 世纪三、四十年代创建立了"图灵机"理论，从理论上解决了计算机软件的核心问题——"计算复杂性"以及"算法表示"。前者研究的是"能不能计算"的问题，后者研究的是"如何计算"的问题，正是有了这样的数学理论作为基础，加上当时电子技术的突飞猛进，二者相结合，才产生了计算机和计算机软件这样一个划时代的伟大产物。计算机软件的发展历史大致可以分为如下几个阶段：

（1）第一代软件（1946～1953 年）

计算机内部处理的全都是 1 和 0 这样的二进制数字，表示"开"和"关"，而计算机刚刚发明出来的时候，操作人员就必须用很多真正的"开/关"来操作计算机，进步一点以后，出现了"机器语言"的概念，使用例如在纸带上打孔的方式，把一些原来需要人手工拨动开关的操作序列，变成按照某种规则打在纸带上的一系列孔的序列，这种打着孔的纸带可以被看作是今天的鼠标、键盘、打印机、显示器、磁盘这些外设所提供信息的总和。

第一代软件是用机器语言编写的，机器语言是内置在计算机电路中的指令，由 0 和 1组成。例如数字计算 2+6，在某种计算机上的机器语言指令如下：

    10110000 00000110
    00000100 00000010
    10100010 01010000

第一条指令表示将"6"送到寄存器 AL 中，第二条指令表示将"2"与寄存器 AL 中的内容相加，结果仍在寄存器 AL 中，第三条指令表示将 AL 中的内容送到地址为 5 的单元中。

不同的计算机使用不同的机器语言，程序员必须记住每条及其语言指令的二进制数字组合，因此，只有少数专业人员能够为计算机编写程序，这就大大限制了计算机的推广和使用。用机器语言进行程序设计不仅枯燥费时，而且容易出错。想一想如何在一页全是 0

和 1 的纸上找一个打错的字符?! 这就是当时计算机软件发展极其困难的状况。

在这个时代的末期出现了汇编语言（Assembly Language），它使用助记符（一种辅助记忆方法，采用字母的缩写来表示指令）表示每条机器语言指令，例如 ADD 表示"加"，SUB 表示"减"，MOV 表示移动数据。相对于机器语言，用汇编语言编写程序就容易多了。例如数字计算 2+6 的汇编语言指令如下：

　　　MOV AL, 6
　　　ADD AL, 2
　　　MOV ♯5, AL

由于程序最终在计算机上执行时采用的都是机器语言，所以需要用一种称为汇编器的翻译程序，把用汇编语言编写的程序翻译成机器代码。编写汇编器的程序员简化了他人的程序设计工作，是最初的系统程序员。机器语言和汇编语言统称为低级程序设计语言（简称低级语言）。

(2) 第二代软件（1954~1964 年）

当硬件变得更复杂时，就需要更复杂的软件工具使计算机得到更有效地使用。汇编语言向正确的方向前进了一大步，但是程序员还是必须记住很多汇编指令。第二代软件开始使用类似于自然语言和数学语言相结合的方法（例如，计算 2+6 的高级语言指令就是 2+6），不仅容易学习，方便编程，也提高了程序的可读性。这类计算机语言统称为高级程序设计语言（简称高级语言）。

1954 年，就职于 IBM 公司的约翰·巴科斯（John Warner Backus）提出了计算机高级语言的思想，并设计出了世界上第一个真正意义上（至今仍被广泛应用）的高级语言——FORTRAN，这也是第一个真正意义上完全脱离机器硬件环境的高级语言。之后，又有几种高级语言诞生，1958 年，麻省理工学院的麦卡锡（John Macarthy）发明了第一个用于人工智能的 LISP 语言；1959 年，宾州大学的霍普（Grace Hopper）发明了第一个用于商业应用程序设计的 COBOL 语言；1964 年达特茅斯学院的凯梅尼（John Kemeny）和卡茨（Thomas Kurtz）发明了 BASIC 语言。

高级语言的出现产生了在多台计算机上运行同一个程序的模式，每种高级语言都有配套的翻译程序（称为解析器或编译器）。解析器可以把高级语言编写的语句翻译成等价的机器指令，并逐条或逐批执行；编译器可以把高级语言编写的语句一次性翻译成等价的机器指令，然后连续执行。根据编写软件的目的不同，编写程序的人员分为系统程序员和应用程序员。系统程序员编写诸如编译器这样的辅助工具，而使用这些工具编写应用程序的人，称为应用程序员。随着包围硬件的软件变得越来越复杂，应用程序员离计算机硬件越来越远，不再需要考虑计算机硬件的操作和资源分配等问题。那些仅仅使用高级语言编程的人一般不需要懂机器语言和汇编语言，这就大大降低了对应用程序员在硬件及机器指令方面的要求。因此，这个时期有更多的计算机应用领域的人员参与程序设计。甚至，高级语言编程成了很多工科专业毕业生所必须掌握的基本学习和应用的工具和技能。

由于高级语言程序需要转换为机器语言程序来执行，因此，高级语言对软硬件资源的消耗就更多，运行效率也较低。由于汇编语言和机器语言可以利用计算机的所有硬件特性并直接控制硬件，同时，汇编语言和机器语言的运行效率较高，因此，在实时控制、实时检测等领域的许多应用程序仍然使用汇编语言和机器语言来编写。

在第一代和第二代软件时期，计算机软件实际上就是规模较小的程序，程序的编写者和使用者往往是同一个（或同一组）人。由于程序规模小，程序编写起来比较容易，也没有什么系统化的方法，对软件的开发过程更没有进行任何管理。这个时期的大多数软件是由使用该软件的个人或机构研制的，软件往往带有强烈的个人色彩。早期的软件开发也没有什么系统的方法可以遵循，软件设计是在某个人的头脑中完成的一个隐藏的过程。而且，除了源代码往往没有软件说明书等文档。这是当时软件发展的一个尴尬境地。

(3) 第三代软件（1965～1970 年）

在这个时期，由于用集成电路取代了晶体管，处理器的运算速度得到了大幅度的提高，处理器在等待运算器准备下一个作业时，处于空闲状态。因此需要编写一种程序，使所有计算机资源处于计算机的控制中并被充分利用，这种程序就是操作系统。

1969 年 UNIX 出现。1969 年 12 月，Internet 的前身——美国的 ARPA 网投入运行，它标志着我们常称的计算机网络的兴起。1969 年，提出了结构化程序设计方法，1970 年，第一个结构化程序设计语言—Pascal 语言出现，标志着结构化程序设计时期的开始，面向过程的开发或结构化方法（Procedure Oriented Programming，即：POP）以及结构化的分析、设计和相应的测试方法在软件开发领域逐渐流行。

用作输入/输出设备的计算机终端的出现，使用户能够直接访问计算机，而不断发展的系统软件则使计算机运转得更快。但是，从键盘和屏幕输入输出数据是个很慢的过程，比在内存中执行指令慢得多，这就引出了如何有效利用机器越来越强大的能力和速度的问题。解决方法就是分时，即许多用户用各自的终端同时与一台计算机进行通信。控制这一进程的是分时操作系统，它负责组织和安排各个作业或任务。

1967 年，塞缪尔（A. L. Samuel）发明了第一个下棋程序，开始了人工智能的研究，是这个时期比较有前瞻性的成果。1968 年荷兰计算机科学家狄杰斯特拉（Edsgar W. Dijkstra）发表了论文《GOTO 语句的害处》，指出调试和修改程序的困难与程序中包含 GOTO 语句的数量成正比，从此，各种结构化程序设计理念逐渐确立起来。

20 世纪 60 年代以来，计算机用于管理的数据规模更为庞大，应用越来越广泛，同时，多种应用、多种语言互相覆盖地共享数据集合的要求越来越强烈。为解决多用户、多应用共享数据的需求，使数据为尽可能多的应用程序服务，出现了数据库技术，以及统一管理数据的软件系统——数据库管理系统（Database Management System，即 DBMS）。

20 世纪 60 年代中期软件开始作为一种产品被广泛使用，出现了"软件作坊"专职应别人的需求写软件。这一软件开发的方法基本上仍然沿用早期的个体化软件开发方式，但软件的数量急剧膨胀，软件需求日趋复杂，维护的难度越来越大，开发成本越来越高，而失败的软件开发项目却屡见不鲜。随着计算机应用的日益普及，软件数量急剧膨胀，在计算机软件的开发和维护过程中出现了一系列问题，例如：用户在程序运行时发现的问题必须设法改正；用户有了新的需求必须相应地修改程序；硬件或操作系统更新时，通常需要修改程序以适应新的环境。上述种种软件维护工作，以令人吃惊的比例消耗资源，更严重的是，许多程序的个体化特性使得它们最终成为不可维护的，"软件危机"就这样开始出现了。1968 年，北大西洋公约组织的计算机科学家在联邦德国召开国际会议，讨论软件危机问题，在这次会议上正式提出并使用了"软件工程"（Software Engineering）这个名词。

软件工程是一门研究如何用系统化、规范化、数量化等工程原则和方法去进行软件的开发和维护的学科。软件工程包括两方面内容：软件开发技术和软件项目管理。软件开发技术包括软件开发方法学、软件工具和软件工程环境。软件项目管理包括软件度量、项目估算、进度控制、人员组织、配置管理、项目计划等。

60 年代末"软件危机"后出现了第一个软件开发生命周期模型，即：分析→设计→编码→测试→维护，使人们认识到了文档的标准以及开发者之间、开发者与用户之间的交流方式的重要性。一些重要文档格式的标准被确定下来，包括变量、符号的命名规则以及原代码的规范样式。

(4) 第四代软件（1971～1989 年）

20 世纪 70 年代出现了结构化程序设计技术，Pascal 语言和 Modula-2 语言都是采用结构化程序设计规则制定的，Basic 原本为第三代计算机设计的语言也被升级为具有结构化的版本，此外，还出现了灵活且功能强大的 C 语言。

在这个阶段，更好用、更强大的计算机操作系统被开发了出来。例如，为 IBM PC 开发的 PC-DOS 和为兼容机开发的 MS-DOS 都成了微型计算机的标准操作系统，这也为后来微软窗口操作系统（Windows）在微型机中的垄断地位奠定了基础。

在微型计算机发展方面，Lisa 是苹果公司推出的一款具有划时代意义的第一部使用图形用户界面的电脑，是计算机硬件和操作系统综合开发创新的杰出代表，Lisa 在 1983 年 1 月以 9，995 美元的身价面世。苹果虽然推出了一款超越它所处时代技术水平的电脑产品，但过于昂贵的价格和缺少软件开发商的支持，使苹果在当时失去了获得企业市场份额的机会。1986 年，Lisa 从乔布斯的发展计划中被取消，Lisa 项目就此终止。麦金塔电脑（Macintosh，Mac），是苹果公司继 Lisa 之后推出的一款真正意义上的全图形用户界面的廉价个人电脑（Personal Computer，PC）。据说该电脑名称是由 Macintosh 计划发起人杰夫·拉斯金（Jef Raskin）根据他最爱的苹果品种 McIntosh 命名的。麦金塔电脑于 1984 年 1 月 24 日发布，Macintosh 机的操作系统引入了鼠标的概念和点击式的图形界面，彻底改变了人机交互的方式，该项发明影响至今。

20 世纪 80 年代，随着微电子和数字化声像技术的发展，在计算机应用程序中开始使用图像、声音等多媒体信息，出现了多媒体计算机。多媒体技术的发展使计算机的应用进入了一个新阶段。这个时期出现了多用途的应用程序，这些应用程序面向没有任何计算机经验的用户。典型的应用程序是电子制表软件、文字处理软件和数据库管理软件。Lotus1-2-3 是第一个商用电子制表软件，WordPerfect 是第一个商用文字处理软件，dBase Ⅲ 是第一个实用的数据库管理软件。

该发展阶段的其他典型事件及其时间节点如下：1971 年，大规模、超大规模集成电路计算机应用更加广泛，出现了微型计算机；1972 年，贝尔（Bell）实验室发明了 C 语言；1975 年，第六版 UNIX 才开始走出贝尔实验室；1979 年，Oracle 公司引入了第一个商用 SQL 关系数据库管理系统。20 世纪 70 年代末至 90 年代的第三代计算机网络是具有统一的网络体系结构并遵循国际标准的开放式和标准化的网络。1983 年，C＋＋出现；1983 年，IBM DB2 数据库产品推出。

由于各种各样的应用软件需要在各种平台之间进行移植，或者一个平台需要支持多种应用软件和管理多种应用系统，软、硬件平台和应用系统之间需要可靠和高效的数据传递或转换，使系统的协同性得以保证。这些，都需要一种构筑于软、硬件平台之上，同时对更上层的应用软件提供支持的软件系统，而中间件正是在这个环境下应运而生。1984 年 Tuxedo 作为第一个严格意义上的中间件产品由 AT&T 的贝尔实验室开发完成；1985 年 Windows 1.0 正式推出之前的软件数据存储和维护结构体系基本上都是三层 Mainframe 结构，该结构下客户、数据和程序被集中在主机上。

随着 PC 个人微机应用的推广，PC 联网的需求也随之增大，各种基于 PC 互联的微机局域网纷纷出台。基于文件服务器的微机网络对网内计算机进行了分工：PC 机面向用户，微机服务器专用于提供共享文件资源。20 世纪 80 年代中期出现了 Client/Server 结构，此结构把数据库内容放在远程的服务器上，而在客户机上安装相应软件，C/S 软件一般采用两层结构。80 年代末面向对象分析和面向对象设计（Object-Oriented Analysis，OOA 和 Object-Oriented Design，OOD）方法的出现，随之而来的是面向对象建模语言（以 UML 为代表）、软件复用、基于组件的软件开发等新的方法和领域。

(5) 第五代软件（1990 年～今）

第五代软件中有三个著名事件：在计算机软件业具有主导地位的 Microsoft 公司的崛起、面向对象的程序设计方法的出现以及万维网（World Wide Web）的普及。

在这个时期，Microsoft 公司的 Windows 操作系统在 PC 机市场逐步占有了显著优势，Microsoft 公司的 Word 成了最常用的文字处理软件。20 世纪 90 年代中期，Microsoft 公司将文字处理软件 Word、电子制表软件 Excel、数据库管理软件 Access 和其他应用程序绑定在一个程序包 office 中，称为办公自动化软件。

面向对象的程序设计方法最早是在 20 世纪 70 年代开始使用的，当时主要是用在 Smalltalk 语言中。20 世纪 90 年代，面向对象的程序设计逐步代替了结构化程序设计，成为目前最流行的程序设计技术。面向对象程序设计尤其适用于规模较大、具有高度交互性、反映现实世界中动态内容的应用程序。Java、C++、C♯等都是面向对象程序设计语言。

1990 年，英国研究员提姆·柏纳李（Tim Berners-Lee）创建了一个全球 Internet 文档中心，并创建了一套技术规则和创建格式化文档的 HTML 语言，以及能让用户访问全世界站点上信息的浏览器，此时的浏览器还很不成熟，只能显示文本。

软件体系结构从集中式的 Mainframe 主机模式转变为分布式的客户机/服务器模式（C/S）或浏览器/服务器模式（B/S），专家系统和人工智能软件从实验室走出来进入了实际应用，完善的系统软件、丰富的系统开发工具和商品化的应用程序的大量出现，以及通信技术和计算机网络的飞速发展，使得计算机进入了一个大发展的阶段。

该发展阶段的其他典型时间节点如下：20 世纪 90 年代，中间件技术才开始迅速发展，建立在计算机和网络技术基础上的计算机网络技术得到了迅猛的发展。1993 年美国宣布建立国家信息基础设施（National Institute of Informations. 简称 NII）后，全世界许多国家纷纷制定和建立本国的 NII，从而极大地推动了计算机网络技术的发展，使计算机网络进入了一个崭新的阶段。目前，全球以美国为核心的高速计算机互联网络即 Internet 已经形成。1994 年，超文本预处理脚本语言 PHP（Hypertext Preprocessor）出现；1995 年，Java 出现；1996 年，JavaScript 出现；2000 年，C♯出现。

软件开发是根据用户需求建造出软件系统或者系统中的应用软件的过程。软件开发是一项包括需求分析、功能设计、代码实现和编程测试的系统工程。软件的发展史其实就是在裸机（硬件）和终端用户之间不断沉淀（平台化）的过程。当与裸机接近的某个层次发展成熟后，与这个层次相关的创新和成果会逐渐减少，而从这个层次或平台更靠近终端用户业务的层次的创新和成果会增多，随后又会形成新的平台；就这样不断不断地沉淀形成更高级平台，不断地向用户和业务领域靠拢。当前最火热的层次无疑就是业务基础平台了，当这个层次成熟后，可以预见将会有更靠近用户的层次出现并被沉淀形成新平台。把软件的发展史看作了一个不断的沉淀运动，或者叫作平台化运动。

1.4　软件工程概述

软件工程的目标是提高软件的质量与生产率，最终，除了软件的功能以外实现软件的工业化生产。质量是软件的核心问题，对于土木工程应用软件来说，软件的质量就反应在软件的健壮性、易用性和计算精度等方面。生产率是软件开发者最关心的问题，软件开发者都希望用尽可能少的时间来完成尽可能多的软件功能或软件代码。质量与生产率之间有着内在的联系，高生产率必须以质量合格为前提。如果质量不合格，对供需双方都是坏事情。从短期效益看，追求高质量会延长软件开发时间并且增加费用，似乎降低了生产率。从长期效益看，高质量将保证软件开发的全过程更加规范流畅，大大降低了软件的维护成本，实质上是提高了生产效率，同时可获得很好的信誉。质量与生产效率之间不存在根本的对立，好的软件工程方法可以同时提高质量与生产效率。

软件质量的表征因素包含很多方面，如正确性、可靠性、容错性、易用性、灵活性、可扩充性、可理解性、可维护性等等。有些因素相互重叠，有些则相抵触。软件工程的主要环节有：人员管理、项目管理、可行性与需求分析、系统设计、程序设计、测试、维护等。软件工程大概涉及需求分析、软件系统设计、软件文档、软件开发、集成与测试、升级与维护、软件危机等方面的内容。

1.4.1　需求分析

按照软件工程理论，软件系统分析的第一步就是确定软件需求。对土木工程应用软件，由于各个软件所针对的分析对象不同，用户对于软件的需求会有所不同。一般而言，确定需求有所谓的传统方法和现代方法之分。采用问卷调查形式和访谈的形式是进行软件需求分析常常采用的手段。这一步骤，很容易被忽视。好在编写土木工程应用软件的工程师中，部分是有工程背景的一线设计人员，具有丰富的设计经验，可以比较好的把握客户的需求。针对不同功能类型的软件，其架构设计具有特殊性。

对于任何一个土木工程问题的有限元分析过程，一般由三部分组成：（1）前处理建模；（2）计算求解；（3）后处理分析。针对不同土木工程应用软件的侧重点不同，有的以CAD的建模和出图为主，则其前处理部分的比重将增加；有的软件以强非线性分析和特殊问题的分析为主要特点，则其计算求解器部分的投入量将占比很大；而有的软件以结构设计和二次数据的整理为其特点，则第三部分的后处理模块是其重要组成部分。

进行软件需求分析的工作分两部分，首先了解用户对有限元分析软件的需求，以有针对性的设计问卷调查形式、或访谈的内容和形式进行；其次，应进行一定数量的调查和统计，剔除个人喜好等非正常因素的影响。只有了解了用户对土木工程应用软件的需求，才能够设计出合理的可靠的软件系统框架。调查的对象应是土木工程领域一线的工程师，其对软件功能的具体要求是直接从工程实践中提出来的，具有更强的针对性和可操作性。

实际操作过程中，也有几种原因使软件的需求分析变得困难：（1）客户说不清楚需求；（2）需求自身经常变动；（3）分析人员或客户理解有误。在写需求说明书时还应该注意两个问题：（1）最好为每个需求注释"为什么"，这样可让程序员了解需求的实质，以便选用最合适的技术来实现此需求；（2）需求说明不可有二义性，更不能前后相矛盾。如果有二义性或前后相矛盾，则要重新分析此需求。

1.4.2　软件系统设计

系统设计是把需求转化为软件系统框架的最重要的环节。系统设计的优劣在根本上决定了软件的质量。系统设计要比纯粹的编程困难得多。即便你清楚客户的需求，却未必知道应该设计什么样的软件系统是既符合市场需求、又符合行业发展趋势的。

系统设计主要包括四方面内容：体系结构设计、模块设计、数据结构与算法设计、用户界面设计。有的学者将软件系统形象比喻为人体，那么上述四个方面的关系可描述如下：

（1）体系结构就如同人的骨架。它直接决定了软件的核心形态。

（2）模块就如同人的器官，具有特定的功能。例如，手、脚、嘴巴的特征和功能是完全不同的。

（3）数据结构与算法就如同人的血脉和神经，它让器官具有生命并能发挥功能。数据结构与算法分布在体系结构和模块中，它将协调系统的各个功能。

（4）用户界面就如同人的外表，是给人的第一感观。像人类追求心灵美和外表美那样，软件系统也追求（内在的）功能强大和（外表的）界面友好。

体系结构是软件系统中最本质的东西，下面介绍两种非常通用的软件体系结构：层次结构和客户机/服务器（Client/Server）结构。

（1）层次结构

层次结构表达了这么一种常识：有些事情比较复杂，我们没法一口气干完，就把事情分为好几层，一层一层地去做。高层的工作总是建立在低层的工作基础之上。层次关系主要有两种：上下级关系和顺序相邻关系。结构有限元分析中的数据结构大都是这种类型的。

（2）客户机/服务器结构

让我们先回顾一下早期的电话系统。那时期的电话必须一对一对地卖，用户自己在两个电话之间拉一根线。如果一个电话用户想和其他几个电话用户通话，他必须拉 n 根单独的线到每个人的房子里。于是在很短的时间内，城市里到处都是穿过房屋和树木的混乱的电话线。很明显，企图把所有的电话完全互联是行不通的，如图 1-4（a）所示。

贝尔（Alexander Graham Bell）于 1876 年申请了电话专利；贝尔电话公司在 1878 年开办了第一个交换局。公司为每个客户架设一条线。打电话时，客户摇动电话的曲柄使电话公司总机室的铃响起来，操作员听到铃声以后根据要求将呼叫方和被呼叫方用跳线手工连接起来，这种集中交换式的模型如图 1-4（b）所示。很快贝尔系统的交换局就出现在各地；人们又要求能打城市间的长途电话，就出现了二级交换局，以后进一步发展为多个分级交换局。

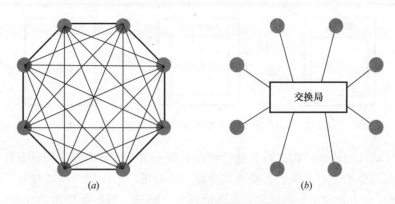

图 1-4　电话系统模型
（a）完全互联的电话系统；（b）集中交换式的电话系统

如果将图 1-4（b）中的电话看成是**客户程序**，将中心的交换局看成是**服务程序**，那么图 1-4（b）就是典型的客户机/服务器结构。注意，这里客户机和服务器都是指软件而不是指硬件（一台计算机可以放多个客户机和服务器软件）。

客户机/服务器结构存在两个显著的优点：

（1）以集中的方式高效率地管理通信。前面讲的集中交换式电话系统就是要说明这一点。

（2）可以共享资源。比如在信息管理系统中，服务器将信息集中起来，任何客户机都可以通过访问服务器而获得所需的信息。

客户机和服务器之间的通讯以"请求——响应"的方式进行。客户机先向服务器发起"请求"（Request），服务器再响应（Response）这个请求，如图 1-5 所示。

图 1-5　Client 和 Server 之间的通讯

计算机的运行速度要比人的操作速度高出许多数量级，在用户启动第一个程序后，该程序开始执行并向第二个程序发送消息。在几个微秒内，它便发现对等程序还不存在，于是就发出一条错误消息，然后不等待退出。此后，用户启动了第二个程序。不幸的是，当第二个程序开始执行时，它也找不到第一个程序（早已退出）。即使这两个程序连续地重新试着通讯，但交换局客户机服务器由于它们的执行速度那么高，以至于它们在同一瞬间联系上的概率非常低。在客户机/服务器结构中，服务器在启动后必须（无限期地）等待客户机的"请求"，因此就形成了"请求——响应"的通讯方式来求解上述通信问题。

在 Internet/Intranet 领域，目前"浏览器—Web 服务器—数据库服务器"结构是一种非常流行的客户机/服务器结构，如图 1-6 所示。这种结构最大的优点是：客户机统一采用浏览器，这不仅让用户使用方便，而且使得客户机端不存在维护的问题。当然，软件开发和维护的工作不是自动消失了，而是转移到了 Web 服务器端。在 Web 服务器端，程序员要用脚本语言编写响应页面。例如用 Microsoft 的 ASP 语言查询数据库服务器，将结果保存在 Web 页面中，再由浏览器显示出来。

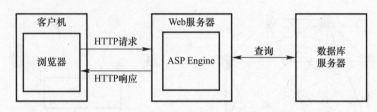

图 1-6 "浏览器—Web 服务器—数据库服务器"结构

在设计好软件的体系结构之后，就已经在宏观上明确了各个模块应具有什么功能，应放在体系结构的哪个位置。我们习惯地从功能上划分模块，保持"功能独立"是模块化设计的基本原则，"功能独立"的模块可以降低开发、测试、维护等阶段的代价。但是，"功能独立"并不意味着模块之间保持绝对的孤立。一个系统要完成某项任务，需要各个模块相互配合才能实现，此时模块之间就需要进行信息交流。设计一个模块时，不仅要考虑"这个模块就该提供什么样的功能"，还要考虑"这个模块应该怎样与其他模块交流信息"。

1.4.3 软件文档

为使软件文档能起到沟通桥梁的作用，使它有助于程序员编制程序，有助于管理人员监督和管理软件的开发，有助于用户了解软件的工作和应做的操作，有助于维护人员进行有效的修改和扩充，文档的编制必须保证一定的质量。《计算机软件文档编制规范》GB-T 8567—2006 有比较详细和系统的介绍。

(1) 文档编制要求

如果不重视文档编写工作，或是对文档编写工作的安排不当，就不可能得到高质量的文档。质量差的文档不仅使读者难于理解，给使用者造成许多不便，而且会削弱对软件的管理（难以确认和评价开发工作的进展情况），提高软件开发和维护成本（一些工作可能被迫返工），甚至造成更加有害的后果（如误操作等）。软件文档的编制有如下几点明确的要求：

a. 针对性：文档编制以前应分清读者对象。按不同类型、不同层次的读者，决定怎样适应他们的需要。例如，管理文档主要是面向管理人员的，用户文档主要是面向用户的，这两类文档不应像开发文档（面向开发人员）那样过多使用软件的专用术语。

b. 精确性：文档的行文应当十分确切，不能出现多义性的描述。同一课题几个文档的内容应当是协调一致，没有矛盾的。

c. 清晰性：文档编写应力求简明，如有可能，配以适当的图表，以增强其清晰性。

d. 完整性：任何一个文档都应当是完整的、独立的，它应自成体系。例如，前言部分应做一般性介绍，正文给出中心内容，必要时还有附录，列出参考资料等。同一课题的几个文档之间可能有些部分内容相同，这种重复是必要的。不要在文档中出现转引其他文档内容的情况。例如，一些段落没有具体描述，而用"见××文档××节"的方式，这将给读者带来诸多不便。

e. 灵活性：各个不同软件项目，其规模和复杂程度有着许多实际差别，文档结构应能一律对待。

f. 可追溯性：由于各开发阶段编制的文档与各个阶段完成的工作有密切的关系，前后两个阶段生成的文档，随着开发工作的逐步延伸，具有一定的继承关系，在一个项目各开发阶段之间提供的文档必定存在着可追溯的关系。例如，某一项软件需求，必定在设计说明书、测试计划、甚至用户手册中有所体现，必要时，应能做到可追溯。

（2）文档的种类

应根据具体的软件开发项目，决定文档编制的种类。软件开发的管理部门应该根据本单位承担的应用软件的专业领域和本单位的管理能力，制定一个对文档编制要求的实施规定。主要是：在不同条件下，应该形成哪些文档，这些文档的详细程度，该开发单位每一个项目负责人都应当认真执行这个实施规定。对于一个具体的应用软件项目，项目负责人应根据上述实施规定，确定一个文档编制计划。其中包括：应该编制哪几种文档，详细程度如何。各个文档的编制负责人和进度要求。审查、批准的负责人和时间进度安排。在开发时期内文档的维护、修改和管理的负责人，以及批准手续。有关的开发人员必须严格执行这个文档编制计划。

（3）文档的编写

当所开发的软件系统非常大时，一种文档可以分成几卷编写。例如，项目开发计划可分为：质量保证计划、配置管理计划、用户培训计划、安装实施计划等。系统设计说明书可分为：系统设计说明书、子系统设计说明书。程序设计说明书可分为：程序设计说明书、接口设计说明书、版本说明。操作手册可分为：操作手册、安装实施过程。测试计划可分写为：测试计划、测试设计说明、测试规程。报告可分为：综合测试报告、验收测试报告。项目开发总结报告也可分为：项目开发总结报告、资源环境统计报告。

（4）其他要求

a. 应根据任务的规模、复杂性、项目负责人对该软件的开发过程及运行环境所需详细程度的判断，确定文档的详细程度。

b. 对国标《计算机软件文档编制规范》（GB/T 8567—2006）所建议的所有条款都可以扩展，进一步细分，以适应需要；反之，如果条款中有些细节并非必需，也可以根据实际情况压缩合并。

c. 程序的设计表现形式，可以使用程序流程图、判定表、程序描述语言（Process Design Language，简写 PDL）、问题分析图（Process Analysis Diagram，简写 PAD）等。

d. 对于文档的表现形式，没有规定或限制。可以使用自然语言、也可以使用形式化的语言。

e. 当国标《计算机软件文档编制规范》中所规定的文档种类不能满足某些应用部门的特殊需要时，可以建立一些特殊的文档种类要求。这些要求可以包含在软件文档的编制实施规定中。

1.4.4　软件开发

软件开发是开发人员根据前面所述的软件文档，通过运用合适的计算机语言来"表述"设计系统的过程。既然称之为运用语言的开发，则必须把文档所阐述的意思完整、清晰、高效地"说"出来。考虑到土木工程应用软件的特殊性，具有图形功能的前后处理模块一般采用 VB 或 VC 语言开发得比较多，也有借助成熟的图形库如 OpenGL、WebGL 等来缩短开发的周期，减少开发的工作量；以计算精度和计算效率为主要考虑因素的计算模块，由于历史的原因，FORTRAN 代码在该方面的资源比较丰富，因此，软件开发人员仍然比较偏好采用 FORTRAN 语言作为工具进行开发。实践也证明，由于 FORTRAN 语言的容错能力比较强，不像 C 语言对数组边界有比较严刻的规定，并容易导致死机或系统崩溃，因此，从科学计算的角度，采用 FORTRAN 语言仍不失为一种好的选择。

当然，如果程序员对 C++比较熟悉，那么可以从面向对象的角度开发更加复杂的软件系统。大型的程序采用 C++有其必然的优势，例如，软件系统的设计可以更先进，软件的代码更新和升级可以更容易维护，语言本身的执行效率也更高一些。

软件开发过程中，最重要的是严格按照文档的要求，对软件变量和函数的命名，以及流程和算法的设计要满足规范的要求，一定要避免因个人喜好而导致的代码编写的随意性。

1.4.5　集成与测试

软件是各个模块的代码通过系统集成到一个整体，实现一类特定的功能的程序集合体。土木工程应用软件简单地讲可以说是前处理、求解器和后处理三大模块功能的集合。有的软件体系是在一个集成环境中实现，各个模块之间完全通过内存实现信息交互和数据传输；有的软件体系是通过设计几个标准的数据文件实现各个模块之间的集成，实质上，各个模块本身是功能相对独立的软件，可以单独运行，各个软件之间可以随时调用由其他模块生成的数据文件，进行软件功能的实现。这两种软件集成方式具有很大的不同，但是，从实践的角度讲，也是各有优缺点。例如，高度集成化的软件系统，可以大大提高不同模块之间的数据传输效率，给用户无缝衔接的感觉，并且，不用去关心软件的中间数据文件；但是，该类系统所生成的模型文件一般比较大，并且随着模型复杂程度的增加，在后处理模块中进行操作时，不得不对包含大量前处理数据的模型文件进行操作，会造成对计算机硬件的要求提高，软件效率反而会受到影响。对于分模块松散集成化的软件，虽然从使用的角度带来一定的不便，例如，每一种功能需要重新启动一个应用软件，但是，这样做的好处也是明显的，比如，数据文件比较小，执行效率相对比较高；如果中间数据有问题，可以单独修改中间某一数据文件，灵活性更强，而且对计算机硬件的要求也不像高度集成化的软件那么高，这两种软件架构模式在不同土木工程应用软件里面都有采用。

1.4.6　升级与维护

软件开发行业有句名言："哪怕程序只有三行长，总有一天你也不得不对它维护。"这反映了软件产品的实时性和特殊性，随着时间的推移，维护工作是必须的。

很多软件产品不是一次性的产品买卖，更多的是一种技术、服务的输出。比如在电信、金融等领域，有些软件系统要用十几年，对软件进行维护必不可少的。土木工程应用软件由于计算机操作系统、硬件技术水平、数值计算方法以及结构设计规范等方面的更新和升级，软件的升级与维护就变得非常必要。特别是，土木工程应用软件是带有一定专业知识的特殊软件，需要给用户提供必要的培训服务。

对软件而言，"维护"是个不太直观的术语，因为软件产品在重复使用时不会被磨损，并不需要进行像对车辆或电器那样的维护。软件维护包括那些反映客观世界变化、能使软件系统更加完善的修改和扩充工作，也包括那些永无休止的改错和捉虫（Debug）的过程。

软件维护主要分为三大类：纠错性维护（Corrective maintenance）、适应性维护（Adaptive maintenance）和完善性维护（Perfective maintenance）：

（1）纠错性维护：由于前期的测试不可能揭露软件系统中所有潜在的错误，用户在使用软件时仍将会遇到错误，诊断和改正这些错误的过程称为纠错性维护。

（2）适应性维护：由于新的硬件设备不断推出，操作系统和编译系统也不断地升级，为了使软件能适应新的环境而引起的程序修改和扩充活动称为适应性维护。

（3）完善性维护：在软件的正常使用过程中，用户还会不断提出新的需求，为了满足用户新的需求而增加软件功能的活动称为完善性维护。

对于软件开发者而言，以下一些因素将导致维护工作变得困难：

（1）软件人员经常流动，当需要对某些程序进行维护时，可能已找不到原来的开发人员，只好让新手去"攻读"那些程序。特别软件文档编制不规范时，将更困难。

（2）人们一般难以读懂他人的程序，难以了解他人的想法。

（3）当没有文档或者文档很差时，"攻读"程序将变得非常困难。

（4）很多程序在设计时没有考虑到将来要改动，程序之间相互交织，牵一发而动全身。即使有很好的文档，你也不敢轻举妄动，否则你有可能陷进连环错误堆里。

（5）如果软件发行了多个版本，要追踪软件的演化更加困难。

（6）维护将会产生不良的副作用，不论是修改代码、数据或文档，都有可能产生新的错误。

（7）维护工作毫无吸引力，不如编程具有吸引力、挑战性和成就感。但是，负责任的程序员不会把错误留给下一个人，并考虑别人接手时的便捷性。

软件维护是费时费力的工作，看得见的代价是那些为了维护而投入的人力与财力，而看不见的维护代价则更加高昂，我们称之为"机会成本"。将很多程序员和其他资源用于维护工作，必然会耽误新产品的开发甚至会丧失机遇，这种代价是无法估量的。

1.4.7　软件危机

20世纪60年代中期的软件，普遍是以"软件作坊"或"手工作坊"的模式开发，软件编写人员专职为一定需求的用户写软件。但是，由于这种开发模式具有随意性和个体性等先天缺陷，在计算机软件的开发和维护过程中出现了一系列严重问题，例如：在程序运行时发现的问题，必须由原程序人员设法改正；用户有了新的需求，也必须相应地修改程序；硬件或操作系统更新时，通常也需要修改程序以适应新的环境。随着软件数量的急剧膨胀，软件需求的日趋复杂，开发、升级以及维护的难度也越来越大，开发成本成几何级数的上升，因而，失败的软件升发项目屡见不鲜。更严重的是，许多程序的个体化特性使得他们最终成为不可维护的，"软件危机"现象随之出现。1968 年，北大西洋公约组织的计算机科学家在联邦德国召开国际会议，讨论软件危机问题，在这次会议上正式提出并使用了"软件工程"（Software Engineering）这个名词。

软件工程是一门研究如何用系统化、规范化、数量化等工程原则和方法去进行软件的开发和维护的学科。软件工程主要包括两方面内容：软件开发技术和软件项目管理。软件开发技术包括软件开发方法学、软件工具和软件工程环境；软件项目管理包括软件度量、项目估算、进度控制、人员组织、配置管理、项目计划等。20 世纪 60 年代末，"软件危机"后出现的第一个生命周期模型：分析→设计→编码→测试→维护，使人们认识到了文档的标准以及开发者之间、开发者与用户之间的交流方式的重要性。一些重要文档格式的标准被确定下来，包括变量、符号的命名规则以及原代码的规范式。软件工程的实施，可以使得软件的开发依赖的团队合作和协同开发，而避免了"个人主义"在软件开发中所造成的恶劣影响和后果，任何软件工程师都可以很清晰地知道自己开发软件部分的功能和接口要求，以及文档组织方面的规范，甚至到格式上的具体要求。只有满足这些组织要求的软件才可以并入系统中，保证了软件开发过程的可控性。任何其他的软件工程师都可以很轻松的接手其他软件工程师的未完成的开发工作，因为，由于规范化的管理，使得软件开发过程的一切都是一目了然。

1.5　结构工程计算理论的发展

土木工程应用软件的发展，不但与软硬件的发展有关，还与计算理论的发展相关联。结构工程计算理论涉及结构力学、固体力学等力学学科，包含杆系结构理论、梁柱结构理论、板壳结构理论、连续体结构理论等。土木工程的发展从远古时代对土木基本构件感性的认知和应用，逐步向理性化的方面发展。随着人类社会的进步，对建筑提出了越来越高的要求，促使土木工程的相关理论得到了飞速发展。特别是 20 世纪以后，随着人类在数学方面的理论积累和突破，特别是微积分理论的诞生，使得很多土木工程问题的力学描述或数学描述成为可能。随着 20 世纪 60 年代计算机的诞生，使得原来无法手工完成的计算成为了可能，并使得计算精度大大提高。在计算机诞生的随后几年里，人类在计算理论和数值计算方法方面的研究热情如雨后春笋般迸发出来，也促使计算机和相关软件以几何级数的速度发展。在土木工程领域，随着工程实践的展开，人们在结构基本理论方面的研究也日益重视。其中，有限元方法（Finite Element Method，FEM）的诞生和成熟发展，成为该阶段计算方法和数值计算方面的重要里程碑，从此之后，人们可以借助计算机解决一大类的数学和力学问题。

土木结构计算分析软件是与有限元的发展相生相伴的，最初，有限元方法的提出是为了解决航空领域的科学计算问题，后来，各个领域都发现了该方法的巨大应用前景。由于该方法具有可靠的数学理论基础和一致收敛的良好特性，与以往的数值方法相比，具有更大的适用性和可靠性。在土木工程领域，所要处理的数学模型大部分可归为椭圆形微分方程的范畴，而有限元方法在处理椭圆形微分方程方面的具有独特的优势，因此，土木工程应用软件的计算核心都是以有限元方法为理论基础。针对不同的土木工程项目和对象，可以采用不同的单元类型来模拟。

FEM 作为求解数学物理问题的一种数值方法，20 世纪 50 年代，它最早是作为处理固体力学问题的方法出现。1943 年，Courant 第一次提出单元概念；1945~1955 年，Argyris 等人在结构矩阵分析方面取得了很大进展；1956 年，Turner、Clough 等人把刚架位移法的思路推广应用于弹性力学平面问题；1960 年，Clough 首先把解决弹性力学平面问题的方法称为"有限元法"，并描绘为"有限元法＝Rayleigh Ritz 法＋分片函数"；几乎与此同时，我国数学家冯康也独立提出了类似方法。FEM 理论研究的重大进展，引起了数学界的高度重视。自 20 世纪 60 年代以来，人们加强了对 FEM 数学基础的研究，如大型线性方程组和特征值问题的数值方法、离散误差分析、解的收敛性和稳定性等，使得有限元的数学基础日趋完备。

FEM 理论研究成果为其应用奠定了基础，计算机技术的发展为其提供了条件。20 世纪 70 年代以来，相继出现了一些通用的有限元分析（Finite Element Analysis，简写：FEA）系统，如 SAP、ASKA、NASTRAN 等，这些 FEA 系统可进行航空航天领域的结构强度、刚度分析，从而推动了 FEM 在工程中的实际应用。

20 世纪 80 年代以来，随着面向 CAD 工作站的出现和广泛应用，原来运行于大中型机上 FEA 系统得以在其上运行，同时也出现了一批通用的 FEA 系统，如 ANSYS、NISA，SAP 等。20 世纪 90 年代以来，随着微机性能的显著提高，大批 FEA 系统纷纷向微机移植，出现了基于 Windows 的微机版 FEA 系统。

经过半个多世纪的发展，FEM 已从弹性力学平面问题扩展到空间问题、板壳问题；从静力问题扩展到动力问题、稳定问题和波动问题；从线性问题扩展到非线性问题；从固体力学领域扩展到流体力学、传热学、电磁学等其他连续介质领域；从单一物理场计算扩展到多物理场的耦合计算。它经历了从低级到高级、从简单到复杂的发展过程，目前已成为工程数值计算最有效的方法之一。

在 20 世纪初，也出现了一大批在结构理论方面具有卓越贡献的科学家，如伏拉索夫、铁摩辛科、BAZANT 等等，他们借助于有限元的分析方法，将结构理论的应用提高到了新的高度，从此，很多工程问题得以很方便地得以解决。

1.6 土木工程应用软件的发展

土木工程应用软件是综合了计算机技术、软件技术、数值计算方法、结构计算理论以及各种规范应用等方面的技术应用的综合体，是现代工程师进行设计的必要工具。对于该类软件的系统设计和开发是一个跨学科、多领域的庞大工程。鉴于此，本教材就从计算机这一重要的数值计算载体谈起，首先，了解计算机简单的发展历史和技术发展的脉络；其次，了解软件和软件开发技术的历史及其发展方向、发展趋势；然后，我们对计算理论的发展进行一下梳理；最后，土木工程方面的应用软件的诞生与发展也就自然呈现在我们面前。

美国加州大学在土木工程和有限元领域的著名教授 Wilson 在其专著《结构的三维静力与动力分析》中，关于软件的应用有如下精彩论述：

- "只有完全理解程序中所用的理论和近似法，才可使用此结构分析程序。"
- "在没有清楚地定义荷载、材料属性以及边界条件之前，不要创建计算机模型。"

——Edward L. Wilson

　　土木工程应用软件是历史和科技发展的必然产物，也是未来土木工程领域发展的重要载体，我们应该好好利用，使之变成我们提高效率，甚至变革生产方式的重要工具。目前，对该工具的把握需要更高层次的知识和认识事物的能力。以前，很多人所谓的"有了计算机软件，高中生也可以做设计"的观点，是极其有害的和不负责任的。软件的应用就像双刃剑，用得好，可以取得骄人的成果；用得不好，可能"伤害自己，又伤害别人"，造成重大的工程安全隐患或事故。作为工程师，对此一定要有清醒的认识；敬重专业，安全是结构工程师的命脉，软件永远是我们手头的工具而已；明白软件的原理，比知道如何操作更重要，也更让人倍感踏实。对于土木工程应用软件，我们既要知其然，又要知其所以然。

　　一般的土木工程应用软件是由前处理系统、分析系统、后处理系统三大模块组成。每一模块可以是相对独立的子系统，相互之间通过数据传递来连通；各个模块也可以无缝衔接在一个完整的大系统里面，表面上没有中间相互交换的数据文件，实际上都在后台完成。

　　在有限元计算软件和土木工程类应用软件发展得比较火热的阶段，软件的体系架构基本上以模块化、流程化的架构设计为主，并在商业软件开发方面获得了巨大的成功。其基本特征是计算过程由数据驱动，计算的中间过程几乎不需要和无法由用户控制。因此，一个计算过程完成后才能对计算结果和分析数据进行综合分析，获得数据计算正确性与否的结论。后来，首先是在操作系统方面和办公软件方面，面向对象的软件架构设计已经变得越来越普及，其信息触发和控制的优点也逐步显现出来。由于历史原因，目前市场上占主流的土木工程应用软件还有一部分是采用传统的基于数据流的软件架构，计算的核心代码也仍然是以 FORTRAN 语言为主。当然，从语言本身的执行效率方面来讲，在数值计算方面，FORTRAN 并不比 C 或 C++ 逊色，但是，从软件系统发展的角度，流程化的语言毕竟无法完成面向对象的系统构架的实现。

　　从软件体系架构方面来看，土木工程应用软件一般都分为三大模块：前处理模块、核心计算模块、后处理模块；各个模块之间的关系如图 1-7 所示，其主要功能分述如下：

图 1-7　土木工程计算软件的体系架构图

　(1) 前处理模块：

　　组织模型数据，实现模型的快速、准确的建立；并通过设计各种接口和模板实现模型快速建立和重复利用的捷径。目前，绝大部分的土木工程类软件基本实现了由二维（2D）到三维（3D）环境的前处理环境的改变。

　(2) 核心计算模块：

　　土木工程类软件大部分要涉及大型结构体系的数值分析，根据分析对象的性质和规模的不同，计算经常涉及材料和几何非线性的计算。该模块的关键是实现高效的数值计算功能。由于土木类问题的复杂性，使得各种应用软件在适用的领域和计算问题方面，优势各不相同，在具体工程中，我们要根据具体问题选择合适的土木工程类分析和设计软件。

(3) 后处理模块：

对任何包含计算的软件，后处理是必需的模块。用户在建好模型并提交计算作业之后，其最想看到的结果和结果形式，软件需要比较充分和简洁地呈现在用户面前。靠分析海量和枯燥的数据文件的历史已经成为过去。而且，在后处理模块中，由于土木类软件的特殊性，还需要根据计算的结果或二次分析数据进行构件和体系的设计验算，判定该模型中的构件和体系布置是否满足相关设计规范的要求，只有满足规范要求的模型才是工程上可用的；否则，前处理给出的计算模型就需要优化调整。

土木工程应用软件是为土木方面的地面结构工程、地下工程以及其他相关方面的分析和设计服务的软件系统。由于其面对的分析对象是钢结构、混凝土结构等等具体的结构形式，因此，其建模过程也是有其特殊性。一般的土木工程应用软件的前处理模块包含很多的模板，使得用户可以通过改变几个参数而很快实现比较常见的结构形式的建模，大大提高建模方面的效率。如前面介绍软件发展历史的时候讲到的，在软件发展的早期，前处理和后处理方面的图形功能和数据处理能力的欠缺，往往使得用户在建模方面花费的时间和精力很大。目前的主流土木类软件已经很好实现了软件的"易用性"要求，可以让工程师把主要精力集中在对模型的修改和计算结果的分析方面。

土木工程应用软件是随着计算机技术和有限元数值计算理论的成熟而迅速发展起来的，是土木工程领域重要的工具。土木工程应用软件从使用范围的角度可以分为绘图类、分析类、设计类、数据管理类等各种软件。从狭义的角度讲，则主要指分析类和设计类的应用软件，本文所指的土木工程应用软件也是限制在该范围之内。

土木工程应用软件是计算机技术、计算方法、结构专业分析理论等几个学科交叉的综合性产物，要求应用者必须具备土木工程的基本概念，熟练掌握结构的概念设计、结构力学模型的选择和确定；对所分析结构如钢结构、混凝土结构等的基本构形、基本理论、基本设计方法和概念的熟练掌握，在此基础上，才能够将软件作为工具熟练应用。

1.7 应用软件简介

从历史上讲，美国加州大学伯克利分校土木系开发的 SAP 系列软件，可以认为是比较早且非常成功的土木工程应用软件，也是目前成熟的商业化版本是 SAP2000 系列软件的前身。ASKA 软件是由德国 Stuttgart 大学的 J. H. Argyris 教授为欧洲宇航局开发的有限元程序，是全球第一个大型的通用有限元分析程序。

土木工程软件根据对象和目的不同分为几大类：以结构分析为目标的通用分析软件，如 ANSYS、ABAQUS 等；以结构设计为目标的专业设计类软件，如 PKPM、3D3S 等；以绘图和出图为目标的 CAD 类设计软件，如 AutoCAD、Microstation 等；以解决某一类特殊结构为目标的专业专用设计类软件，如 Midas/Civil、桥梁博士等；以解决某一类特殊功能为目标的专业专用分析类软件，如疲劳分析软件 FATIGUE 等；以数据分析和管理为目标的管理类软件，如鲁班软件、神机妙算等。

目前的土木工程商业软件可以说是琳琅满目，几乎涵盖了土木工程领域的各个学科和设计环节，目前正在兴起的 BIM 技术试图把土木工程领域各个学科的软件数据联合管理，并与后期的运营和维护数据挂钩，建立综合高效的一体化的软件体系；但是，由于涉及的面太大，困难也很大，目前还在发展当中。下面分别从通用有限元分析软件和工程设计类软件两大类，针对土木工程领域中的常用软件逐一做简单介绍，以期待大家能够对众多纷繁复杂的工程领域软件有个概览性认识。

1.7.1 通用有限元软件

(1) ANSYS（https://www.ansys.com; http://www.peraglobal.com.cn）

目前，CAE 软件中商业发展得比较成功的或者说用户普及量比较大的，当属 ANSYS 软件。ANSYS 公司成立于 1970 年，总部位于美国宾夕法尼亚州的匹兹堡，是世界 CAE 行业最著名的公司之一。1970 年，当时还是匹兹堡大学（Pittsburgh）力学教授的 John Swanson 博士创立了 ANSYS 公司。最初，John Swanson 博士开发了具有构件优化设计功能的 ANSYS 有限元分析软件的最初版本。

到目前，ANSYS 已发展了很多版本，随着版本的升级发展，ANSYS 软件的模块越来越多，例如显式动力分析模块，疲劳分析模块、CFD 分析模块、流固耦合分析模块等等。但是，有些模块并不是 ANSYS 公司自己从头开发的，而是通过商业并购，改造成模块化软件集成到 ANSYS 环境里。

ANSYS 软件是融结构、流体、电场、磁场、声场分析于一体的大型通用有限元分析软件，它有与多数 CAD 软件的数据接口，实现数据的共享和交换，如 Pro/Engineer、NASTRAN、Algor、I—DEAS、AutoCAD 等，是现代产品设计中的计算机辅助工程的重要工具之一。

(2) ABAQUS（https://www.3ds.com/）

达索 SIMULIA 公司（原 ABAQUS 公司）是世界知名的计算机仿真行业的软件公司，成立于 1978 年，其主要业务涵盖为世界上著名的非线性有限元分析软件 Abaqus 进行开发、维护及售后服务。2005 年 5 月，前 ABAQUS 软件公司与法国达索集团合并，共同开发新一代的模拟真实世界的仿真技术平台 SIMULIA。SIMULIA 不断汲取最新的分析理论和计算机技术，成为全世界非线性有限元技术和仿真数据管理系统方向的佼佼者。

ABAQUS 是一套功能强大的工程模拟有限元软件，其解决问题的范围从相对简单的线性分析到许多复杂的非线性问题。ABAQUS 包括一个丰富的、可模拟任意几何形状的单元库；并拥有各种类型的材料模型库，可以模拟典型工程材料的性能，其中包括金属、橡胶、高分子材料、复合材料、钢筋混凝土、可压缩超弹性泡沫材料以及土壤和岩石等地质材料；作为通用的模拟工具，ABAQUS 除了能解决大量结构（应力/位移）问题，还可以模拟其他工程领域的许多问题，例如热传导、质量扩散、热电耦合分析、声学分析、岩土力学分析（流体渗透/应力耦合分析）及压电介质分析。

ABAQUS 为用户提供了应用广泛的功能，且界面操作又非常简单，大量的复杂问题可以通过选项模块的不同组合来实现。例如，对于复杂多构件问题的模拟是通过把定义每一构件的几何尺寸的选项块与相应的材料性质选项模块结合起来。在大部分模拟中，甚至高度非线性问题，用户只需提供一些工程数据就可以了，例如结构的几何形状、材料性质、边界条件及载荷工况等。在一个非线性分析中，ABAQUS 能自动选择相应载荷增量和收敛限度，它不仅能够自动选择合适参数，而且能连续调节参数以保证在分析过程中有效地得到满足一定精度要求的解，用户通过准确地定义参数就能很好地控制数值计算结果。这是很多其他 CAE 软件比较薄弱的方面，这也是 ABAQUS 公认为在非线性计算方面功能比较突出的重要原因。

ABAQUS 有两个主求解器模块：ABAQUS/Standard 和 ABAQUS/Explicit。ABAQUS 还包含一个全面支持求解器的图形用户界面，即人机交互前后处理模块：ABAQUS/CAE。ABAQUS 对某些特殊问题还提供了专用模块来加以解决。

ABAQUS 是非线性功能非常强的有限元软件，可以分析复杂的固体力学结构力学系统，特别是能够分析非常庞大复杂的问题和模拟高度非线性问题。ABAQUS 不但可以做单一零件的力学和多物理场分析，同时还可以做系统级的分析和研究。由于 ABAQUS 优秀的分析能力和模拟复杂系统的可靠性，使得 ABAQUS 被各国的工业界广泛采用，在土木工程的复杂问题的分析方面，也有非常多的应用。

（3）ADINA（http://www.adina.com/）

ADINA 软件是美国 ADINA 公司的产品，是基于有限元技术的大型通用分析仿真平台，该软件的非线性分析能力也是比较强的。公司的创始人以及软件的领导者之一，是美国麻省理工学院的 K. J. Bathe 教授，他是有限元领域的国际著名科学家。

ADINA 从 1975 年到 1985 年间，尽管当时 ADINA 不是商业产品，但它也是全球最先进的有限元分析程序之一。一方面是由于其理论基础深厚、功能强大，被工程界、科学研究、教育等众多用户广泛应用；另外，其基础源代码是开源的，传播到全球各个领域，甚至有的商业有限元程序都部分采用来自 ADINA 的基础代码。

1986 年，K. J. Bathe 博士在美国马萨诸塞州 Watertown 成立 ADINA R&D 公司，开始 ADINA 软件商业化发展的历程。实际上 ADINA 到 1984 年时已经具备基本功能框架，而 ADINA 公司成立的目标是使其产品 ADINA 这一大型商业有限元求解软件，专注于求解结构、流体、流体与结构耦合等复杂的非线性问题，并力求程序的求解能力、可靠性、求解效率的表现突出。

一直以来，ADINA 在计算理论和求解问题的广泛性方面处于全球领先的地位，尤其针对结构非线性、流/固耦合等复杂问题的求解具有强大优势，在业内被认为是非线性有限元发展方向的先导。经过近 20 年的商业化开发，ADINA 已经成为全球最重要的非线性求解软件之一，被广泛应用于各个工业领域的工程仿真计算，包括土木建筑、交通运输、石油化工、机械制造、航空航天、汽车、国防军工、船舶以及科学研究等各个领域。

（4）MSC（http://www.mscsoftware.com/）

MSC. Software Corporation 在航空航天领域有着非常显赫的地位，软件最初是由美国国家宇航局（NASA）在 1965 年委托美国计算科学公司和贝尔航空系统公司开发的 NASTRAN 有限元分析系统基础上演变而来。总部位于洛杉矶的 MSC 公司自 1963 创立并开发了结构分析软件 SADSAM，在 1966 年 NASA 招标项目中参与了 Nastran 的开发，1969

年 NASA 推出第一个 Nastran 版本；后来的 MSC 公司（MacNeal-Schwendler Corporation），对原始的 Nastran 做了大量的改进并于 1971 年推出自己的专利版本 MSC. Nastran，并于 1983 年公司股票上市。

在航空界，MSC Nastran 被美国联邦航空管理局（FAA）认证为领取飞行器适航证指定的唯一验证软件。在中国，MSC. Nastran 软件全面通过了我国锅炉压力容器标准化技术委员会的严格考核认证，作为与分析设计标准《钢制压力容器分析和设计标准》JB 4732 相适应的分析软件。在船舶行业 MSC Nastran 软件是中国船级社（CCS）指定的船舶分析验证软件，国际船级社协会的 10 个成员（世界十大船级社）中有 8 家采用 MSC Nastran 软件作为船舶分析的验证软件，包括：美国船级社 ABS、英国劳氏船级社 LR、日本船级社 NK、挪威船级社 DNV、韩国船级社 KR、法国船级社 BV、德国劳氏船级社 GL、中国船级社 CCS。

近几年，MSC 公司与其他大型的软件公司一样，也开始了大规模的兼并收购，这其中就包括收购非线性分析领域著名的软件 MARC。MARC 软件是由毕业于 Berkeley 大学的 Pedro Marcal 博士开发的，最初他任教于 Brown 大学，于 1969 年创建了第一家非线性有限元软件公司——MARC 公司，并在 1999 年被 MSC 公司收购。MSC. Marc 是其中一个主要用于建筑工程分析的一个产品，可以处理的各种线性和非线性结构分析问题包括：线性/非线性静力分析、模态分析、简谐响应分析、频谱分析、随机振动分析、动力响应分析、自动的静/动力接触、屈曲/失稳、失效和破坏分析等。为满足工业界和学术界的各种需求，MSC. Marc 提供了层次丰富、适应性强、能够在多种硬件平台上运行的系列产品。

目前 MSC 的产品目录几乎包含了工业领域的各个方面，MSC 软件公司目前的主要软件产品分列如下：

Adams——多体动力学解决方案

Actran——声学仿真解决方案

Easy5——控制仿真工具

Marc——非线性解决方案

SimXpert——多学科仿真解决方案

MSC Nastran——结构化与多学科 FEA

Dytran——显式动力学与流固耦合

MSC Fatigue——基于 FE 的疲劳和耐久性仿真工具

Sinda——高级热分析解决方案

Digimat——非线性，多尺度的材料与结构建模平台

SimDesigner——CAD 嵌入式多学科仿真

Patran——有限元分析解决方案

SimManager——仿真数据和流程管理

1.7.2 工程专业软件

(1) SAP2000 & ETABS（https://www.csiamerica.com/）

SAP2000 是由美国 CSI 公司（Computer & Structures Inc.）开发研制的通用结构分

析与设计软件。SAP2000 已有近四十年的发展历史，是美国乃至全球公认的结构分析计算程序，并在世界范围内被广泛应用。

美国 CSI 公司是由 Wilson 教授的学生 Ashraf 于 1978 年创建的，早期 CSI 公司的大部分技术开发人员都是 Wilson 教授的学生，并且 Wilson 教授也是 CSI 公司的高级技术发展顾问，CSI 公司的产品都是缘于 Wilson 教授及其学生在四十多年来对结构工程有限元分析领域内的研究，并且得到了来自全球数十万工程师用户持续不断的使用和建议，凭借SAP2000、ETABS、SAFE 等高质量的软件产品，现在 CSI 公司已经成为土木领域的业界领先者。

SAP2000 是由 SAP5、SAP80、SAP90 等版本逐步发展而来的。1969 年美国加州大学Berkeley 分校的 Wilson 教授发布了第一个 SAP 程序，这是基于小型机的程序，SAP 是"Structural Analysis Program" 首字母的缩写。从此，SAP 就逐渐成为了结构有限元分析领域的重要代表。

SAP2000 自面世至今已经有很多版本，集成化的通用结构分析与设计软件是 SAP 的主要理念。SAP2000 具有完善、直观和灵活的界面，为在交通运输、工业、公共事业、运动和其他领域工作的工程师提供了优秀的分析引擎和设计工具。

在 SAP2000 三维图形环境中提供了多种建模、分析和设计选项，且完全在一个集成的图形界面内实现。在今天的市场上 SAP2000 已经被证实是具有集成化、高效率和实用特征的通用结构分析软件。SAP2000 程序于 1996 年问世，它是 SAP 产品系列中第一个以Windows 视窗为操作平台的程序，拥有强大的可视界面和方便的人机交互功能。在这个看似简单的界面中，可以完成模型的创建和修改、计算结果的分析和执行、结构设计的检查和优化以及计算结果的图表显示（包括时程反应的位移曲线、反应谱曲线、加速度曲线）和文本显示等等，从最简单的问题到最复杂的工程项目，都非常方便、快捷。SAP2000 提供从简单的二维框架静力分析到复杂的三维非线性动力分析功能，几乎能为大部分的结构分析和设计提供了解决方案；其结构弹性静力及时程分析功能的计算效率比较高，后处理方便。该软件的不足之处在于弹塑性分析方面功能较弱；非线性计算方面虽然有塑性铰属性设置，但计算的收敛性差一些；且未提供二次开发接口等。

SAP2000 软件的先进技术及软件功能主要有：三维结构整体性能分析、空间建模、完善的荷载计算功能、丰富的 CAD 接口、文本输入输出功能等，以及高级分析功能，主要包括逐步大变形分析、多重 P-Delta 效应、特征向量和 Ritz 向量分析、索分析、单拉和单压分析、Buckling 屈曲分析、爆炸分析、针对阻尼器、基础隔震和支承塑性的快速非线性分析、用能量方法进行侧移控制和分段施工分析等。最新的 SAP2000 Nonlinear 版本除了包括全部上述功能之外，还有动力非线性时程反应分析功能和阻尼构材、减震器、Gap 和Hook 构材等材料特性功能，它主要适用于分析带有局部非线性的复杂结构（如基础隔震或上部结构单元的局部屈服等情形）。

ETABS 是美国 CSI 公司的另一款软件产品，是公认的高层建筑结构分析与设计软件的业界标准。今天，在继承传统的情况下，ETABS 已经成为一个完全集成化的建筑分析与设计软件环境。ETABS 基于图形用户界面建立分析对象模型，在集成化环境中进行分析和设计，并提供施工图绘制界面，集成化模型能够处理各种结构形式，许多复杂工程问题都可以得到理想解决的方案。

CSI 公司的软件产品包括 SAP2000、ETABS、CSI-BRIDGE、SAFE、PERFORM-3D、CSI-COL 等软件产品系列，几乎涵盖了土木工程力学分析的各个领域。

(2) Midas（http://www.Midasuser.com/；http://cn.Midasuser.com）

Midas Information Technology Co.，Ltd.（简称 Midas IT）正式成立于 2000 年 9 月 1 日，是浦项制铁公司（POSCO）成立的第一个风投公司，它隶属于浦项制铁开发公司（POSCO E&C）。POSCO E&C 是 POSCO 的一个分支机构，是全球具实力的建设公司之一。自从 1989 年由韩国浦项集团成立 CAD/CAE 研发机构，并开始开发 Midas 软件以来，Midas IT 在工业分析和设计软件领域获得了飞速发展。目前在韩国结构软件市场中，Midas Family Program 的市场占有率排第一位。北京迈达斯技术有限公司为 Midas IT 在中国的唯一独资子公司，于 2002 年 11 月正式成立，负责 Midas 软件的中文版开发、销售和技术支持工作。

Midas 软件体系非常丰富，其中，建筑领域包含软件：Midas Building、Midas Gen、Gen Designer；桥梁领域包含软件：Midas Civil、Midas SmartBDS、Civil Designer；岩土领域包含软件：Midas GTS、Midas SoilWorks、Midas GeoX；仿真领域包含软件：Midas NFX、Midas FEA。

Midas Gen 是通用的空间结构有限元分析与设计系统，适用于民用建筑、工业建筑、特种结构、体育场馆等结构的分析与设计。除了一般的静力、动力分析之外，还可以进行施工阶段分析、水化热分析、静力弹塑性分析、动力弹塑性分析、隔振和消能减震分析，并融入了包括中国、美国、欧洲、日本、英国、印度等多个国家的设计规范。

Midas/Civil 是针对土木结构，特别是分析像预应力箱型桥梁、悬索桥、斜拉桥等特殊的桥梁结构形式，同时可以做非线性边界分析、水化热分析、材料非线性分析、静力弹塑性分析、动力弹塑性分析。

Midas FEA 是专用于土木非线性问题及细部分析的软件，它的几何建模和网格划分技术采用了在土木领域中已经被广泛应用的前后处理软件 Midas FX＋的核心技术，同时融入了 Midas 强大的线性、非线性分析内核，并与荷兰 TNO DIANA 公司进行了技术合作，是一款专门适用于土木领域的高端非线性分析和细部分析软件。

(3) PKPM（http://www.pkpm.cn）

PKPM 是中国建筑科学研究院建筑工程软件研究所开发的一款土木类综合设计和管理软件，该软件最早时期只有两个模块，PK（排架框架设计）、PMCAD（平面辅助设计），因此合称 PKPM。现在该软件系统的功能已经大大超出了原有的范围，研发领域涵盖建筑设计 CAD 软件，绿色建筑和节能设计软件，工程造价分析软件，施工技术和施工项目管理系统，图形支撑平台，企业和项目信息化管理系统等方面，并创造了 PKPM、ABD 等知名全国的软件品牌，但是软件名称却一直沿用 PKPM。该软件的开发和推广得益于中国建筑科学研究院以国家级行业研发中心、规范主编单位、工程质检中心为依托，技术力量雄厚等方面的独特优势。

PKPM 是一个系列，除了建筑、结构、设备（给排水、采暖、通风空调、电气）设计于一体的集成化 CAD 系统以外，目前 PKPM 还有建筑概预算系列（钢筋计算、工程量计算、工程计价）、施工系列软件（投标系列、安全计算系列、施工技术系列）、施工企业信息化（目前全国很多特级资质的企业都在用 PKPM 的信息化系统）等方面的软件。

　　PKPM 在国内土木工程设计行业占有绝对优势，拥有用户上万家，现已成为国内应用最为普遍的土木工程类设计软件系统之一。它紧跟行业需求和规范更新，不断推陈出新，开发出对行业产生巨大影响的软件产品，使国产自主知识产权的软件多年来一直占据我国结构设计行业应用和技术的主导地位，及时满足了我国建筑行业快速发展的需要，显著提高了设计的效率和质量。

　　PKPM 在提供专业软件的同时，提供具有自主知识版权的二维、三维图形平台的支持。在跟踪国外图形软件先进技术的基础上，并利用 PKPM 广泛的用户群应用，在专业软件发展的同时，带动了图形平台的发展，成为国内为数不多的成熟图形平台之一。

　　PKPM 软件在立足国内市场的同时，积极开拓海外市场。目前已开发出英国规范、美国规范版本，并进入了新加坡、马来西亚、韩国、越南等国家和中国香港、台湾地区市场，使 PKPM 软件成为国际化产品，提高了国产软件在国际竞争中的地位和竞争力。

　　现在，PKPM 已经成为面向建筑工程全生命周期的集建筑、结构、设备、节能、概预算、施工技术、施工管理、企业信息化于一体的大型建筑工程软件系统，以其全方位发展的技术确立了在国内土木工程领域的领先地位。

(4) YJK（http://www.yjk.cn）

　　YJK 是北京盈建科软件有限责任公司开发的面向国际市场的建筑结构设计软件，既有中国规范版，也有欧洲规范版。盈建科第一期推出盈建科建筑结构设计软件系统，包括盈建科建筑结构计算软件（YJK-A），盈建科基础设计软件（YJK-F），盈建科砌体结构设计软件（YJK-M），盈建科结构施工图辅助设计软件（YJK-D），盈建科钢结构施工图设计软件（YJK-STS），盈建科弹塑性动力时程分析软件（YJK-EP）和接口软件等。目前，该软件在建筑市场的占有率逐年提高，发展速度非常快。

　　YJK 建模程序建立在自主开发的三维图形平台上，采用目前先进的图形用户界面，如先进的 Direct3d 图形技术和 Ribbon 功能区菜单管理，并广泛吸收了当今 BIM 方面的领先软件 Revit 等的优点，采用美观紧凑的图形菜单，将各功能模块集成在一起，各模块之间即时无缝切换，操作简洁顺畅。

　　YJK 采用人机交互方式引导用户逐层布置建筑结构构件并输入荷载，通过楼层组装完成整体模型的建立；程序对各层楼板荷载完成自动向房间周边梁墙的导算；该模型是后续功能模块如结构计算、砌体计算、基础设计、施工图设计的主要依据。程序由轴线网格、构件布置、楼板布置、荷载输入、自定义工况、楼层组装、空间结构七部分组成。

　　YJK 是多、高层建筑结构空间有限元计算分析与设计软件，适用于框架、框剪、剪力墙、筒体结构、混合结构和钢结构等结构形式；采用空间杆单元模拟梁、柱及支撑等杆系构件，用在壳元基础上凝聚而成的墙元模拟剪力墙，对于楼板提供刚性板和各种类型的弹性板计算模型；依据结构 2010 系列新规范编制，在连续完成恒、活、风、地震作用以及吊车、人防、温度等效应计算的基础上，自动完成荷载效应组合、考虑抗震要求的调整、构件设计及验算等。

　　YJK 采用先进的数据库管理技术，力学计算与专业设计分离管理，这种通用、先进的管理模式充分保证了各自专业优势的发挥；并联合国内专业领先团队，采用当前大量可用的先进技术，如合理应用偏心刚域、主从节点、协调与非协调单元、墙元优化等，采用领先的快速求解器，支持 64 位环境，使解题规模、计算速度和稳定性大幅度提高。

针对 2010 系列新规范和结构设计中的一些难点热点问题，开发了专业化、智能化特点突出的系列功能，填补了大量需求的空白，并通过合理应用规范实现优化设计。

YJK 软件系统和国内外流行的多种软件兼容或提供接口，如 Revit、PKPM、Midas、Etabs、探索者、STAAD. Pro、PDS、PDMS、Bentley、Abaqus、ArchiCAD 等，且上述大多数软件接口是双向的。

1.8 展望

中国在计算机技术发展早期和西方的差距还是比较明显的，但是，前人在该领域奠定的发展基础和体现出的远见卓识是有目共睹的。1952 年，华罗庚在中科院数学所建立了中国第一个电子计算机科研小组；1956 年，中国制定的《十二年科学技术发展规划》中，把计算机列为重点发展的科学技术之一；1958 年，中科院计算所成功研制我国第一台小型电子管通用计算机 103 机，标志着我国第一台电子计算机的诞生，比 1946 年诞生的世界第一台电子计算机 ENIAC 晚了 12 年。但是计算机技术的发展早期，发展速度还不是很快，迎头赶上的条件相对比较好一些；但是，后来由于在核心部件 CPU 方面的差距渐渐扩大，使得我国计算机的发展严重受制于西方的技术壁垒。目前，国家正加大在自主 CPU 方面的研发投入，逐步缩小在计算机核心部件方面的技术差距。我国在国家战略《中国制造 2025》中，也明确提出了发展关键核心技术的规划。

电子计算机诞生后短短的几十年间，主要电子器件相继使用了真空电子管、晶体管、中小规模集成电路、大规模与超大规模集成电路，引起计算机的几次更新换代。每一次更新换代都使计算机的体积和耗电量大大减小，功能大大增强，应用领域进一步拓宽。特别是体积小、价格低、功能强的微型计算机的出现，使得计算机迅速普及，进入了办公室和家庭，在办公室自动化和多媒体应用方面发挥了巨大的作用。目前，计算机的应用已几乎扩展到社会的各个领域，也成为土木工程设计的必备工具。

电子计算机未来的发展趋势主要表现在计算能力的巨型化、体积的微型化、分布的网络化以及智能化等方面。目前以计算机和信息技术为基础的人工智能（Artificial Intelligence，AI）发展非常迅速，比如：能听懂人类的语言、能识别图形、会自行学习等功能的机器人已经出现，并飞速发展。现在的计算机技术已经获得了更加突飞猛进的发展，并且正在探索新的计算载体，例如生物计算机、光子计算机、超导计算机等。虽然目前这些计算机还处在实验室阶段，但是，可以想见其巨大的计算能力和对人类文明历史产生的新的巨大推动作用。

计算机的发展必然伴随着软件的飞速发展，软件就是计算机的灵魂，没有了软件的计算机，就像没有了灵魂的人，就产生不出高的生产力。在各个行业，软件都是伴随着基础科学、应用技术、专业背景等多学科知识的累积而飞速发展，也是各自相对独立的软件体系。

纵观当今国际上工程分析类软件的发展情况，对土木工程领域的结构分析和应用软件的一些技术发展趋势分述如下：

(1) 与 CAD 软件的无缝集成

当今，有限元分析软件的一个发展趋势是与通用 CAD 软件的集成使用，即在用 CAD 软件完成部件和零件的造型设计后，能直接将模型传送到 CAE 软件中进行有限元网格划分并进行分析计算，如果分析的结果不满足设计要求则重新进行设计和分析，直到满意为止，从而极大地提高了设计水平和效率。为了满足工程师快捷地解决复杂工程问题的要求，许多商业化有限元分析软件都开发了和几款著名的 CAD 软件（例如 Pro/ENGI-NEER、Unigraphics、SolidEdge、SolidWorks、IDEAS、Bentley 和 AutoCAD 等）的接口。有些 CAE 软件为了实现和 CAD 软件的无缝集成而采用了 CAD 的建模技术，如 ADI-NA 软件由于采用了基于 Parasolid 内核的实体建模技术，能和以 Parasolid 为核心的 CAD 软件（如 Unigraphics、SolidEdge、SolidWorks）实现真正无缝的双向数据交换。

(2) 更为强大的网格处理能力

有限元法求解问题的基本过程主要包括：分析对象的离散化、有限元求解、计算结果的后处理三部分。由于结构离散后的网格质量直接影响到求解时间及求解结果的正确性与否，各软件开发商都加大了其在网格处理方面的投入，使网格生成的质量和效率都有了很大的提高，但在有些方面却一直没有得到改进，如对三维实体模型进行自动六面体网格划分和根据求解结果对模型进行自适应网格划分，除了个别商业软件做得较好外，大多数分析软件仍然没有此功能。自动六面体网格划分是指对三维实体模型程序能自动地划分出六面体网格单元，大多数软件都能采用映射、拖拉、扫略等功能生成六面体单元，但这些功能都只能对简单规则模型适用，对于复杂的三维模型则只能采用自动四面体网格划分技术生成四面体单元。对于四面体单元，如果不使用中间节点，在很多问题中将会产生不正确的结果，如果使用中间节点将会引起求解时间、收敛速度等方面的一系列问题，因此人们迫切地希望全域自动六面体网格功能的出现。自适应性网格划分是指在现有网格基础上，根据有限元计算结果估计计算误差、重新划分网格和再计算的一个循环过程。对于许多工程实际问题，在整个求解过程中，模型的某些区域将会产生很大的应变，引起单元畸变，从而导致求解不能进行下去或求解结果不正确，因此必须进行网格自动重划分。自适应网格往往是许多工程问题如裂纹扩展、薄板成形等大应变分析的必要条件。

(3) 由求解线性问题发展到求解非线性问题

随着科学技术的发展，线性理论已经远远不能满足设计的要求，许多工程问题如材料的破坏与失效、裂纹扩展等仅靠线性理论根本不能解决，必须进行非线性分析求解，例如薄板成形就要求同时考虑结构的大位移、大应变（几何非线性）和塑性（材料非线性）；而对塑料、橡胶、陶瓷、混凝土及岩土等材料进行分析或需考虑材料的塑性、蠕变效应时则必须考虑材料非线性。众所周知，非线性问题的求解是很复杂的，它不仅涉及很多专门的数学问题，还必须掌握一定的理论知识和求解技巧，学习起来也较为困难。为此国外一些公司花费了大量的人力和物力开发非线性求解分析软件，如 ADINA、ABAQUS 等。它们的共同特点是具有高效的非线性求解器、丰富而实用的非线性材料库，ADINA 还同时具有隐式和显式两种时间积分方法。

(4) 由单一结构场求解发展到耦合场问题的求解

有限元分析方法最早应用于航空航天领域，主要用来求解线性结构问题，实践证明这是一种非常有效的数值分析方法，而且从理论上也已经证明，只要用于离散求解对象的单元足够小，所得的解就可足够逼近于精确值。用于求解结构线性问题的有限元方法和软件已经比较成熟，发展方向是结构非线性、流体动力学和耦合场问题的求解。例如由于摩擦接触而产生的热问题，金属成形时由于塑性功而产生的热问题，需要结构场和温度场的有限元分析结果交叉迭代求解，即"热-力耦合"问题。当流体在弯管中流动时，流体压力会使弯管产生变形，而管的变形又反过来影响到流体的流动，这就需要对结构场和流场的有限元分析结果交叉迭代求解，即所谓"流-固耦合"问题。

（5）程序面向用户的开放性和易用性

随着商业化的提高，各软件开发商为了扩大自己的市场份额，满足用户的需求，在软件的功能、易用性等方面花费了大量的投资，但由于用户的要求千差万别，不管他们怎样努力也不可能满足所有用户的要求，因此，必须给用户一个开放的环境，允许用户根据自己的实际情况对软件进行扩充，包括自定义单元特性、自定义材料本构（结构本构、热本构、流体本构）、自定义流场边界条件、自定义结构断裂判据和裂纹扩展规律等等。

（6）软件发展与有限元理论的同步性更强

目前土木工程应用软件经过20世纪70年代的起步阶段，到现在的成熟阶段。可以说，软件开发技术的发展已经远远超出了计算理论和设计规范的发展速度。软件界面操作的易用性和便捷性越来越强，但是，相对而言，软件核心计算功能却变化相对是缓慢的。目前，最新的有限元分析理论与算法到软件的实现，周期大大缩短，同步性增强。关注有限元的理论发展，采用最先进的算法技术，扩充软件的性能，提高软件性能以满足用户不断增长的需求，是CAE软件开发的主要目标，也是软件产品持续占有市场，求得生存和发展的根本之道。

（7）软件的设计水平与工业技术密切相关

从技术的角度讲，软件所处理的是严格"精确"的模型，而土木工程所面对的对象确实非常复杂和具有不确定性的因素。所以，一种普遍的观点认为土木工程是一类社会性的专业工程，它不但具有科学和技术所要求的严格"精确"性，又具有社会学所要求的"模糊"性。例如，土木工程中的荷载的取值和材料参数的选取都是与工艺水平、人员素质、管理制度等社会学方面的因素息息相关。因此，一个优秀的土木工程师绝对不仅仅是一个软件方面的应用高手，更重要的是一个考虑综合因素的方案设计高手。因此，智能化和专家化的土木软件设计系统是将来的发展方向，任何一个优秀的土木工程项目和设计方案都离不开设计师综合的设计和研判能力。如果能够将设计师的数值经验、专业经验、社会经验通过数学模型进入我们面前的计算机，进入我们熟悉的土木工程应用软件，那将是土木工程设计领域的一项伟大革新。

（8）软件逐步向跨学科、智能化方向发展

未来土木工程应用软件，将伴随着互联网的飞速发展以及计算机硬件性能的快速发展，逐步从单一专业，单一功能的专业设计软件，向跨专业、跨学科、人工智能化（AI）方向发展，这需要软件开发者以及软件使用者在设计理念和设计方法，以及工程管理与运维等方面的创新性理解。

2 数值分析与有限元

2.1 有限元简介

有限元的诞生是随着数学理论,特别是微积分理论及其数值计算方法的成熟而发展起来的一种高效的数值算法,并伴随着计算机这一计算工具的飞速发展而逐步成熟和完善的。在20世纪第三次科技革命中,基于有限元理论的计算分析软件在很多科技领域都发挥了巨大的作用。

大约在300年前,牛顿(Newton)和莱布尼茨(Leibniz)发明了积分法,证明了该运算具有整体对局部的可加性。虽然,积分运算与有限元技术对定义域的划分是不同的,前者进行无限划分而后者进行有限划分,但积分运算为实现有限元技术准备好了一个重要的理论基础。在牛顿之后约一百年,著名数学家高斯(Gauss)提出了加权余值法及线性代数方程组的解法。这两项成果的前者被用来将微分方程改写为积分表达式,后者被用来求解有限元法所得出的代数方程组。在18世纪,另一位数学家拉格朗日(Lagrange)提出泛函分析。泛函分析是将偏微分方程改写为积分表达式的另一途经。

在19世纪末至20世纪初,数学家瑞雷(Rayleigh)和里兹(Ritz)首先提出可对全定义域运用展开函数来表达其上的未知函数。1915年,数学家伽辽金(Galerkin)提出了选择展开函数中形函数的伽辽金法,该方法被广泛地用于有限元法。1943年,数学家库朗德(Courant)在其发表的数学论文《平衡和振动问题的变分解法》中第一次提出了可在定义域内分片地使用展开函数来表达其上的未知函数的方法,这实际上就是有限元的处理方法。随后的几年中,各国学者逐步完善并得出了有限元法的原始代数表达形式,开始了对单元划分、单元类型选择等进行研究,并且在解的收敛性研究上取得了很大突破。

有限单元法早在20世纪40年代初期就已有人提出,但当时由于没有计算工具而搁置,一直到20世纪50年代中期,计算机的出现和发展为有限单元法的应用提供了重要的物质条件,才使有限单元法得以迅速发展。20世纪50年代,飞机设计师们发现无法用传统的力学方法分析飞机的应力、应变等问题。20世纪50年代,大型电子计算机投入了解算大型代数方程组的工作,这为实现有限元技术准备好了物质条件。有限元法最初被称为矩阵近似方法,应用于航空器的结构强度计算,并由于其方便性、实用性和有效性,而引起从事力学研究的科学家的浓厚兴趣。经过短短数十年的努力,随着计算机技术的快速发展和普及,有限元方法迅速从结构工程强度分析计算扩展到几乎所有的科学技术领域,成为一种丰富多彩、应用广泛且实用、高效的数值分析方法。

有限单元法在西方起源于飞机和导弹的结构设计,发表这方面文章最早而且最有影响的是德国斯图加特大学的 J. H. Argyris 教授,1954～1955 年间,他在《Aircraft engineering》上发表了许多有关这方面的论文，并在此基础上写成了《能量原理与结构分析》一书，此书成为有限单元法理论基础方面的经典文献。美国的 M. T. Turner，R. W. Clough，H. C. Martin 和 L. J. Topp 等人于 1956 年发表了一篇题为《复杂结构的刚度和挠度分析》文章，此文提出了计算复杂结构刚度影响系数的方法，并详细说明了如何利用计算机进行分析的过程。克劳夫（R. W. Clough）于 1960 年在一篇介绍平面应力分析的论文中，首次提出了"有限单元法"的名字。1965 年英国的 Zienliewcz 教授及其合作者解决了将有限元应用于所有的"场问题"，使有限单元法的应用范围更加广泛，并很快风靡世界，其专著《有限单元法》当为该领域的经典之作。

有限元法的发展主要表现为如下几个方面：

（1）建立了严格的数学和工程学基础；

（2）应用范围扩展到了结构力学以外的领域；

（3）收敛性得到了进一步研究，形成了系统的误差估计理论；

（4）发展起了相应的商业软件包。

在国内，我国数学家冯康在特定的环境中独立于西方提出了有限元法。1965 年，他发表论文《基于变分原理的差分格式》，标志着有限元法在我国的诞生。冯康的这篇文章不但提出了有限元法，而且初步发展了有限元法。他得出了有限元法在特定条件下的表达式，独创了"冯氏定理"并且初步证明了有限元法解的收敛性。虽然冯康创造的有限元法还不成熟、不系统，但他能在当时的条件下独立提出有限元法已十分不易。对于他的这项成就，国内外专家学者都给予了很高的评价。

有限元方法与其他求解边值问题近似方法的根本区别在于它的近似性仅限于相对小的子域中。20 世纪 60 年代初首次提出结构力学计算有限元概念的克拉夫（Clough）教授形象地将其描绘为："有限元法＝Rayleigh Ritz 法＋分片函数"，即有限元法是 Rayleigh Ritz 法的一种局部化情况。不同于求解满足整个定义域边界条件的允许函数的 Rayleigh Ritz 法（往往是困难的），有限元法将函数（分片函数）定义在简单几何形状（如二维问题中的三角形或任意四边形）的单元域上，并且不考虑整个定义域的复杂边界条件，这是有限元法优于其他近似方法的重要特点。

由于有限单元法在数值计算方面具有很多的优点，使得有限单元法在结构分析方面的适用性得到充分发挥，该方法也得到了飞速的发展，特别是在结构计算领域，几乎成了计算力学的代名词。该方法主要优点如下：

（1）具有严格的数学理论基础

因为用于建立有限元方程的变分原理或加权余量法在数学上已经证明是对应微分方程和边界条件的等效积分形式，因此，只要原问题的数学模型是正确的，同时，用来求解有限元方程的算法是稳定可靠的，则随着单元数目的增加，或单元阶次的提高，有限元解的近似程度将不断地被改进。如果单元是满足收敛准则的，则近似解最后将收敛于原数学模型的精确解。

（2）复杂几何构型的适应性

由于单元在空间可以是一维、二维、或三维的，而且每一种单元可以有不同的形状，同时各种单元之间可以采用不同的联结方式（如两个面之间可以是场函数保持连续、也可以同时要求场函数的导数也保持连续等），因此，工程实际中遇到的非常复杂的结构都能够离散为由各种单元组合体表示的有限元模型。

（3）适合计算机的数值计算

由于有限元分析的各个步骤可以表达成规范化的矩阵形式，最后导出的求解方程可以统一为标准的矩阵代数问题，因此，特别适合于计算机编程和数值计算。

（4）各种物理场问题的适用性

由于单元内近似函数分片地表示全求解域的未知场函数，并未限制场函数所应满足的方程形式，也未限制各个单元所对应的方程必须是相同的形式，所以尽管有限元法开始是针对线弹性应力分析问题而提出的，但很快发展到弹塑性问题、动力问题、屈曲问题等，并进一步应用于流体力学问题、热传导问题、海洋工程、电磁场、地质力学、生物力学以及多物理现象等领域；它几乎可以应用于求解所有的场问题。

2.2 有限元的基本过程

2.2.1 基本分析过程

有限元分析的关键是用简单问题代替复杂问题，然后再求解。对于结构力学问题，它将求解域看成是由许多称为有限单元的互连子域，对每一单元基于一定假设给出一个合适的（简单的）近似解，然后推导在整个计算域满足力学平衡和位移协调条件的方程组，进而得到问题的数值解。由于大多数实际问题难以得到解析解，而有限元方法不仅计算精度高，而且能适应各种复杂形状，因而成为目前工程领域行之有效的分析计算手段。对于不同物理性质和数学模型的问题，有限元求解法的基本步骤是相同的，只是具体公式推导和运算求解不同。有限元求解问题的基本步骤通常为：

第一步：问题及求解域定义。根据实际问题近似确定求解域的物理性质和几何区域。

第二步：求解域离散化。将求解域近似为具有不同有限大小和形状且彼此相连的有限个单元组成的离散域，习惯上称为有限元网络划分。显然，单元越小（网格越细）则离散域的近似程度越好，计算结果也越精确，但计算量及累积误差都将增大，因此求解域的离散化是有限元法的核心技术之一。

第三步：确定状态变量及控制方程。一个具体的物理问题通常可以用一组包含问题状态变量及边界条件的微分方程来表示，为适应有限元求解，通常将微分方程化为等价的泛函形式，并进一步转化为代数方程组的形式。

第四步：单元推导。在单元层面，基于一定的假设条件构造一个合适的近似解，即推导有限单元的列式，其中包括选择合理的单元坐标系，建立单元试函数，以某种方法给出单元各状态变量的离散关系，从而形成单元矩阵（结构力学中称单元刚度阵或柔度阵）。为保证问题求解的收敛性，单元推导有许多原则要遵循。对工程应用而言，重要的是应注意每一种单元的适用性能与约束条件。例如，单元形状应以规则为好，畸形时不仅精度低，而且有缺秩的危险，将导致无法正常求解，或误差升高。

第五步：总装求解。将单元总装形成离散域的总体方程组（可用矩阵形式表示），反映了对近似求解离散域的约束条件，即单元函数的连续性要满足一定的连续条件。总装是在相邻单元的节点进行，状态变量及其导数（如果需要的话）连续性也建立在节点上。

第六步：联立方程组求解和结果分析。有限元法最终导致联立方程组。联立方程组的求解可用直接法、迭代法和随机法。求解结果是单元节点处状态变量的近似值。对于计算结果的评估，将通过与设计准则提供的允许值比较来评价并确定是否需要调整参数，重复计算。

简言之，有限元分析可分成三个大的阶段：前处理、计算求解和后处理。前处理是建立有限元模型，完成单元网格划分；后置理则是采集处理分析的结果，使用户能简便提取计算结果并进行结果信息的二次整理，评估计算结果。

2.2.2 基本推导过程

2.2.2.1 单元的位移函数

对于离散系统，采用有限单元法进行分析时，首先需要将单元材料主轴的变形规律用函数表示，即用位移函数描述单元上特征线的变形规律。根据结构单元中任意一点与单元材料主轴的变形关系，可以计算出该点的变形，进而给出单元的变形规律。如果单元的局部坐标系与材料主轴不一致，还需要引入两个坐标系之间的变换关系。同样，对于连续系统，也需要构造单元的位移模式。

对于单元位移函数的表达式，可参考 Pascal 三角形，用多项式构造单元的位移函数，例如

$$u = C_1 + C_2 x + C_3 x^2 + C_4 x^3 + \cdots \tag{2-1}$$

式中，u 为单元在某坐标方向上的位移；$C_1, C_2, C_3, C_4 \cdots$ 为待定常数；x 为单元坐标。

上式用矩阵表示

$$u = LC \tag{2-2}$$

当引入边界条件，将单元节点坐标代入上式，即按式（2-1）计算所得单元节点处的位移值应该等于该单元节点处真实的位移值，则有

$$C = L_x^{-1} u_e \tag{2-3}$$

其中，u_e 为单元节点位移向量；L_x^{-1} 为将单元节点坐标代入矩阵 L 后，所得矩阵 L 的逆。

将式（2-3）代入式（2-2）得

$$u = L L_x^{-1} u_e \tag{2-4}$$

设，

$$N = L L_x^{-1} \tag{2-5}$$

于是

$$u = N u_e \tag{2-6}$$

或以增量形式表示，即

$$\Delta u = N \Delta u_e \tag{2-7}$$

式中，u 为单元位移向量；N 称为形函数矩阵。式（2-6）为用单元节点位移向量 u_e 表示的单元任意一点的位移向量 u。

2.2.2.2 单元的应变

(1) 应变的表达式

由弹性理论建立了固体或结构任一点在材料坐标系中的应变和位移之间的关系，并通过变换可以将体内任一点的应变关系表示为单元特征线上应变关系。一般情况下，应变由线性应变和非线性应变两部分组成，即

$$\boldsymbol{\varepsilon}=\boldsymbol{\varepsilon}_{\mathrm{L}}+\boldsymbol{\varepsilon}_{\mathrm{NL}} \tag{2-8a}$$

或以增量形式表示

$$\Delta\boldsymbol{\varepsilon}=\Delta\boldsymbol{\varepsilon}_{\mathrm{L}}+\Delta\boldsymbol{\varepsilon}_{\mathrm{NL}} \tag{2-8b}$$

如果把单元的位移表达式（2-6）或（2-7）代入到上述应变-位移关系式中，就可以将单元中的任一点的应变用单元节点位移来表示的关系式，即

$$\boldsymbol{\varepsilon}=\boldsymbol{B}\boldsymbol{u}_{\mathrm{e}} \tag{2-9a}$$

或

$$\Delta\boldsymbol{\varepsilon}=\boldsymbol{B}\Delta\boldsymbol{u}_{\mathrm{e}} \tag{2-9b}$$

其中，$\boldsymbol{B}$ 称为应变矩阵。应变矩阵反映了应变与单元节点位移之间的变换关系。在有限单元分析中，应变矩阵的计算是一个关键。同样，应变矩阵的计算是有限元的一般形式，不管什么单元表达形式，应变矩阵的表达形式类似。考虑到实际的应变是由线性应变和非线性应变组成，如式（2-8）所示，故式（2-9）可表示为

$$\boldsymbol{\varepsilon}=(\boldsymbol{B}_{\mathrm{L}}+\boldsymbol{B}_{\mathrm{NL}})\boldsymbol{u}_{\mathrm{e}} \tag{2-10a}$$

或

$$\Delta\boldsymbol{\varepsilon}=(\boldsymbol{B}_{\mathrm{L}}+\boldsymbol{B}_{\mathrm{NL}})\Delta\boldsymbol{u}_{\mathrm{e}} \tag{2-10b}$$

其中，$\boldsymbol{B}_{\mathrm{L}}$ 和 $\boldsymbol{B}_{\mathrm{NL}}$ 分别是线性应变矩阵和非线性应变矩阵。

(2) 应变矩阵

按式（2-8）考虑的单元中任意一点处的线性应变

$$\boldsymbol{\varepsilon}_{\mathrm{L}}=D(\boldsymbol{u}) \tag{2-11a}$$

或

$$\Delta\boldsymbol{\varepsilon}_{\mathrm{L}}=D(\Delta\boldsymbol{u}) \tag{2-11b}$$

式中，D 为微分算子，如对于四面体单元

$$D=\begin{bmatrix} \dfrac{\partial}{\partial x} & 0 & 0 & \dfrac{\partial}{\partial y} & 0 & \dfrac{\partial}{\partial z} \\ 0 & \dfrac{\partial}{\partial y} & 0 & \dfrac{\partial}{\partial x} & \dfrac{\partial}{\partial z} & 0 \\ 0 & 0 & \dfrac{\partial}{\partial z} & 0 & \dfrac{\partial}{\partial y} & \dfrac{\partial}{\partial x} \end{bmatrix}^{\mathrm{T}}$$

显然，微分算子 D 与应变有关。将式（2-7）所示位移函数代入上述应变表达式（2-11），可得用节点位移表示的线性应变：

$$\boldsymbol{\varepsilon}_{\mathrm{L}}=\boldsymbol{B}_{\mathrm{L}}\boldsymbol{u}_{\mathrm{e}} \tag{2-12a}$$

或

$$\Delta\boldsymbol{\varepsilon}_{\mathrm{L}}=\boldsymbol{B}_{\mathrm{L}}\Delta\boldsymbol{u}_{\mathrm{e}} \tag{2-12b}$$

其中，B_L 为线性应变矩阵，线性应变矩阵是关于形函数的微分运算。

$$B_L = D(N)$$

相应正应变与剪切应变，线性应变矩阵可表示为

$$B_L = [\begin{matrix} B_L & H_L \end{matrix}]^T \tag{2-13}$$

式（2-11）或式（2-12）所表示的线性应变和式（2-13）所表示的线性应变矩阵具有一般意义，适用于所有单元。

按式（2-8）所示单元的应变增量表达式，考虑单元中任意一点的非线性应变增量：

$$\Delta\boldsymbol{\varepsilon}_{NL} = \frac{1}{2}\Delta A \boldsymbol{\theta} \tag{2-14}$$

式中，ΔA 为根据非线性应变 $\Delta\boldsymbol{\varepsilon}_{NL}$ 展开后得到的关于位移的微分，如对于四面体单元

$$\Delta A = \begin{bmatrix} \frac{\partial\Delta u}{\partial x} & \frac{\partial\Delta v}{\partial x} & \frac{\partial\Delta w}{\partial x} & 0 & 0 & 0 & 0 & 0 & 0 \\ 0 & 0 & 0 & \frac{\partial\Delta u}{\partial y} & \frac{\partial\Delta v}{\partial y} & \frac{\partial\Delta w}{\partial y} & 0 & 0 & 0 \\ 0 & 0 & 0 & 0 & 0 & 0 & \frac{\partial\Delta u}{\partial z} & \frac{\partial\Delta v}{\partial z} & \frac{\partial\Delta w}{\partial z} \\ 0 & 0 & 0 & \frac{\partial\Delta u}{\partial z} & \frac{\partial\Delta v}{\partial z} & \frac{\partial\Delta w}{\partial z} & \frac{\partial\Delta u}{\partial y} & \frac{\partial\Delta v}{\partial y} & \frac{\partial\Delta w}{\partial y} \\ \frac{\partial\Delta u}{\partial z} & \frac{\partial\Delta v}{\partial z} & \frac{\partial\Delta w}{\partial z} & 0 & 0 & 0 & \frac{\partial\Delta u}{\partial x} & \frac{\partial\Delta v}{\partial x} & \frac{\partial\Delta w}{\partial x} \\ \frac{\partial\Delta u}{\partial y} & \frac{\partial\Delta v}{\partial y} & \frac{\partial\Delta w}{\partial y} & \frac{\partial\Delta u}{\partial x} & \frac{\partial\Delta v}{\partial x} & \frac{\partial\Delta w}{\partial x} & 0 & 0 & 0 \end{bmatrix} \tag{2-15}$$

$$\boldsymbol{\theta} = [\begin{matrix} \boldsymbol{\theta}_x & \boldsymbol{\theta}_y & \boldsymbol{\theta}_z \end{matrix}]^T \tag{2-16}$$

其中，

$$\boldsymbol{\theta}_x = \begin{bmatrix} \frac{\partial\Delta u}{\partial x} & \frac{\partial\Delta v}{\partial x} & \frac{\partial\Delta w}{\partial x} \end{bmatrix}^T, \boldsymbol{\theta}_y = \begin{bmatrix} \frac{\partial\Delta u}{\partial y} & \frac{\partial\Delta v}{\partial y} & \frac{\partial\Delta w}{\partial y} \end{bmatrix}^T, \boldsymbol{\theta}_z = \begin{bmatrix} \frac{\partial\Delta u}{\partial z} & \frac{\partial\Delta v}{\partial z} & \frac{\partial\Delta w}{\partial z} \end{bmatrix}^T$$

将 $\boldsymbol{\theta}_x$，$\boldsymbol{\theta}_y$，$\boldsymbol{\theta}_z$ 代入式（2-15），有

$$\Delta A = \begin{bmatrix} \boldsymbol{\theta}_x & 0 & 0 & 0 & \boldsymbol{\theta}_z & \boldsymbol{\theta}_y \\ 0 & \boldsymbol{\theta}_y & 0 & \boldsymbol{\theta}_z & 0 & \boldsymbol{\theta}_x \\ 0 & 0 & \boldsymbol{\theta}_z & \boldsymbol{\theta}_y & \boldsymbol{\theta}_x & 0 \end{bmatrix}^T \tag{2-17}$$

将式（2-7）所示位移函数代入 $\boldsymbol{\theta}$，并引入形函数，有

$$\boldsymbol{\theta} = G\Delta u_e \tag{2-18}$$

$$G = \begin{bmatrix} \frac{\partial}{\partial x} & \frac{\partial}{\partial x} & \frac{\partial}{\partial x} & \frac{\partial}{\partial y} & \frac{\partial}{\partial y} & \frac{\partial}{\partial y} & \frac{\partial}{\partial z} & \frac{\partial}{\partial z} & \frac{\partial}{\partial z} \end{bmatrix}^T N \tag{2-19}$$

上式中，N 为形函数。将式（2-18）代入式（2-14）。于是，可得非线性应变

$$\Delta\boldsymbol{\varepsilon}_{NL} = \frac{1}{2}\Delta A G \Delta u_e \tag{2-20}$$

而非线性应变矩阵

$$B_{NL} = \frac{1}{2}\Delta A G \tag{2-21}$$

相应正应变与剪切应变，非线性应变矩阵可表示为

$$B_{NL} = [\begin{matrix} B_{NL} & H_{NL} \end{matrix}]^T \tag{2-22}$$

于是，非线性应变又可表示为

$$\boldsymbol{\varepsilon}_{\text{NL}} = \boldsymbol{B}_{\text{NL}} \boldsymbol{u}_{\text{e}} \tag{2-23a}$$

或

$$\Delta \boldsymbol{\varepsilon}_{\text{NL}} = \boldsymbol{B}_{\text{NL}} \Delta \boldsymbol{u}_{\text{e}} \tag{2-23b}$$

（3）应变的变分

由线性应变的表达式（2-12），可以得到线性应变的变分

$$\delta \boldsymbol{\varepsilon}_{\text{L}} = \boldsymbol{B}_{\text{L}} \delta \boldsymbol{u}_{\text{e}} \tag{2-24a}$$

或

$$\delta \Delta \boldsymbol{\varepsilon}_{\text{L}} = \boldsymbol{B}_{\text{L}} \delta \Delta \boldsymbol{u}_{\text{e}} \tag{2-24b}$$

由非线性线性应变的表达式（2-20），可以得到非线性应变的变分

$$\delta \Delta \boldsymbol{\varepsilon}_{\text{NL}} = \frac{1}{2} \delta \Delta \boldsymbol{A} \boldsymbol{G} \Delta \boldsymbol{u}_{\text{e}} + \frac{1}{2} \Delta \boldsymbol{A} \boldsymbol{G} \delta \Delta \boldsymbol{u}_{\text{e}} = \Delta \boldsymbol{A} \boldsymbol{G} \delta \Delta \boldsymbol{u}_{\text{e}}$$

即

$$\widetilde{\boldsymbol{B}}_{\text{NL}} = \Delta \boldsymbol{A} \boldsymbol{G} = 2 \boldsymbol{B}_{\text{NL}} \tag{2-25}$$

相应正应变与剪切应变，上式表示为

$$\widetilde{\boldsymbol{B}}_{\text{NL}} = \begin{bmatrix} \widetilde{\boldsymbol{B}}_{\text{NL}} & \widetilde{\boldsymbol{H}}_{\text{NL}} \end{bmatrix}^{\text{T}} \tag{2-26}$$

于是，非线性应变增量的变分又可表示为

$$\delta \Delta \boldsymbol{\varepsilon}_{\text{NL}} = \widetilde{\boldsymbol{B}}_{\text{NL}} \delta \Delta \boldsymbol{u}_{\text{e}} \tag{2-27}$$

而非线性应变增量又可表示为

$$\Delta \boldsymbol{\varepsilon}_{\text{NL}} = \frac{1}{2} \widetilde{\boldsymbol{B}}_{\text{NL}} \Delta \boldsymbol{u}_{\text{e}} \tag{2-28}$$

注意到式（2-28）所示的应变是忽略了位移的更高阶量后的近似表达式。如果在应变中考虑了位移的更高阶量，则固体或结构中任意一点沿正交坐标系的 x 方向的正应变增量 $\Delta \varepsilon_{\text{x}}$

$$\Delta \varepsilon_{\text{x}} = a_{\text{x}} + \frac{1}{2} b_{\text{x}} - \frac{1}{2} a_{\text{x}}^2 - \frac{1}{2} a_{\text{x}} b_{\text{x}} + \frac{1}{2} a_{\text{x}}^3 + \frac{3}{4} a_{\text{x}}^2 b_{\text{x}} - \frac{1}{8} b_{\text{x}}^2 - \frac{5}{8} a_{\text{x}}^4 +$$

$$\frac{3}{8} a_{\text{x}} b_{\text{x}}^2 - \frac{5}{4} a_{\text{x}}^3 b_{\text{x}} - \frac{15}{16} a_{\text{x}}^2 b_{\text{x}}^2 + \frac{1}{16} b_{\text{x}}^3 - \frac{5}{16} a_{\text{x}} b_{\text{x}}^3 - \frac{5}{128} b_{\text{x}}^4 + \cdots \tag{2-29}$$

类似，有沿正交坐标系的 y、z 方向的正应变增量 $\Delta \varepsilon_{\text{y}}$ 和 $\Delta \varepsilon_{\text{z}}$。按式（2-8），则

$$\Delta \boldsymbol{\varepsilon}_{\text{x}} = \Delta \boldsymbol{\varepsilon}_{\text{xL}} + \Delta \boldsymbol{\varepsilon}_{\text{xNL}} + \Delta \boldsymbol{\varepsilon}_{\text{xNL}}^n + \cdots$$

非线性应变增量的变分又可表示为

$$\delta \Delta \boldsymbol{\varepsilon}_{\text{NL}} = \left(\frac{\partial \Delta \varepsilon_{\text{NL}}}{\partial a} \frac{\partial a}{\partial \Delta u_{\text{e}}} + \frac{\partial \Delta \varepsilon_{\text{NL}}}{\partial b} \frac{\partial b}{\partial \Delta u_{\text{e}}} \right) = \widetilde{\boldsymbol{B}}_{\text{NL}} \delta \Delta \boldsymbol{u}_{\text{e}}$$

2.2.2.3 虚功方程

固体或结构静力分析的基本方程可根据虚功原理或总势能驻值原理来建立。如以 t 时刻的状态为度量基准，则考虑 $t + \Delta t$ 时刻时固体或结构中单元的虚功方程

$$\int_{\text{v}} \delta^{t + \Delta t} \Delta \boldsymbol{\varepsilon}^{\text{T}} {}^{t + \Delta t} \boldsymbol{\sigma} \, \mathrm{d}v = \int_{\text{v}} \delta^{t + \Delta t} \Delta \boldsymbol{u}^{\text{T}} {}^{t + \Delta t} \boldsymbol{p} \, \mathrm{d}v + \int_{\text{s}} \delta^{t + \Delta t} \Delta \boldsymbol{u}^{\text{T}} {}^{t + \Delta t} \boldsymbol{q} \, \mathrm{d}s \tag{2-30}$$

式中

${}^{t + \Delta t} \Delta \boldsymbol{p}$，${}^{t + \Delta t} \Delta \boldsymbol{q}$ 分别为作用在单元上的体力增量和面力增量；

$\delta^{t+\Delta t}\Delta\boldsymbol{\varepsilon}$ 为 $t+\Delta t$ 时刻时单元的虚应变增量，即应变增量的变分，应变应包括正应变和剪应变，简单表示为

$$^{t+\Delta t}\Delta\boldsymbol{\varepsilon}=\begin{bmatrix}\Delta\boldsymbol{\varepsilon} & \Delta\boldsymbol{\gamma}\end{bmatrix}^{\mathrm{T}} \tag{2-31}$$

考虑到应变由线性和非线性两部分组成，即

$$^{t+\Delta t}\Delta\boldsymbol{\varepsilon}=\begin{bmatrix}\Delta\boldsymbol{\varepsilon}_{\mathrm{L}}\\\Delta\boldsymbol{\gamma}_{\mathrm{L}}\end{bmatrix}+\begin{bmatrix}\Delta\boldsymbol{\varepsilon}_{\mathrm{NL}}\\\Delta\boldsymbol{\gamma}_{\mathrm{NL}}\end{bmatrix}$$

$\delta^{t+\Delta t}\Delta\boldsymbol{u}^{\mathrm{T}}$ 为 $t+\Delta t$ 时刻时微元的虚位移增量，即单元位移增量的变分；

$t+\Delta t$ 时刻时固体或结构中单元的整体位移是 t 时刻时的整体初位移和 $t+\Delta t$ 时刻时的整体位移增量之向量和，即

$$^{t+\Delta t}\boldsymbol{U}={}^{t}\boldsymbol{U}+{}^{t+\Delta t}\Delta\boldsymbol{U} \quad \text{或} \quad \boldsymbol{U}=\boldsymbol{U}_0+\Delta\boldsymbol{U} \tag{2-32}$$

$^{t}\boldsymbol{\sigma}$ 为 t 时刻时固体或结构中单元的应力，应力应包括正应力和剪应力，简单表示为

$$^{t}\boldsymbol{\sigma}=\begin{bmatrix}\boldsymbol{\sigma} & \boldsymbol{\tau}\end{bmatrix} \tag{2-33}$$

$t+\Delta t$ 时刻时固体或结构中的单元的应力是 t 时刻时的初应力和 $t+\Delta t$ 时刻时的应力增量之向量和，即

$$^{t+\Delta t}\boldsymbol{\sigma}={}^{t}\boldsymbol{\sigma}+\Delta^{t+\Delta t}\boldsymbol{\sigma} \quad \text{或} \quad \boldsymbol{\sigma}=\boldsymbol{\sigma}_0+\Delta\boldsymbol{\sigma} \tag{2-34}$$

在 $t+\Delta t$ 时刻时，固体或结构中单元的几何构形

$$^{t+\Delta t}\boldsymbol{X}={}^{t}\boldsymbol{X}+{}^{t+\Delta t}\Delta\boldsymbol{U} \quad \text{或} \quad \boldsymbol{X}=\boldsymbol{X}_0+\Delta\boldsymbol{U} \tag{2-35}$$

将式（2-34）中代入式（2-30），得

$$\int_{\mathrm{v}}\delta\Delta\boldsymbol{\varepsilon}^{\mathrm{T}}(\boldsymbol{\sigma}_0+\Delta\boldsymbol{\sigma})\mathrm{d}v=\int_{\mathrm{v}}\delta\Delta\boldsymbol{u}^{\mathrm{T}}\Delta^{t}\boldsymbol{p}\,\mathrm{d}v+\int_{\mathrm{s}}\delta\Delta^{t}\boldsymbol{u}^{\mathrm{T}}\Delta^{t}\boldsymbol{q}\,\mathrm{d}s$$

在上式中代入上述应变增量的表达式和物理条件，得

$$\int_{\mathrm{v}}\delta(\Delta\boldsymbol{\varepsilon}_{\mathrm{L}}+\Delta\boldsymbol{\varepsilon}_{\mathrm{NL}})^{\mathrm{T}}(\boldsymbol{\sigma}_0+\boldsymbol{D}(\Delta\boldsymbol{\varepsilon}_{\mathrm{L}}+\Delta\boldsymbol{\varepsilon}_{\mathrm{NL}}))\mathrm{d}v=\int_{\mathrm{v}}\delta\Delta^{t+\Delta t}\boldsymbol{u}^{\mathrm{T}}{}^{t}\boldsymbol{p}\,\mathrm{d}v+\int_{\mathrm{s}}\delta\Delta^{t+\Delta t}\boldsymbol{u}^{\mathrm{T}}{}^{t}\boldsymbol{q}\,\mathrm{d}s \tag{2-36}$$

式中，$\boldsymbol{D}$ 为材料的弹性或弹塑性矩阵。

将上式展开，得

$$\int_{\mathrm{v}}\delta\Delta\boldsymbol{\varepsilon}_{\mathrm{L}}^{\mathrm{T}}\boldsymbol{\sigma}_0\mathrm{d}v+\int_{\mathrm{v}}\delta\Delta\boldsymbol{\varepsilon}_{\mathrm{NL}}^{\mathrm{T}}\boldsymbol{\sigma}_0\mathrm{d}v+\int_{\mathrm{v}}\delta\Delta\boldsymbol{\varepsilon}_{\mathrm{L}}^{\mathrm{T}}\boldsymbol{D}\Delta\boldsymbol{\varepsilon}_{\mathrm{L}}\mathrm{d}v+\int_{\mathrm{v}}\delta\Delta\boldsymbol{\varepsilon}_{\mathrm{L}}^{\mathrm{T}}\boldsymbol{D}\Delta\boldsymbol{\varepsilon}_{\mathrm{NL}}\mathrm{d}v+\int_{\mathrm{v}}\delta\Delta\boldsymbol{\varepsilon}_{\mathrm{NL}}^{\mathrm{T}}\boldsymbol{D}\Delta\boldsymbol{\varepsilon}_{\mathrm{L}}\mathrm{d}v+$$

$$\int_{\mathrm{v}}\delta\Delta\boldsymbol{\varepsilon}_{\mathrm{NL}}^{\mathrm{T}}\boldsymbol{D}\Delta\boldsymbol{\varepsilon}_{\mathrm{NL}}\mathrm{d}v=\int_{\mathrm{v}}\delta\Delta\boldsymbol{u}^{\mathrm{T}t}\boldsymbol{p}\,\mathrm{d}v+\int_{\mathrm{s}}\delta\Delta\boldsymbol{u}^{\mathrm{T}t}\boldsymbol{q}\,\mathrm{d}s$$

将式（2-31）和（2-33）代入上式，得固体或结构中单元的虚功方程

$$\int_{\mathrm{v}}\begin{bmatrix}\delta\Delta\boldsymbol{\varepsilon}_{\mathrm{L}}\\\delta\Delta\boldsymbol{\gamma}_{\mathrm{L}}\end{bmatrix}^{\mathrm{T}}\begin{bmatrix}\boldsymbol{\sigma}_0\\\boldsymbol{\tau}_0\end{bmatrix}\mathrm{d}v+\int_{\mathrm{v}}\begin{bmatrix}\delta\Delta\boldsymbol{\varepsilon}_{\mathrm{NL}}\\\delta\Delta\boldsymbol{\gamma}_{\mathrm{NL}}\end{bmatrix}^{\mathrm{T}}\begin{bmatrix}\boldsymbol{\sigma}_0\\\boldsymbol{\tau}_0\end{bmatrix}\mathrm{d}v+\int_{\mathrm{v}}\begin{bmatrix}\delta\Delta\boldsymbol{\varepsilon}_{\mathrm{L}}\\\delta\Delta\boldsymbol{\gamma}_{\mathrm{L}}\end{bmatrix}^{\mathrm{T}}\boldsymbol{D}\begin{bmatrix}\Delta\boldsymbol{\varepsilon}_{\mathrm{L}}\\\Delta\boldsymbol{\gamma}_{\mathrm{L}}\end{bmatrix}\mathrm{d}v+\int_{\mathrm{v}}\begin{bmatrix}\delta\Delta\boldsymbol{\varepsilon}_{\mathrm{L}}\\\delta\Delta\boldsymbol{\gamma}_{\mathrm{L}}\end{bmatrix}^{\mathrm{T}}\boldsymbol{D}\begin{bmatrix}\Delta\boldsymbol{\varepsilon}_{\mathrm{NL}}\\\Delta\boldsymbol{\gamma}_{\mathrm{NL}}\end{bmatrix}\mathrm{d}v$$

$$+\int_{\mathrm{v}}\begin{bmatrix}\delta\Delta\boldsymbol{\varepsilon}_{\mathrm{NL}}\\\delta\Delta\boldsymbol{\gamma}_{\mathrm{NL}}\end{bmatrix}^{\mathrm{T}}\boldsymbol{D}\begin{bmatrix}\Delta\boldsymbol{\varepsilon}_{\mathrm{L}}\\\Delta\boldsymbol{\gamma}_{\mathrm{L}}\end{bmatrix}\mathrm{d}v+\int_{\mathrm{v}}\begin{bmatrix}\delta\Delta\boldsymbol{\varepsilon}_{\mathrm{NL}}\\\delta\Delta\boldsymbol{\gamma}_{\mathrm{NL}}\end{bmatrix}^{\mathrm{T}}\boldsymbol{D}\begin{bmatrix}\Delta\boldsymbol{\varepsilon}_{\mathrm{NL}}\\\Delta\boldsymbol{\gamma}_{\mathrm{NL}}\end{bmatrix}\mathrm{d}v=\int_{\mathrm{v}}\delta\Delta\boldsymbol{u}^{\mathrm{T}t}\boldsymbol{p}\,\mathrm{d}v+\int_{\mathrm{s}}\delta\Delta\boldsymbol{u}^{\mathrm{T}t}\boldsymbol{q}\,\mathrm{d}s$$

$$\tag{2-37}$$

2.2.2.4 静力有限元方程

当对固体或结构进行剖分，并且在剖分的单元上建立坐标系，在此单元的局部坐标系中定义几何和物理量。单元应变线性分量和应变线性分量的变分可由单元的位移来表示，即分别如式（2-12）和式（2-24）。单元正应变非线性分量和正应变非线性分量的变分也可

由单元的位移来表示，即分别如式（2-28）和式（2-27）。将式（2-12）和式（2-24）及式（2-28）和式（2-27）代入式（2-37）经整理后有

$$\delta u_e^T \left(\int_v \begin{bmatrix} B_L \\ H_L \end{bmatrix}^T \begin{bmatrix} \sigma_0 \\ \tau_0 \end{bmatrix} dv + \int_v \begin{bmatrix} \widetilde{B}_{NL} \\ \widetilde{H}_{NL} \end{bmatrix}^T \begin{bmatrix} \sigma_0 \\ \tau_0 \end{bmatrix} dv \right) +$$

$$\delta u_e^T \left(\int_v \begin{bmatrix} B_L \\ H_L \end{bmatrix}^T D \begin{bmatrix} B_L \\ H_L \end{bmatrix} dv + \frac{1}{2} \int_v \begin{bmatrix} B_L \\ H_L \end{bmatrix}^T D \begin{bmatrix} \widetilde{B}_{NL} \\ \widetilde{H}_{NL} \end{bmatrix} dv + \right.$$

$$\left. \int_v \begin{bmatrix} \widetilde{B}_{NL} \\ \widetilde{H}_{NL} \end{bmatrix}^T D \begin{bmatrix} B_L \\ H_L \end{bmatrix} dv + \frac{1}{2} \int_v \begin{bmatrix} \widetilde{B}_{NL} \\ \widetilde{H}_{NL} \end{bmatrix}^T D \begin{bmatrix} \widetilde{B}_{NL} \\ \widetilde{H}_{NL} \end{bmatrix} dv \right) \Delta u_e$$

$$= \delta \Delta u_e^T \left(\int_v N^T p \, dv + \int_s N^T q \, ds \right)$$

更具变分计算，有

$$\int_v \begin{bmatrix} B_L \\ H_L \end{bmatrix}^T D \begin{bmatrix} B_L \\ H_L \end{bmatrix} dv \Delta u_e + \int_v \begin{bmatrix} \widetilde{B}_{NL} \\ \widetilde{H}_{NL} \end{bmatrix}^T \begin{bmatrix} \sigma_0 \\ \tau_0 \end{bmatrix} dv +$$

$$\left[\frac{1}{2} \int_v \begin{bmatrix} B_L \\ H_L \end{bmatrix}^T D \begin{bmatrix} \widetilde{B}_{NL} \\ \widetilde{H}_{NL} \end{bmatrix} dv + \int_v \begin{bmatrix} \widetilde{B}_{NL} \\ \widetilde{H}_{NL} \end{bmatrix}^T D \begin{bmatrix} B_L \\ H_L \end{bmatrix} dv + \frac{1}{2} \int_v \begin{bmatrix} \widetilde{B}_{NL} \\ \widetilde{H}_{NL} \end{bmatrix}^T D \begin{bmatrix} \widetilde{B}_{NL} \\ \widetilde{H}_{NL} \end{bmatrix} dv \right] \Delta u_e$$

$$= -\int_v \begin{bmatrix} B_L \\ H_L \end{bmatrix}^T \begin{bmatrix} \sigma_0 \\ \tau_0 \end{bmatrix} dv + \int_v N^T p \, dv + \int_s N^T q \, ds \tag{2-38}$$

式（2-38）为局部坐标系中有限元基本方程的近似表达式，是一个非线性方程，在应变中考虑了位移的高阶量。等式的左边第一及第三至第五项是应力增量在虚应变增量上所做的虚功，第二项和等式的右边第一项是反映 t 时刻的总应力在虚应变非线性部分和线性部分所做的虚功，类似于初应力做的虚功。

上述方程由于包含未知量的高阶项，所以很难直接求解。通常应根据方程的性质选择合理的数值解法。

式（2-38）展开后，可得非线性方程

$$k_{1,1}\Delta u_1 + k_{1,2}\Delta u_2 + \cdots + k_{1,n}\Delta u_n + k_{1,n+1}\Delta u_1^2 + k_{1,n+2}\Delta u_2^2 + \cdots + k_{1,2n}\Delta u_n^2 + \cdots = \Delta p_1$$

$$k_{2,1}\Delta u_1 + k_{2,2}\Delta u_2 + \cdots + k_{2,n}\Delta u_n + k_{2,n+1}\Delta u_1^2 + k_{2,n+2}\Delta u_2^2 + \cdots + k_{2,2n}\Delta u_n^2 + \cdots = \Delta p_2$$

$$\cdots\cdots\cdots$$

$$k_{n,1}\Delta u_1 + k_{n,2}\Delta u_2 + \cdots + k_{n,n}\Delta u_n + k_{n,n+1}\Delta u_1^2 + k_{n,n+2}\Delta u_2^2 + \cdots + k_{n,2n}\Delta u_n^2 + \cdots = \Delta p_n$$

有限元基本方程式（2-39）也可用矩阵简单地表示为

$$k_t \Delta u_e = p_e - f_e \tag{2-39}$$

式中，

p_e 为作用于单元节点的等效节点外荷载向量；

k_t 为局部坐标系中的单元的切线刚度矩阵。

2.2.2.5 单元刚度矩阵

有限元基本方程式中，单元的切线刚度矩阵可表示为

$$k_t = k_L + k_\varepsilon + k_\sigma \tag{2-40}$$

其中，

k_L 为线性刚度矩阵，它只考虑了应变中位移的一阶量，如果材料的应力-应变关系也近似地认为线性的，这便是符合小应变假定的弹性刚度矩阵

$$k_L = \int_v \begin{bmatrix} B_L \\ H_L \end{bmatrix}^T D \begin{bmatrix} B_L \\ H_L \end{bmatrix} dv \tag{2-41}$$

k_ε 为初应变矩阵，它反映了应变的高阶量对刚度的贡献；

$$k_\varepsilon = \frac{1}{2}\int_v \begin{bmatrix} B_L \\ H_L \end{bmatrix}^T D \begin{bmatrix} \widetilde{B}_{NL} \\ \widehat{H}_{NL} \end{bmatrix} dv + \int_v \begin{bmatrix} \widetilde{B}_{NL} \\ \widehat{H}_{NL} \end{bmatrix}^T D \begin{bmatrix} B_L \\ H_L \end{bmatrix} dv + \frac{1}{2}\int_v \begin{bmatrix} \widetilde{B}_{NL} \\ \widehat{H}_{NL} \end{bmatrix}^T D \begin{bmatrix} \widetilde{B}_{NL} \\ \widehat{H}_{NL} \end{bmatrix} dv \tag{2-42}$$

k_σ 为初应力刚度矩阵，它反映了初应力对刚度的贡献，又称几何刚度矩阵。由式（2-38）右端第二项

$$\int_v \begin{bmatrix} \widetilde{B}_{NL} \\ \widetilde{H}_{NL} \end{bmatrix}^T \begin{bmatrix} \sigma_0 \\ \tau_0 \end{bmatrix} dv = \int_v G^T \Delta A^T \begin{bmatrix} \sigma_0 \\ \tau_0 \end{bmatrix} dv$$

而

$$\Delta A^T \begin{bmatrix} \sigma_0 \\ \tau_0 \end{bmatrix} = M\theta = MG\Delta u_e$$

所以，

$$\int_v \begin{bmatrix} \widetilde{B}_{NL} \\ \widetilde{H}_{NL} \end{bmatrix}^T \begin{bmatrix} \sigma_0 \\ \tau_0 \end{bmatrix} dv = \int_v G^T MG \Delta u_e dv \tag{2-43}$$

于是，初应力刚度矩阵

$$k_\sigma = \int_v G^T MG dv \tag{2-44}$$

f_e 为单元的初应力等效节点力向量：

$$f_e = \int_v \begin{bmatrix} B_L \\ H_L \end{bmatrix}^T \begin{bmatrix} \sigma_0 \\ \tau_0 \end{bmatrix} dv \tag{2-45}$$

式（2-39）又可以表示为

$$(k_L + k_\sigma)\Delta u_e = p_e - f_e - r_e \tag{2-46}$$

式中 r_e 为单元应变的高阶量所产生的等效节点力向量，即初应变矩阵 k_ε 所对应的单元内力部分移到方程右端项。

在加载过程中，处于弹性区域的单元按弹性公式形成单元刚度矩阵，即

$$k_L = k_e = \int_v B_L^T D_e B_L dv$$

式中，D_e 为弹性矩阵。

在加载过程中，处于塑性区域的单元按弹塑性公式形成单元刚度矩阵，即

$$k_L = k_{ep} = \int_v B_L^T D_{ep} B_L dv$$

式中，D_{ep} 为弹塑性矩阵。

如果忽略应变中的非线性应变，则局部坐标系中的线性有限元基本方程为

$$k_L u_e = p_e \tag{2-47}$$

2.2.2.6　坐标变换后的单元矩阵和方程

在局部坐标系中的有限元基本方程式（2-39）中，根据局部坐标系与整体坐标系之间的关系引入向量的变换，并整理后得整体坐标系中的有限元基本方程

$$T^T k_t T \Delta U_e = T(p_e - f_e) \tag{2-48}$$

其中，ΔU_e 为整体坐标系中单元节点位移向量。

如果忽略应变中的非线性应变，则整体坐标系中的线性有限元基本方程为

$$T^T k_L T U_e = T p_e \tag{2-49}$$

整体坐标系中的整体和线性单元刚度矩阵分别为

$$K_t = T^T k_t T$$

及

$$K_e = T^T k_L T$$

式中，T 为坐标变换矩阵。

由式（2-39）所示局部坐标系中有限元基本方程，可得局部坐标系中单元的等效节点荷载

$$p_e = \int_v N^T p \, dv + \int_s N^T q \, ds$$

式中，N 为单元的的形函数；

p 和 q 分别为单元的体力和面力。

整体坐标系中定义的单元等效节点荷载

$$P_e = T p_e$$

在局部坐标系中的动力有限元基本方程式（2-40）中引入向量的变换，整理后得整体坐标系中的动力有限元基本方程

$$M_e \Delta \ddot{U}_e + C_e \Delta \dot{U}_e + K_t \Delta U_e = \sum P_e - F_e \tag{2-50}$$

式中，M_e 为整体坐标系中定义的单元质量矩阵

$$M_e = T^T m_e T$$

C_e 为整体坐标系中定义的单元阻尼矩阵

$$C_e = T^T c_e T$$

2.3　基本单元类型

2.3.1　单元特性

实际的结构类型是比较复杂的，根据受力特点可以采用不同的单元类型来模拟不同受力状态下的构件。按照描述构件的几何特征和位移场特点可分为一维单元、二维单元、三维单元。单元特性主要从五个方面来描述：单元族；自由度（与单元族直接相关）；节点

数目；数学描述；积分方法等。本节以通用有限元软件 ABAQUS 为例，介绍与单元类型相关的几个重要概念，该软件提供了丰富的单元，其庞大的单元库为使用者提供强有力的工具以解决多种不同类型的结构和力学问题。ABAQUS/Explicit 模块中的单元集是 ABAQUS/Standard 模块中单元的一个子集。ABAQUS 中每一个单元都有唯一的名字，也是以简化字母来描述上面的主要单元特征，例如单元 T2D2，S4R 或者 C3D8I。单元的名字标识了一个单元的上述五个方面问题的每一个特征。对于其他有限元软件，本节所述概念和基本规则都是类似的。

（1）单元类型（单元族）

图 2-1 给出了应力分析中最常用的单元类型。在单元类型之间一个主要的区别是每一个单元类型所假定的几何描述不同。

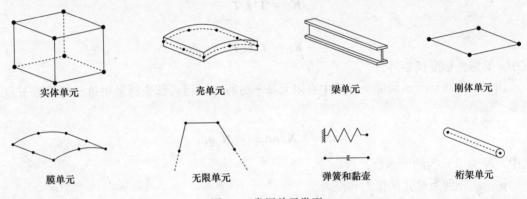

实体单元   壳单元   梁单元   刚体单元

膜单元   无限单元   弹簧和黏壶   桁架单元

图 2-1 常用单元类型

在有限元分析软件中用到的单元类型一般有实体单元、壳单元、梁单元、桁架和刚性体单元，这些单元根据其单元特性不同，有不同的应用条件和范围。

一个单元名字第一个字母或者字母串表示该单元属于哪一个单元类型。例如在 ABAQUS 软件中，S4R 中的 S 表示它是壳（shell）单元，而 C3D8I 中的 C 表示它是实体（contimuum）单元。

（2）自由度

自由度是有限元分析中计算的基本变量。对于应力/位移模拟，自由度是每一节点处的独立位移数。对于热传导模拟，自由度是在每一节点处的温度；因此，热传导分析要求使用与应力分析不同的单元，因为它们的自由度不同。对自由度的正确理解，是对有限元分析结果能够正确分析的基础。

例如在 ABAQUS 软件中，关于自由度的顺序约定如下：

1   1 方向的平动
2   2 方向的平动
3   3 方向的平动
4   绕 1 轴的转动
5   绕 2 轴的转动
6   绕 3 轴的转动
7   开口截面梁单元的翘曲

8　　声压、孔隙压力或静水压力

9　　电势

11　　对于实体单元的温度（或质量扩散分析中的归一化浓度），或者在梁和壳的厚度上第一点的温度

12＋　在梁和壳厚度上其他点的温度（继续增加自由度）

除非在节点处已经定义了局部坐标系，方向 1、2 和 3 分别对应于整体坐标的 1—、2—和 3—方向。

轴对称单元是一个例外，其位移和旋转的自由度规定如下：

1　　r-方向的平动

2　　z-方向的平动

6　　r-z 平面内的转动

除非在节点处已经定义了局部坐标系，方向 r（径向）和 z（轴向）分别对应于整体坐标的 1—和 2—方向。

（3）插值阶次

有限元方程建立在单元的节点处，计算物理场变量，如位移、转动、温度或其他自由度，而对于在单元内的任何其他点处的位移是由节点位移插值获得的，其他类型变量也是同样处理。通常的单元插值阶数，由单元的节点数目决定。有的仅在几何角点处，布置节点的单元，如图 2-2（a）所示的 8 节点实体单元，在每一方向上采用线性插值，常常称它们为线性单元或一阶单元。在每条边上有中间节点的单元，如图 2-2（b）所示的 20 节点实体单元，采用二次插值，常常称它们为二次单元或二阶单元。在每条边上有中间节点的修正四面体单元，如图 2-2（c）所示的 10 节点四面体单元，采用修正的二阶插值，常常称它们为修正的二次单元。

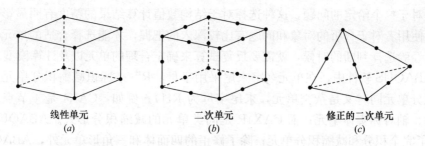

线性单元　　　　　　　二次单元　　　　　修正的二次单元
（a）　　　　　　　　（b）　　　　　　（c）

图 2-2　实体单元类型与阶次

（a）线性单元（8 节点实体单元，C3D8）；（b）二次单元（20 节点实体单元，C3D20）；

（c）修正的二次单元（10 节点四面体单元，C3D10M）

ABAQUS/Standard 模块中，提供了丰富的线性单元和二次单元的选择。ABAQUS/Explicit 模块中，除了二次梁单元和修正的二次四面体单元和三角形单元之外，仅提供线性单元。在 ABAQUS 软件中，一个单元的节点数目清楚地标识在其单元名字中。如前述 8 节点实体单元，称为 C3D8；20 节点实体单元，称为 C3D8；10 节点四面体单元，称为 C3D10M；类似的，8 节点壳单元称为 S8R。梁单元族采用了稍有不同的约定，在单元的名字中标识了插值的阶数。例如，一阶三维梁单元称为 B31，而二阶三维梁单元称为 B32。对于轴对称壳单元和膜单元采用了类似的命名约定。

(4) 数学描述

单元的数学描述是指用来定义单元行为的数学理论。在不考虑自适应网格（Adaptive Meshing）的情况下，在 ABAQUS 中所有的单元的应力/位移行为都是基于拉格朗日（Lagrangian）描述。在分析中，与单元关联的材料保持与单元关联，并且材料不能从单元中流出和越过单元的边界。与此相反，欧拉（Eulerian）描述则是单元在空间固定，材料在它们之间流动，欧拉方法通常用于流体力学模拟。ABAQUS/Standard 应用欧拉单元模拟对流换热。在有限元软件中的自适应网格技术（ALE），是把纯拉格朗日和欧拉分析两种描述方法的组合起来，允许单元的运动独立于材料。

为了适用于不同类型的行为，某些单元类型包含了几种采用不同数学描述的单元。例如，壳单元族具有三种类型：一种适用于一般性的壳体分析，一种适用于薄壳，一种适用于厚壳。

ABAQUS/Standard 模块中，某些单元类型除了具有标准的数学公式描述外，还有一些其他可供选择的公式描述。具有其他可供选择的公式描述的单元，由在单元名字末尾附加字母来识别。例如，实体、梁和杆单元就有包括采用杂交公式的单元，它们将静水压力（实体单元）或轴力（梁和杆单元）处理为一个附加的未知量；这些杂交单元由其名字末尾的"H"字母标识（C3D8H 或 B31H）。有些单元的数学公式允许进行耦合场问题的求解。例如，以字母 C 开头和字母 T 结尾的单元（如 C3D8T）具有力学和热学的自由度，可用于模拟热-力耦合问题。

(5) 积分

应用数值方法对各种变量在整个单元体内进行积分是单元分析的另一重要内容。对于大部分单元，有限元软件中一般运用高斯积分方法来计算每一单元内每一个积分点处的材料响应。从单元的计算精度角度考虑，对于一些实体单元，可以选择应用完全积分或者减缩积分，对于一个给定的问题，这种选择对于结构数值计算结果的精度有明显影响。这就需要软件使用者对于分析的对象和问题有比较深入的把握，才能选择合适的单元类型。在无法依靠经验选择判断的时候，就需要反复试算来确定合理的单元以及计算模型。

在 ABAQUS 软件中，在单元名字末尾采用字母"R"来标识减缩积分单元（如果一个减缩积分单元同时又是杂交单元，末尾字母为 RH）。例如，CAX4 是 4 节点、完全积分、线性、轴对称实体单元；而 CAX4R 是同类单元的减缩积分形式。ABAQUS/Standard 提供了完全积分和减缩积分单元；除了修正的四面体和三角形单元外，ABAQUS/Explicit 只提供了减缩积分单元。

2.3.2 单元类型

(1) 杆单元（桁架单元）

杆单元是只能承受拉伸或者压缩载荷的单元，它们不能产生弯曲、剪切、扭转等变形，也就不能抵抗与这些变形相应的荷载形式；因此，它们适合于模拟铰接框架和桁架结构。此外，杆单元能够用来近似地模拟缆索或者弹簧。在其他单元中，杆单元有时还用来代表加强构件。

在 ABAQUS 软件中，所有杆单元的名字都以字母"T"开头。随后的两个字符表示单元的维数，如"2D"表示二维桁架，"3D"表示三维桁架，最后一个字符代表在单元中的节点数目。例如，"T2D3"表示两节点三维桁架单元。

在二维和三维单元库中有线性和二次桁架。在 ABAQUS/Explicit 模块中没有二次杆单元。杆单元在每个节点只有平动自由度。三维杆单元有自由度 1、2 和 3，二维杆单元有自由度 1 和 2。所有的杆单元必须提供桁架截面性质，与单元相关的材料性质定义和指定的横截面面积。除了标准的数学公式外，在 ABAQUS/Standard 中有一种杂交杆单元列式，这种单元适合于模拟非常刚硬的连接件，它的刚度远大于所有结构单元的刚度。杆单元的输出包括轴向的应力和应变。

（2）梁单元

梁单元用来模拟一个方向的尺寸（长度）远大于另外两个方向的尺寸，并且沿梁轴方向的应力是比较显著的构件。所有的梁单元必须提供梁截面性质，定义与单元有关的材料以及梁截面的轮廓（profile）（即单元横截面的几何）；节点坐标仅定义了梁的长度。通过指定截面的形状和尺寸，用户可以从几何上定义梁截面的轮廓。另一种方式，通过给定截面工程参量，如面积和惯性矩，用户可以定义一个广义的梁截面轮廓。

若用户从几何上定义梁的截面轮廓，ABAQUS 通过在整个横截面上进行数值积分计算横截面行为，允许材料的性质为线性和非线性。若用户通过提供截面的工程参量（面积、惯性矩和扭转常数）来代替横截面尺寸，则 ABAQUS 在单元横截面上无需对任何量进行积分。因此，这种方式的计算成本较少。采用这种方式，材料的行为可以是线性或者非线性。以力和力矩结果的方式计算响应；只有在被要求输出时，才会计算应力和应变。

在 ABAQUS 软件中，梁单元的名字以字母"B"开头。下一个字符表示单元的维数："2"表示二维梁，"3"表示三维梁。第三个字符表示采用的插值："1"表示线性插值，"2"表示二次插值和"3"表示三次插值。

在 ABAQUS 二维和三维单元库中有线性、二次及三次梁单元，但在 ABAQUS/Explicit 中没有提供三次梁单元。所有的二维梁单元仅采用轴向的应力和应变，也可以根据需要输出轴向力、弯矩和绕局部梁轴的曲率。三维梁在每一个节点有 6 个自由度：3 个平动自由度（1-3）和 3 个转动自由度（4-6）。在 ABAQUS/Standard 中有"开口截面"（Open-section）形梁单元（如 B31OS），它具有一个代表梁横截面翘曲（warping）的附加自由度（7）。二维梁在每一个节点有 3 个自由度：2 个平动自由度（1 和 2）和 1 个绕模型的平面法线转动的自由度（6）。

线性梁（B21 和 B31）和二次梁（B22 和 B32）允许剪切变形，并考虑了有限轴向应变；因此，它们既适合于模拟细长梁，也适合于模拟短粗梁。尽管允许梁的大位移和大转动，在 ABAQUS/Standard 中的三次梁单元（B23 和 B33）不考虑剪切弯曲和假设小的轴向应变，因此，它们只适合于模拟细长梁。

ABAQUS/Standard 提供了变化了的线性和二次梁单元（B31OS 和 B32OS），适合模拟薄壁开口截面梁。这些单元能正确地模拟在开口横截面中扭转和翘曲的影响，如 I-字梁或 U-型截面槽。三维剪切变形梁单元的应力分量为轴向应力（σ_{11}）和由扭转引起的切应力（σ_{12}）。在薄壁截面中，切应力绕截面壁作用，也有相应的应变度量。剪切变形梁提供了对截面上横向剪力的输出。在 ABAQUS/Standard 中的细长（三次）梁只有轴向变量作为输出，空间的开口截面梁也仅有轴向变量作为输出，因为在这种情况下扭转切应力是可以忽略的。

ABAQUS/Standard 也有杂交梁单元用来模拟非常细长的构件，例如，海洋石油平台上的柔性立管。通常采用杂交梁单元来模拟。

(3) 实体单元

在不同的单元类型中，连续体或者实体单元能够用来模拟范围更广泛的分析对象。顾名思义，实体单元简单地模拟部件中的一小块材料。由于它们可以通过其任何一个表面与其他单元相连，实体单元就像建筑物中的一块块砖一样，能够用来构建出具有几乎任何形状、承受几乎任意载荷的复杂结构模型。采用具有应力/位移和热-力耦合的实体单元，就可以分析耦合物理场问题。

所有的实体单元必须赋予截面性质，它定义了与单元相关的材料和任何附加的几何数据。对于三维和轴对称单元不需要附加几何信息：节点坐标就能够完整地定义单元的几何形状。对于平面应力和平面应变单元，都要指定单元的厚度，或者采用系统默认值。

在 ABAQUS 软件的命名规则中，应力/位移实体单元的名字以字母 "C" 开头。随后的两个字母一般表示维数，即单元的有效自由度数目。字母 "3D" 表示三维单元；"AX"，表示轴对称单元；"PE"，表示平面应变单元；而 "PS"，表示平面应力单元。

三维实体单元可以是六面体、楔形体或四面体。在 ABAQUS 中，应尽可能地使用六面体单元或二阶修正的四面体单元。一阶四面体单元（C3D4）具有简单的常应变公式，为了得到精确的解答需要非常细划的网格。

ABAQUS 软件中给出了几种力学行为互不相同的二维实体单元。二维实体单元可以是四边形或三角形。应用最普遍的三种二维实体单元如图 2-3 所示。

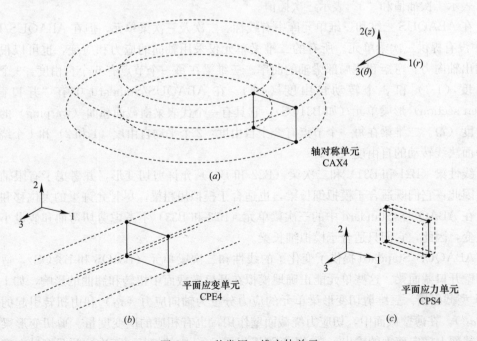

轴对称单元
CAX4

(a)

平面应变单元
CPE4

(b)

平面应力单元
CPS4

(c)

图 2-3　三种常用二维实体单元

平面应变（plain strain）单元假设出平面应变 ε_{33} 为零；它们可以用来模拟出平面轴向尺寸远远大于横截面尺寸的厚结构，例如大坝、路基。平面应力（plain stress）单元假设出平面应力 σ_{33} 为零；这类单元适合于用来模拟拟出平面轴向尺寸远远小于横截面尺寸的薄结构，例如蒙皮薄板、薄膜。

无扭曲的轴对称单元，即 CAX 类单元，可模拟轴对称的封闭环形结构；它们适合于分析具有轴对称几何形状和承受轴对称荷载的结构。

ABAQUS/Standard 也提供了广义平面应变单元、可以扭曲的轴对称单元和具有反对称变形的轴对称单元。广义平面应变单元是对原平面应变单元的推广，即出平面应变可以随着模型平面内的位置发生线性变化，这种单元列式特别适合于厚截面的热应力分析；带有扭曲的轴对称单元可以模拟初始时为轴对称几何形状，但能沿对称轴发生扭曲的模型，它们适合于模拟圆桶形结构的扭转，如轴对称的橡胶套管；带有反对称变形的轴对称单元可以模拟初始时为轴对称几何形状，但能反对称变形的物体（特别是作为弯曲的结果），它们适合于模拟诸如承受剪切载荷的轴对称橡胶支座的问题。

平面应变单元、平面应力单元和无扭曲的轴对称单元中，只有自由度 1 和 2 是有效的。二维实体单元必须在 1-2 平面内定义，并使节点编号顺序按照逆时针编号规则，如图 2-4 所示。

图 2-4　二维单元的节点编号顺序

当使用前处理器生成网格时，要确保所有点处的单元法线沿着同一方向，即法线正向沿着整体坐标的 3 轴。如果没有提供正确的单元节点布局，ABAQUS 软件将提示给出的单元具有负面积的错误信息。

在 ABAQUS/Standard 中，关于实体单元族有可供选择的数学描述，包括非协调模式（incompatible mode）的数学描述（在单元名字的最后一个或倒数第二个字母为 I）和杂交单元的数学描述（单元名字的最后一个字母为 H）。

在 ABAQUS/Standard 中，对于四边形或六面体（砖形）单元，可以在完全积分和减缩积分之间进行选择。在 ABAQUS/Explicit 中，只能使用减缩积分的四边形或六面体实体单元。数学描述和积分方式都会对实体单元的精度产生显著的影响。

默认情况下，实体单元的诸如应力和应变等单元输出变量都是参照整体笛卡尔直角坐标系的。因此，在积分点处 σ_{11} 应力分量是作用在整体坐标系的 1 方向，如图 2-5（a）所示。即使在一个大位移模拟中单元发生了转动，如图 2-5（b）所示，仍默认是在整体笛卡尔坐标系中定义单元变量。

然而，ABAQUS 允许用户为单元变量定义一个局部坐标系，该局部坐标系在大位移模拟中随着单元的运动而转动。当所分析的物体具有某个自然材料方向时，例如在复合材料的分析中，局部坐标系可以很灵活的描述各层纤维的方向，对建模分析十分有用。

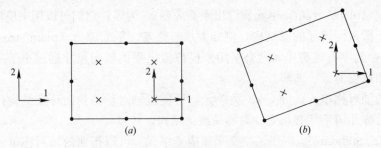

图 2-5 对于实体单元默认的材料方向

（4）壳单元

壳单元用来模拟那些一个方向的尺寸（厚度）远小于其他方向的尺寸，并且沿厚度方向的应力可以忽略的结构。这种结构形式就是大家熟悉的壳体结构，但是，什么样的高跨比或高厚比的壳体结构才能满足采用壳单元的前提条件，就需要工程师的经验和设计。在规范中，有关于壳体结构高跨比或高厚比的明确限值，从软件应用的角度，就是使得结构满足壳体结构的以薄膜内力为主的受力特点。

在 ABAQUS 软件的命名规则中，壳单元的名字以字母"S"开头。所有轴对称壳单元以字母"SAX"开头。在 ABAQUS/Standard 中也提供了带有反对称变形的轴对称壳单元，它以字母"SAXA"开头。除了轴对称壳的情况外，在一般壳单元名字中的第一个数字表示在单元中节点的数目，而在轴对称壳单元名字中的第一个数字表示插值的阶数。

在 ABAQUS 中有两种壳单元：常规的壳单元和基于连续体的壳单元。通过定义单元的平面尺寸、它的表面法向和初始曲率，常规的壳单元对参考面进行离散。另一方面，基于连续体的壳单元类似于三维实体单元，它们对整个三维物体进行离散和建立数学描述，但是，其动力学和本构关系的定义类似于常规壳单元的。

在 ABAQUS/Standard 中，一般的三维壳单元有三种不同的数学描述：一般性的壳单元、仅适合薄壳单元和仅适合厚壳单元。一般性的壳单元和带有反对称变形的轴对称壳单元考虑了有限的膜应变和任意大转动。三维"厚"和"薄"壳单元类型提供了任意大转动，但是仅考虑了小应变。一般性的壳单元允许壳的厚度随着单元的变形而改变；其他的壳单元仅假设小应变和厚度不变，即使单元的节点发生有限的转动。在 ABAQUS/Standard 软件模块中，包含有线性和二次插值的三角形和四边形单元，以及线性和二次的轴对称壳单元；并且，所有的四边形壳单元（除了 S4）和三角形壳单元 S3/S3R 均采用减缩积分，而 S4 壳单元和其他三角形壳单元则采用完全积分。表 2-1 总结了在 ABAQUS/Standard 中的壳单元。

在 ABAQUS/Standard 中的三种壳单元		表 2-1
一般性的壳	仅适合薄壳	仅适合厚壳
S4，S4R，S3/S3R，SAX1SAX2，SAX2T	STRI3，STRI65，S4R5，S8R5，S9R5，SAXA	S8R，S8RT

所有在 ABAQUS/Explicit 软件模块中的壳单元都是一般性的壳单元，满足有限膜应变和小膜应变公式；该程序提供了带有线性插值的三角形和四边形单元，也有线性轴对称壳单元。表 2-2 总结了在 ABAQUS/Explicit 中的壳单元。

ABAQUS/Explicit 中的两种壳单元	表 2-2
有限应变壳	小应变壳
S4R，S3/S3R，SAX1	S4RS，S4RSW，S3RS

对于大多数的显式分析，使用大应变壳单元是合适的。然而，如果在分析中只涉及小的膜应变和任意的大转动，采用小应变壳单元是更富有计算效率的。S4RS、S3RS 没有考虑翘曲，而 S4RSW 则考虑了翘曲。

在 ABAQUS/Standard 的三维壳单元中，名字以数字"5"结尾的（例如 S4R5，STRI65）单元每一节点只有 5 个自由度：3 个平动自由度和 2 个面内转动自由度（即没有绕壳面法线的转动）。然而，如果需要的话，可以使节点处的全部 6 个自由度都被激活；例如，如果施加转动的边界条件，或者节点位于壳的折线上。

其他的三维壳单元在每一节点处有 6 个自由度（3 个平动自由度和 3 个转动自由度）。

轴对称壳单元的每一节点有 3 个自由度：

1 r-方向的平动

2 z-方向的平动

6 r-z 平面内的转动

所有的壳单元必须提供壳截面性质，它定义了与单元有关的厚度和材料性质。在分析过程中或者在分析开始时，可以计算壳的横截面刚度。

若选择在分析过程中计算刚度，通过在壳厚度方向上选定的点，ABAQUS 应用数值积分的方法计算力学行为。所选定的点称为截面点（section point），如图 2-6 所示。相关的材料性质定义可以是线性的或者是非线性的。用户可以在壳厚度方向上指定任意奇数个截面点，用于定义沿截面厚度方向的材性参数的变化，以及进行分层积分运算，提高计算精度。

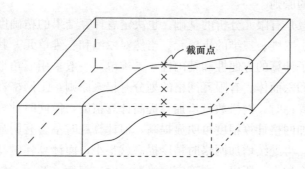

截面点

图 2-6 壳单元厚度方向的截面点

若选择在分析开始时计算横截面刚度，可以定义横截面性质来模拟线性或非线性行为。在这种情况下，ABAQUS 以截面工程参量（面积、惯性矩等）的方式直接模拟壳体的横截面行为，所以，不必要让 ABAQUS 在单元横截面上积分任何变量。因此，这种方式计算成本较小。以力和力矩结果的方式计算响应；只有在被要求输出时，才会计算应力和应变。当壳体的响应是线弹性时，建议采用这种方式，可提高软件的运行效率。

按照位于每一壳单元表面上的局部材料方向的方式定义壳单元的输出变量，在所有大位移模拟中，这些局部材料轴的方向随着单元的变形而转动；用户也可以定义局部材料坐标系，在大位移分析中它随着单元变形而转动。这都是在大变形分析中，计算壳单元输出结果的有效方式。

2.4 网格划分

结构的离散化是有限元分析的第一步，它是有限元法的基础。将结构划分为由各种单元组成的计算模型，这一步称作单元划分。离散后单元与单元之间利用单元的节点相互连接起来，将求解区域转变成为用点、线或面划分的有限数目的单元组合成的集合体。单元的形状原则上是任意的，只是不同的形状会影响到单元的数值计算精度。例如，在平面问题中通常采用三角形单元，有时也采用矩形或任意四边形单元；如果三角形的角度太小或四变形的长宽比太大，都会导致不良的数值计算结果。在空间问题中，可以采用四面体、长方体或任意六面体单元。可见，不管单元取什么样的形状，在一般情况下，单元的边界总不可能与求解区域的真实边界完全吻合，这就带来了有限元法的一个基本近似性——几何近似。

在一个具体的结构中，确定单元的类型和数目以及哪些部位的单元可以取得大一些，哪些部位单元应该取得小一些，需要由工程师根据经验来做出判断，或者需要经过反复的试算来确定。一般情况下，单元划分越细则描述变形情况越精确，即越接近实际变形，但计算量越大。所以，有限元法中分析的结构已不是原有的物理对象，而是同样材料的众多单元以一定方式连接成的离散物体。这样，用有限元分析计算所得的结果只是近似的。如果划分单元数目和单元形状都是足够多而又合理的，则所获得的计算结果就越逼近实际情况。对于软件应用，有限元网格划分方面需要注意如下几个关键问题：

(1) 网格划分的原则

复杂结构的离散是有限元分析的基础，也决定着计算结果的精确度。一个复杂的结构总可以离散为一维、二维、三维的小单元。当然对二维和三维单元，其离散后的形状可以为任意的，但是为了计算的方便性和精确性，二维单元一般采用三角形和四边形，而三维单元则采用四面体和六面体。有限元网格的划分有很多原则：①网格数量。网格数量直接影响计算精度和计算耗时，网格数量增加会提高计算精度，但同时计算耗时也会增加。当网格数量较少时增加网格计算精度可明显提高，但计算耗时不会有明显增加；当网格数量增加到一定程度后，再继续增加网格时精度提高就很小，而计算耗时却大幅度增加，并且数值的累积误差也会加大。所以，在确定网格数量时应权衡这些因素综合考虑。②网格密度。为了适应应力等计算数据的分布特点，在结构不同部位需要采用大小不同的网格；如在孔的附近有集中应力，应力梯度变化比较大，因此网格需要加密，周边应力梯度相对较小，网格划分较稀。该网格反映了疏密不同的网格划分原则，在计算数据变化梯度较大的部位进行网格加密，可较好地反映数据变化规律；而在计算数据变化梯度较小的部位，为减小模型规模，网格则应相对稀疏。③单元阶次。单元阶次与有限元的计算精度有着密切的关联，单元一般具有线性、二次和三次等形式，其中二次和三次形式的单元称为高阶单元。高阶单元的曲线或曲面边界能够更好地逼近结构的曲线和曲面边界且高次插值函数可更高精度地逼近复杂场函数，所以，增加单元阶次可提高计算精度。但是，增加单元阶次的同时网格的节点数也会随之增加,在网格数量相同的情况下由高阶单元组成的模型规模相对较大。因此,在使用时应权衡考虑计算精度和耗时。④网格形状。网格单元形状的好坏对计算精度有着很大的影响,单元形状太差的网格甚至会导致计算误差过大而提前中止。在网格划分时应保证合理的单元形状,即使整个模型中只有一个单元形状很差或畸形时,也可能给计算结果带来很大的误差,甚至使得计算无法进行下去,这就需要软件使用者进行细心的建模和耐心的模型检查过程。

(2)单元网格的质量评价

单元网格形状的质量评价一般有以下几个指标:①单元的边长比、面积比或体积比。以正三角形、正四面体、正六面体为参考基准,理想单元的边长比为1,线性单元的边长比一般小于3,二次单元一般小于10,超过该限值的单元质量是比较差的,会严重影响计算精度。②单元扭曲度。单元面内的扭转和面外的翘曲程度。③节点编号。节点编号对于求解过程中总刚矩阵的带宽和波前因数有较大的影响,从而影响计算时耗和存储容量的大小。因此,科学合理的节点编号有利于求解器利用刚度矩阵对称、带状分布等特点提高求解效率,从而提高计算速度。

(3)不同维数模型的划分

对于一维单元,按照连续程度的不同可分为两类。一类是单元的节点参数中只包含场函数的节点值,即 C^0 形单元,也称为拉格朗日(Lagrange)单元;另一类是单元的节点参数中,除场函数的结点值外,还包含场函数一阶导数,即 C^1 型单元,也称为赫而米特(Hermite)单元。拉格朗日单元是一次插值单元,仅满足节点处位移值的连续性;而赫而米特单元是二次插值,可保证节点处位移导数的一阶连续性。

对于二维单元,可以采用三角形和四边形单元等单元形状。对于三角形单元,如同一维单元的情形,可以利用总体笛卡尔坐标,也可以利用无量纲的局部自然坐标以构造三角形单元的插值函数。利用总体笛卡尔坐标构造三节点三角形单元的插值函数较复杂,更普遍采用的是局部自然坐标来直接构造一般三角形单元的插差值函数,然后,运用坐标变换,转换到整体坐标系中,这时的运算就比较简单。三角形单元的插值可采用面积坐标,把一个三角形用线段分成等分块,由插值函数的性质等可以推导出基于面积坐标的插值函数。对于矩形单元,其插值函数的推导和一维情况也可类似处理,也可以重新构造二维的拉格朗日(Lagrange)矩形单元和赫而米特(Hermite)矩形单元;后者赫而米特(Hermite)单元的精度同样比拉格朗日(Lagrange)单元的精度要高。

对于三维单元,可能有的几何形状要比二维单元多得多,例如,四面体、五面体、六面体等;在软件应用中往往只采用这几种常用的三维形状的单元,构造其插值函数的方法类似于二维单元情况,其单元列式很容易构造出来,三维体单元也可以用体积坐标来描述。

2.5 单元分析

(1)选择位移模式
位移模式是表示单元内任意点的位移随位置变化的规律,通常用简单的函数式来描述，由于所采用的函数是一种近似的试函数，一般不能精确地反映单元中真实的位移分布，这就带来了有限元法的数值计算基本近似性。

采用位移法时，物体或结构物离散化之后，就可把单元中的一些物理量如位移、应变和应力等由节点位移来表示。这时，可以对单元中位移的分布采用一些能逼近原函数的近似函数予以描述。通常，有限单元法中我们将位移表示为某一类满足一定限制条件的简单试函数的组合，这种试函数称为位移模式或形函数，如

$$y = \sum_i^n \alpha_i \phi_i \tag{2-51}$$

式中，α_i 是待定系数；ϕ_i 是单元形函数。

（2）建立单元刚度矩阵

根据单元的属性信息，应用弹性力学中的几何方程和物理方程，来建立单元节点力和节点位移的关系式，从而导出单元刚度矩阵，这是有限元法的基本步骤之一。选定单元的类型和位移模式以后，就可按虚功原理或最小势能原理建立单元刚度方程，它实际上是单元各个节点的平衡方程，其系数矩阵称为单元刚度矩阵，具体表达式如下：

$$k^e \boldsymbol{\delta}^e = \boldsymbol{F}^e \tag{2-52}$$

式中，$\boldsymbol{\delta}^e$ 为单元的节点位移向量；$\boldsymbol{F}^e$ 为单元的节点力向量；k^e 为单元刚度矩阵，它的每一个元素都反映了一定的刚度特性，具有明确的物理意义。

（3）计算等效节点力

物体离散化后，在数值模型的计算中，都是假定力是通过节点从由一个单元传递到另一个单元，并分布到整个结构。但是，对于实际的连续体结构，力是从单元的公共边界传递到另一个单元边界上的。因而，作用在单元边界的表面力、体积力或集中力都需要等效地转换到单元节点上去，也就是用等效的节点力来代替所有作用在单元上的力。另外，荷载的计算，也需要有从几何层面的点、线、面、体的作用力，通过类似方法等效转换到单元节点上的过程，即转成等效节点荷载。

（4）组装总体刚度矩阵

有限元分析就是先离散（分）后集成（合）的过程，即先进行单元分析，在建立了单元刚度矩阵以后，再进行结构整体分析，把这些方程集合起来并考虑边界约束条件，形成求解区域的刚度方程，此为有限元方法的基本方程。集成所遵循的原则是各相邻单元在共同节点处具有相同的位移或位移导数，根据单元类型不同而略有不同。整体的有限元方程表达式为：

$$\boldsymbol{K}\boldsymbol{\delta} = \boldsymbol{P} \tag{2-53}$$

式中，$\boldsymbol{K}$ 为整体结构的刚度矩阵；$\boldsymbol{\delta}$ 为整体节点位移向量；$\boldsymbol{P}$ 为整体载荷向量。

（5）求解方程，计算节点位移

通过数值计算方法，求解有限元总方程式 $\boldsymbol{K}\boldsymbol{\delta}=\boldsymbol{P}$，得出节点的整体坐标系下的位移。这里，可以根据方程组的具体特点来选择合适的数值计算方法。

对于实际结构，有限元方程是一个大型稀疏的线性代数方程组，有限元求解的效率及计算结果的精确很大程度上取决于线性代数方程组的解法。特别是随着研究对象复杂度的提高，有限元分析需要采用更多单元来离散模型，逼近实际结构或力学问题的物理构形，线性代数方程租的阶数必然愈来愈高。因而，线性代数方程组采用何种数值计算方法进行

求解，以保证求解的效率和精度就成为非常重要的问题。

在线性静力分析中，求解代数方程组的时间在整个解题时间中占有很大比重；在动力分析和非线性分析中这部分比重可能更严重。若不采用适当的求解方法，不仅计算费用大量增加，严重时可能导致求解过程的不稳定和求解的失败。

线性代数方程组的解法大致可以分为两类，即直接法和迭代法。直接法的特点是，选定某种形式的直接解法以后，对于一个给定的线性代数方程组，可以按规定的算法步骤计算出它所需要的运算操作次数，直接给出最后的结果，数值计算的工作量可以有个比较准确的预测。但是，精度就可能有很大的差异了，下面章节我们会讨论这个问题。迭代解法的特点是，对于一个给定的线性代数方程组，首先假设一个初始解，然后按一定的迭代格式算法进行迭代计算；在每次迭代过程中对解的误差进行检查，并通过增加迭代次数不断降低解的误差，直至找到满足预先设定的误差限值的数值解。迭代解法的优点之一是，迭代解法在计算过程中可以对解的误差进行检查，并通过增加迭代次数来降低误差，直至满足解的精度要求。其不足之处是，每一种迭代算法可能只适合某一类问题，常缺乏通用的有效算法，如使用不当，可能会出现迭代收敛很慢，甚至不收敛的情况。

无论直接法还是迭代法，都可以利用总刚矩阵的稀疏特点和对称特点，采用稀疏存储格式。例如，采用一维变带宽存储格式，即不要求保存整体稀疏矩阵中下轮廓线以下的零元素，并且不对它们进行运算，只要存储对角线和上轮廓线之间的元素值。这样一来，计算机只需存储稀疏矩阵的非零元素和少量的轮廓线之内的零元素即可，并记录它们在存储数组中的位置。这样压缩存储方式不仅可以最大限度地节约了存储空间，而且显著提高计算效率。

（6）计算单元的应变与应力

通过求解整体方程组，解出节点的整体坐标系下的位移后，根据坐标转换可把位移转换到局部坐标系中，根据需要，可由弹性力学的几何方程和物理方程来计算单元应变和单元应力，进而求得单元内力。

2.6 数值计算过程

2.6.1 线性代数方程组的求解

2.6.1.1 概述

许多科学技术问题都要归结为，求解含有多个未知量 $x_1, x_2, \cdots, x_n$ 的线性代数方程组的问题。例如，用最小二乘法求实验数据的曲线拟合问题，三次样条函数问题，解非线性方程组的问题，用差分法或有限元法解常微分方程、偏微分方程的边值等，最后都归结为求解线性代数方程组。关于线性代数方程组的数值解法一般有两类：直接法和迭代法。

直接法就是经过有限步算术运算，可求得线性方程组精确解的方法（假设计算过程中没有舍入误差）。但实际计算中由于舍入误差的存在和影响，这种方法也只能求得线性方程组的近似解。本节将阐述这类算法中最基本的高斯消去法及其某些改进算法。

迭代法就是用某种极限过程去逐步逼近线性方程组精确解的方法，迭代法需要的计算机存储单元少、程序设计简单、原始系数矩阵在计算过程中不变，这些都是迭代法的优点；但是存在收敛性和收敛速度的问题。迭代法适用于解大型的稀疏矩阵方程组，限于篇幅，本节不做详细介绍。

2.6.1.2 平方根法

在科学研究和工程技术的实际计算中遇到的线性代数方程组，其系数矩阵往往具有对称正定性。对于系数矩阵具有这种特殊性质的方程组，上面介绍的直接三角分解还可以简化。得到"平方根法"。这是计算机上常用的有效方法之一。下面讨论对称正定矩阵的三角分解。

设 A 是 n 阶实矩阵，由线性代数知识知 A 是对称矩阵，即 $A=A^T$，A 是正定矩阵，即对于任意 n 维非零列向量 $X\neq0$，$X\in R^n$，恒有 $X^TAX>0$，对称正定矩阵有以下性质：

若 A 为对称正定矩阵，则 A 的各阶顺序主子式 $D_k>0(k=1,2,\cdots,n)$。根据这条性质，我们就可以来讨论对称正定矩阵的三角分解，从而给出求解方程组的平方根法。

定理：对称正定矩阵的三角分解唯一性证明。

如果 A 为对称正定矩阵，则存在一个实的非奇异下三角矩阵 $\tilde{L}$，使 $A=\tilde{L}\tilde{L}^T$，且当限定 $\tilde{L}$ 的对角元素为正时，这种分解是唯一的。

证明：由 A 的对称正定性，则 A 的顺序主子式 $D_k\neq0(k=1,2,\cdots,n)$，于是由定理 3 可知，A 总存在唯一的 LDR 分解。即 $A=LDR$。其中 L 是单位下三角阵，D 是非奇异的对角阵，R 是单位上三角阵。

又由 A 的对称性，$A^T=A$，则 $(LDR)^T=R^TDL^T=LDR$，由分解唯一性，于是有 $L=R^T$，从而得 $A=LDL^T$，这表明对称正定矩阵 A 的 LDR 分解具有特殊形式。

$$A=LDL^T \tag{2-54}$$

设　$D=diag\ (d_1,d_2,\cdots,d_n),\quad d_j\neq0\quad(j=1,2,\cdots,n)$

下面我们进一步证明 D 的对角元素均为正数，即 $d_j>0$。

由于 L 是单位下三角阵，所以对于单位坐标向量 $e_j=(0,\cdots,0,1,0,\cdots,0)^T$ 存在非零向量 X_j，使 $L^TX_j=e_j\quad(j=1,2,\cdots,n)$。

因此，$X_j^TAX_j=X_j^T(LDL^T)X_j=(L^TX_j)^TD(L^TX_j)=e_j^TDe_j=d_j$

根据 A 是对称正定阵的定义，有 $X_j^TAX_j>0$，从而 $d_j>0(j=1,2,\cdots,n)$，这就证明了 D 的对角元皆为正数。

现设　　　　　　　$D^{1/2}=diag(\sqrt{d_1},\sqrt{d_2},\cdots,\sqrt{d_n})$

注意，在这里我们将 $D^{1/2}$ 的对角元素全取为正数，即

$$D=\begin{bmatrix}d_1&&&\\&d_2&&\\&&\ddots&\\&&&d_n\end{bmatrix}=\begin{bmatrix}\sqrt{d_1}&&&\\&\sqrt{d_2}&&\\&&\ddots&\\&&&\sqrt{d_n}\end{bmatrix}\begin{bmatrix}\sqrt{d_1}&&&\\&\sqrt{d_2}&&\\&&\ddots&\\&&&\sqrt{d_n}\end{bmatrix}$$

则

$$A=LDL^T=LD^{1/2}D^{1/2}L^T=(LD^{1/2})(LD^{1/2})^T=\tilde{L}\cdot\tilde{L}^T$$

其中，$\tilde{L}=LD^{1/2}$，显然是对角元全为正的非奇异的下三角阵。

由于分解式 $A=LDL^{\mathrm{T}}$ 是唯一的，又限定 $D^{1/2}$ 的对角元为正数，从而分解 $D=D^{1/2}$、$D^{1/2}$ 也是唯一的，所以说在限定 L 的对角线元素皆为正时，三角分解是唯一的。

对称正定矩阵 A 的三角分解 $A=\tilde{L}\tilde{L}^{\mathrm{T}}$ 称为正定矩阵 A 的乔列斯基（Cholesky）分解，又称 LL^{T} 分解。

将 $A=\tilde{L}\tilde{L}^{\mathrm{T}}$ 记为 $A=LL^{\mathrm{T}}$

那么，解线性代数方程组

$$AX=b \Leftrightarrow 解\quad Ly=b,\quad L^{\mathrm{T}}x=y$$

下面给出用平方根法解线性代数方程组的计算过程：

（1）对矩阵 A 进行 Cholesky 分解，即 $A=LL^{\mathrm{T}}$，由矩阵乘法：

对于 $i=1,2,\cdots,n$ 计算

$$l_{ii}=\left(a_{ii}-\sum_{k=1}^{i-1}l_{ik}^2\right)^{1/2}$$

$$l_{ij}=\left(a_{ij}-\sum_{k=1}^{j-1}l_{ik}l_{kj}\right)/l_{jj}\qquad j=1,2,\cdots,i-1$$

（2）求解下三角形方程组 $LY=b$

$$y_i=\left(b_i-\sum_{k=1}^{i-1}l_{ik}y_k\right)/l_{ii}\qquad i=1,2,\cdots,n$$

（3）求解 $L^{\mathrm{T}}X=y$

$$x_i=\left(y_i-\sum_{k=i+1}^{n}l_{ki}x_k\right)/l_{ii}\qquad (i=n,n-1,\cdots,1)$$

由于此法要将矩阵 A 做 LL^{T} 三角分解，且在分解过程中含有开方运算，故称该称为 LL^{T} 分解法或平方根法。

由于 L^{T} 是 L 的转置，所以计算量只是一般直接三角分解的一半多一点。另外，由于 A 的对称性，计算过程只用到矩阵 A 的下三角部分的元素，而且一旦求出 l_{ij} 后，a_{ij} 就不需要了，所以 L 的元素可以存贮在 A 的下三角部分相应元素的位置，这样存贮量就大大节省了，在计算机上进行计算时，只需用一维数组 $A[n(n+1)/2]$ 对应存放 A 的对角线以下部分相应元素。且由

$$a_{ii}=\sum_{k=1}^{i-1}l_{ik}^2$$

可知　　　$$|l_{ik}|\leqslant\sqrt{a_{ii}}\qquad (k=1,2,\cdots,n\ \ i==1,2,\cdots,n)$$

这表明 L 的元素的绝对值一般不会很大，所以计算是稳定的，这是 Cholesky 分解的又一个优点。其缺点是需要做一些开方运算。

2.6.1.3　改进平方根法

由于用平方根法解对称正定方程组时，计算 L 的对角元素 l_{ii} 时需要用到开方运算，为了避免开方运算，我们也可以直接采用对称正定矩阵的 $A=LDL^{\mathrm{T}}$ 分解式，即

$$A = \begin{bmatrix} 1 & & & & \\ l_{21} & 1 & & & \\ l_{31} & l_{32} & 1 & & \\ \vdots & & & \ddots & \\ l_{n1} & \cdots & \cdots & & 1 \end{bmatrix} \begin{bmatrix} d_{11} & & & \\ & d_{22} & & \\ & & \ddots & \\ & & & d_{nn} \end{bmatrix} \begin{bmatrix} 1 & l_{12} & l_{13}\cdots l_{1n} \\ & 1 & l_{23}\cdots l_{2n} \\ & & \ddots \\ & & & 1 \end{bmatrix}$$

(2-55)

$$= \begin{bmatrix} d_{11} & & & \\ s_{21} & d_{22} & & \\ \vdots & & \ddots & \\ s_{n1} & s_{n2}\cdots d_{nn} \end{bmatrix} \begin{bmatrix} 1 & l_{21}\cdots l_{n1} \\ & 1 & \\ & & \ddots \\ & & & 1 \end{bmatrix}$$

其中 $s_{ik} = l_{ik}d_{kk}$ $k < i$

由矩阵乘法和比较对应元素得

$$\begin{cases} d_{11} = a_{11} \\ 对于 i = 2,3,\cdots,n \\ s_{ij} = a_{ij} - \sum_{k=1}^{j-1} s_{ik}l_{kj} \\ l_{ij} = s_{ij}/d_{jj} \\ d_{ii} = a_{ii} - \sum_{k=1}^{i-1} s_{ik}l_{ik} \end{cases}$$

d_{ii}，l_{ij} 的计算应按上列顺序进行

$$\begin{vmatrix} d_{11} \\ l_{21} \\ l_{31} \\ \vdots \\ l_{n1} \end{vmatrix} \begin{vmatrix} d_{22} \\ l_{32} \\ \vdots \\ l_{n2} \end{vmatrix} \vdots \begin{vmatrix} d_{nn} \end{vmatrix}$$

由 LDL^{T} 分解法，先求得单位下三角阵 L 和对角阵 D，因为 $A = LDL^{\mathrm{T}}$，所以对称方程组

$$AX = b$$

成为

$$LD(L^{\mathrm{T}}X) = b$$

令 $L^{\mathrm{T}}X = y$，先解下三角形方程组 $LDY = b$ 得

$$y_i = \left(b_i - \sum_{k=1}^{i-1} d_{kk}l_{ik}y_k\right)/d_{ii} \qquad (i = 1,2,\cdots,n)$$

最后，解上三角形方程组 $L^{\mathrm{T}}X = Y$ 得

$$x_i = \left(y_i - \sum_{k=i+1}^{n} l_{ik}x_k\right) \qquad (i = n, n-1, \cdots, 2, 1)$$

LDL^{T} 分解法解对称方程组所含的乘除法运算约为 $n^3/4$ 次，LL^{T} 分解法解对称正定方程组约需乘除法 $n^3/6$ 次。LDL^{T} 法虽然增加了计算量，但避免了开方运算且扩大了使用范围，优点是明显的。

2.6.2　线性代数方程组的性态

线性代数方程组 $AX=b$ 的系数矩阵 A 和右端向量 b，往往是观测来的，因此它们不可避免地带有误差。这种原始数据的误差对方程组求解的影响如何，是必须探讨的，此即所谓方程组的条件问题。线性代数方程组的条件数，反应的就是结构总刚矩阵的良态程度。

（1）假设系数矩阵 A 精确，且非奇，今讨论右端 b 的误差对方程组解的影响。

设 δb 为 b 的误差，而相应的解的误差是 δX，则有

$$A(X+\delta X)=b+\delta b \tag{2-56}$$

所以

$$\delta X=A^{-1}\delta b$$

$$\|\delta X\|\leqslant\|A^{-1}\|\cdot\|\delta b\|$$

但

$$\|b\|=\|AX\|\leqslant\|A\|\cdot\|X\|$$

所以　$\|\delta X\|\cdot\|b\|\leqslant\|A^{-1}\|\|\delta b\|\|A\|\cdot\|X\|=\|A\|\|A^{-1}\|\|X\|\|\delta b\|$

当 $b\neq0$，$X\neq0$ 时，有

$$\frac{\|\delta X\|}{\|X\|}\leqslant\|A\|\|A^{-1}\|\frac{\|\delta b\|}{\|b\|}$$

即解 X 的相对误差是初始数据 b 的相对误差的 $\|A\|\|A^{-1}\|$ 倍。

（2）假设右端 b 精确，系数矩阵 A 有误差，今讨论 A 的误差对解的影响。

设矩阵 A 的误差为 δA，而相应的解的误差为 δX，则有

$$(A+\delta A)(X+\delta X)=b \tag{2-57}$$

设 A 及 $A+\delta A$ 非奇（当 $\|A^{-1}\delta A\|<1$ 时即可），则

$$AX+(\delta A)X+A\delta X+\delta A\delta X=b$$

$$A\delta X=-(\delta A)X-\delta A\delta X$$

$$\delta X=-A^{-1}(\delta A)X-A^{-1}\delta A\delta X$$

根据范数性质

$$\|\delta X\|\leqslant\|A^{-1}\|\|\delta A\|\|X\|+\|A^{-1}\|\|\delta A\|\|\delta X\|$$

$$(1-\|A^{-1}\|\|\delta A\|)\|\delta X\|\leqslant\|A^{-1}\|\|\delta A\|\|X\|$$

于是有

$$\frac{\|\delta X\|}{\|X\|}\leqslant\frac{\|A^{-1}\|\|\delta A\|}{1-\|A^{-1}\|\|\delta A\|}=\frac{\|A^{-1}\|\|A\|\frac{\|\delta A\|}{\|A\|}}{1-\|A^{-1}\|\|A\|\frac{\|\delta A\|}{\|A\|}}$$

若 $\|A^{-1}\|\|A\|\frac{\|\delta A\|}{\|A\|}$ 很小，则 $\|A^{-1}\|\|A\|$ 表示相对误差的近似放大率。

由 1，2 可知，b 及 A 有微小改动时，数 $\|A^{-1}\|\|A\|$ 可标志着方程组解 X 的敏感程度。解 X 的相对误差可能随 $\|A^{-1}\|\|A\|$ 的增大而增大。所以系数矩阵 A 刻画了线性代数方程组的性态。

定义：设 A 为 n 阶非奇矩阵，称数 $\|A^{-1}\|\|A\|$ 为矩阵 A 的条件数，记为cond (A)。

条件数有下列性质：

1) $\mathrm{cond}(A) \geqslant 1$

2) $\mathrm{cond}(kA) = \mathrm{cond}(A)$ k 为非零常数

3) 若 $\| A \| = 1$, 则 $\mathrm{cond}(A) = \| A^{-1} \|$

当 $\mathrm{cond}(A)$ 相对地大时, 称方程组 $AX = b$ 为病态的, 否则称为良态的。

若方程组为病态的, 则求解过程中的舍入误差对解会有严重的影响。

2.6.3 非线性方程组的求解方法

求解非线性问题往往归结为求解一组非线性方程组, 一般来说, 不能期望求得它的精确解, 而是采用各种数值方法, 用一系列线性方程组的解去逼近该非线性方程组的解。对于非线性有限元的线性化处理, 首先归结为荷载增量步的离散, 如图 2-7 所示。一般通过多次迭代, 直到满足一定的限值要求, 即一定的收敛准则, 就认为得到了所求问题的解。

(1) 直接迭代法

求解非线性方程组的解最简单的方法是直接迭代法。对于非线性有限元问题, 方程均可表示为:

$$K(U)U - R = 0 \tag{2-58}$$

其中:

$K(U)$ 是结构的整体刚度矩阵, 它是节点位移矢量 U 的函数;

R 是等效节点力矢量。

给定某一初始近似解 U^0, 可以得到与之对应的刚度矩阵 K^0:

$$K^0 = K(U^0)$$

从而可以求得:

$$U^1 = (K^0)^{-1}R$$

这个迭代过程可表示为:

$$\begin{cases} K^n = K(U^n) \\ U^{n+1} = (K^n)^{-1}R \end{cases}$$

直到 U^{n+1} 满足收敛准则为止。

(2) 牛顿-拉弗逊法

非线性有限元方程组中的 $K(U)U$ 项实际上是有限元系统的内部力, 它是节点位移矢量 U 的非线性函数, 故非线性有限元方程还可以写成如下形式:

$$\psi(U) = P(U) - R = 0 \tag{2-59}$$

求解上述方程组的一个著名的方法就是牛顿-拉弗逊法 (Full Newton-Raphson Method), 如图 2-8 所示。

设 U^n 是上式非线性方程组的第 n 次近似解, 在 U^n 处给出一微小摄动 ΔU^n, 得到新解 $U^{n+1} = U^n + \Delta U^n$, 在 U^n 处泰勒展开, 略去高阶小量, 可有:

$$\psi^{n+1} = \psi^n + \frac{\partial \psi}{\partial U}\bigg|_{U=U^n} \Delta U^n$$

记:

$$K_T^n = \frac{\partial \psi}{\partial U}\bigg|_{U=U^n}$$

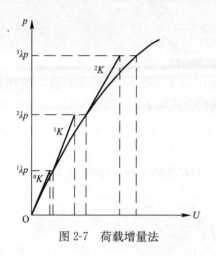

图 2-7 荷载增量法

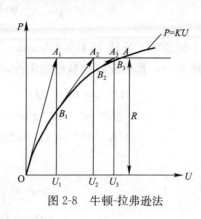

图 2-8 牛顿-拉弗逊法

则：

$$\boldsymbol{\psi}^n + \boldsymbol{K}_{\mathrm{T}}^n \Delta \boldsymbol{U}^n = 0$$

从而可以得出：

$$\Delta \boldsymbol{U}^n = -\left(\boldsymbol{K}_{\mathrm{T}}^n\right)^{-1} \boldsymbol{\psi}^n = \left(\boldsymbol{K}_{\mathrm{T}}^n\right)^{-1}\left(\boldsymbol{R} - \boldsymbol{P}(\boldsymbol{U}^n)\right)$$

这样牛顿迭代法的公式为：

$$\begin{cases} \boldsymbol{K}_{\mathrm{T}}^n = \dfrac{\partial \boldsymbol{\psi}}{\partial \boldsymbol{U}}\bigg|_{\boldsymbol{U}=\boldsymbol{U}^n} = \dfrac{\partial \boldsymbol{P}}{\partial \boldsymbol{U}}\bigg|_{\boldsymbol{U}=\boldsymbol{U}^n} \\ \Delta \boldsymbol{U}^n = -\left(\boldsymbol{K}_{\mathrm{T}}^n\right)^{-1}\boldsymbol{\psi}^n = \left(\boldsymbol{K}_{\mathrm{T}}^n\right)^{-1}\left(\boldsymbol{R} - \boldsymbol{P}(\boldsymbol{U}^n)\right) \\ \boldsymbol{U}^{n+1} = \boldsymbol{U}^n + \Delta \boldsymbol{U}^n \end{cases} \tag{2-60}$$

在迭代过程中，$\boldsymbol{K}_{\mathrm{T}}^n$ 可能是奇异的或病态的，于是对 $\boldsymbol{K}_{\mathrm{T}}^n$ 求逆就遇到了困难，这时从数值计算角度可以引进一个阻尼因子 μ^n，使矩阵 $\boldsymbol{K}_{\mathrm{T}}^n + \mu^n \boldsymbol{I}$ 成为非奇异或病态减弱，但当 μ^n 取的很大时，收敛速度将减慢。

$\boldsymbol{K}_{\mathrm{T}}^n$ 是 $\boldsymbol{U} = \boldsymbol{U}^n$ 处 $\boldsymbol{P} - \boldsymbol{U}$ 曲线上的斜率，在每次迭代过程中都要计算 $\boldsymbol{K}_{\mathrm{T}}^n$ 及其逆，计算工作量很大，一定程度上影响了计算效率。如果 $\boldsymbol{K}_{\mathrm{T}}^n$ 保持不变，即在迭代开始时计算一次 $\boldsymbol{K}_{\mathrm{T}}^n$ 及其逆，并存储起来，在以后的迭代中采用公式：

$$\Delta \boldsymbol{U}^n = -\left(\boldsymbol{K}_{\mathrm{T}}^0\right)^{-1}\left(\boldsymbol{R} - \boldsymbol{P}(\boldsymbol{U}^n)\right) \tag{2-61}$$

这种方法叫作修正的牛顿-拉弗逊法（Modified Newton-Raphson Method）。

使用修正的牛顿法求解非线性方程组，虽然每次迭代所花费的计算时间较少，但其收敛速度变慢了。为了弥补这个不足，可以纳入一个大于 1 的加速因子 ω^n，当求出 $\Delta \boldsymbol{U}^n$ 以后，新的近似解为：

$$\boldsymbol{U}^{n+1} = \boldsymbol{U}^n + \omega^n \Delta \boldsymbol{U}^n \tag{2-62}$$

加速因子 ω^n 的取值可以借助一维搜索的方法求得。加速因子的取值可能影响到方程的迭代收敛，使得求解发散，因此，对加速因子的取值应该非常谨慎。

（3）拟牛顿-拉弗逊法

拟牛顿法（Quasi Newton-Raphson）是介于牛顿法和修正的牛顿法之间的一种的折中的方法。它既不像牛顿法那样在每次迭代之后要完全计算一次矩阵 $\boldsymbol{K}$，也不像修正的牛顿法那样不改变矩阵 $\boldsymbol{K}$，而在每次迭代之后用一种简单的方法去修正矩阵 $\boldsymbol{K}$。该方法的基本思想是用差分公式代替微分公式，即：

$$K^{n+1} = \frac{\psi(U^{n+1}) - \psi(U^n)}{U^{n+1} - U^n}$$

在拟牛顿法中，公认 BFGS （Broyden-Fletcher-Goldfard-Shanno） 秩 2 算法是目前最成功的算法之一，具有较好的数值稳定性，迭代公式如下：

$$\begin{cases} U^{n+1} = U^n + \Delta U^n \\ \Delta U^n = -(K^{-1})^n \psi^n \\ (K^{-1})^{n+1} = (1 + \omega^n(v^n)^{\mathrm{t}})(K^{-1})^n(1 + v^n(\omega^n)^{\mathrm{t}}) \end{cases} \tag{2-63}$$

其中：

$$\omega^n = \frac{\Delta U^n}{(\Delta U^n)^{\mathrm{t}} \Delta \psi^n}$$

$$v^n = \left(\frac{(\Delta U^n)^{\mathrm{t}} \Delta \psi^n}{(\Delta U^n)^{\mathrm{t}}(-\psi^n)}\right)^{1/2}(-\psi^n) - \Delta \psi^n$$

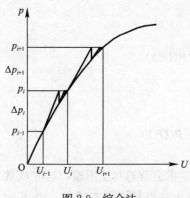

图 2-9　综合法

（4）增量法和综合法

当有限元系统的内力 $P(U)$ 与位移矢量 U 之间的非线性不太严重时，上述诸方法都是可行的、有效的，否则就可能出现发散的情况，这时必须把整个加载过程分成若干个增量步，在每个增量步内 $P(U) - U$ 非线性不太强烈时，都可保证收敛。另外使用增量方法可以得到整个荷载变化过程的中间数值结果。在每个增量步内，可以采用上述所有的迭代方法。这种在每增量步内使用迭代修正的增量方法，叫作综合法如图 2-9 所示。在增量步内，采用上述牛顿法进行计算，其计算步骤如下：

令 $R = \lambda \bar{R}$，其中 λ 是描述荷载变化的参数：

$$0 = \lambda_0 < \lambda_1 < \lambda_2 \cdots < \lambda_M = 1$$

则线性方程组可以改写为：

$$\psi(U, \lambda) = P(U) - \lambda \bar{R} = 0$$

根据泰勒展开，并略去高阶小量：

$$\psi(U + \Delta U, \lambda + \Delta \lambda) = \psi(U, \lambda) + \frac{\partial \psi}{\partial U} \Delta U + \frac{\partial \psi}{\partial \lambda} \Delta \lambda$$

记，

$$K_{\mathrm{T}}(U, \lambda) = \frac{\partial \psi}{\partial U}$$

并考虑到

$$\frac{\partial \psi}{\partial \lambda} = -\bar{R}$$

因此，

$$K_{\mathrm{T}}(U, R) \Delta U + \bar{R} \Delta \lambda = 0$$

或

$$\Delta U = (K_{\mathrm{T}}(U,R))^{-1}\bar{R}\Delta\lambda$$

故迭代公式如下：

$$\begin{cases} \Delta U = (K_{\mathrm{T}}(U,R))^{-1}\bar{R}\Delta\lambda \\ U^{n=1} = U^n + \Delta U \end{cases} \tag{2-64}$$

2.6.4 迭代收敛准则

用上述迭代法求解非线性方程组，每一迭代步的解都是近似的，但近似的程度不同，因此必须给出一个准则来判断解可信的程度，对于几何非线性有限元，一般有两个收敛准则：

(1) 位移模数收敛准则

可取迭代 n 步后位移增量的二范数与位移的二范数之比小于某一给定的位移精度 ε，即

$$\|\Delta U^n\|_2 \leqslant \varepsilon \|U^n\|_2 \tag{2-65}$$

(2) 不平衡力模数收敛准则

一般来说经过 n 次迭代后，只得到非线性方程组的近似解，所以

$$\psi(U^n) = P(U^n) - R \neq 0$$

即，存在一定的不平衡力，故收敛准则可定义为：

$$\|\psi(U^n)\|_2 \leqslant \beta \|R\|_2 \tag{2-66}$$

(3) 模数比值收敛准则

对于不同的结构分析，可能由于荷载大小或者荷载形式以及结构规模的不同，对于非线性分析过程中的具体的位移模数收敛阀值和不平衡力模数收敛阀值有不同的要求，因此，如果采用模数比值的判断方法，就避免了由于上述因素而引起的对于收敛阀值的改变。对于位移模数比值表达式为：

$$\frac{\|\Delta U^n\|_2}{\|U^n\|_2^i} \leqslant \varepsilon \tag{2-67}$$

其中，$\|U^n\|_2^i$ 为第 i 个荷载步的初始位移的模数。

对于位移模数比值表达式为：

$$\frac{\|\Delta P^n\|_2}{\|P^n\|_2^i} \leqslant \varepsilon \tag{2-68}$$

其中，$\|P^n\|_2^i$ 为第 i 个荷载步的初始荷载增量的模数。

3 工程中的一维单元

3.1 概述

　　土木工程领域中的结构构件，如果某一方向的几何尺寸远远大于正交的另外两个方向的几何尺寸，并且从构件的受力形式上表现为明显的拉、压、弯、剪、扭或其中的任何组合形式，则这类构件可以运用有限元中的一维单元来模拟。从受力特征上看，这类构件任一截面的变形和应力分布等单元信息可以采用一维函数来描述，函数的未知量即为截面的轴向坐标（位置）。从有限元数值分析方法的角度来看，一维单元可以分为两大类：一类是节点只有函数值连续的 Lagrange 单元；另一类是不但有节点函数值连续，还满足节点导数连续的 Hermite 单元。结构形式千变万化，工程中常用的一维单元有杆单元、索单元、梁单元等。从单元刚度矩阵的特征，可以把上述单元分为线性单元和非线性单元，如果单元的节点力和节点位移之间的关系（刚度矩阵）是与几何位置和变形状态无关的常量，则该单元为线性单元；如果节点力和节点位移之间的关系与单元的几何位置或变形状态发生了关系，则该类单元为非线性单元，非线性单元中又有几何非线性和材料非线性单元两大类。下面就工程中常用的一维梁单元和具有特殊应用背景的半解析索单元的基本原理分别给予介绍。

3.2 平面梁单元

3.2.1 单元刚度矩阵

　　平面梁单元只能应用在平面受力的结构体系中，例如平面框架，其中的梁单元可以认为没有出平面的位移和内力，因此基本未知量要少很多，可以缩减解题规模。本节从平衡分析的角度来简单推导平面梁单元的刚度矩阵。假设平面梁单元的弹性模量、截面惯性矩、截面积分别为 E、I、A，轴线长度为 l。建立单元的局部坐标系 $\bar{x}O\bar{y}$，取 i 点位于坐标原点，$\bar{x}$ 轴与杆轴重合，规定由 i 到 j 为 $\bar{x}$ 轴的正方向，由 $\bar{x}$ 轴顺时针旋转 90° 为 $\bar{y}$ 轴正方向；单元变形后的位置为 i'、j'，并满足小变形假定。单元的 i、j 端各有三个杆端力未知量 $\bar{X}$、$\bar{Y}$ 和 $\bar{M}$（即轴力、剪力和弯矩），与其相应的三个杆端位移未知量 $\bar{u}$、$\bar{v}$、$\bar{\theta}$。具体符号表示如图 3-1 所示。

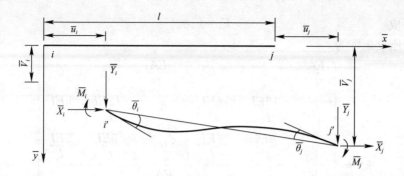

图 3-1　平面梁单元

平面梁单元的梁端力和梁端位移列向量分别表示为：

$$\overline{F} = \begin{bmatrix} \overline{X}_i & \overline{Y}_i & \overline{M}_i & \overline{X}_j & \overline{Y}_j & \overline{M}_j \end{bmatrix}^{\mathrm{T}}$$

$$\overline{\delta} = \begin{bmatrix} \overline{u}_i & \overline{v}_i & \overline{\theta}_i & \overline{u}_j & \overline{v}_j & \overline{\theta}_j \end{bmatrix}^{\mathrm{T}}$$

根据胡克定律，杆端轴力 $\overline{X}_i$、$\overline{X}_j$ 与轴向位移 $\overline{u}_i$、$\overline{u}_j$ 的关系如下式：

$$\left.\begin{aligned}
\overline{X}_i &= \frac{EA}{l}(\overline{u}_i - \overline{u}_j) = \frac{EA}{l}\overline{u}_i - \frac{EA}{l}\overline{u}_j \\
\overline{X}_j &= -\frac{EA}{l}(\overline{u}_i - \overline{u}_j) = -\frac{EA}{l}\overline{u}_i + \frac{EA}{l}\overline{u}_j
\end{aligned}\right\} \tag{3-1}$$

根据结构力学位移法的转角位移方程，杆端弯矩 $\overline{M}_i$、$\overline{M}_j$ 与杆端剪力 $\overline{Y}_i$、$\overline{Y}_j$ 与杆端转角 $\overline{\theta}_i$、$\overline{\theta}_j$ 和横向位移 $\overline{v}_i$、$\overline{v}_j$ 的关系如下式：

$$\left.\begin{aligned}
\overline{M}_i &= \frac{6EI}{l^2}\overline{v}_i + \frac{4EI}{l}\overline{\theta}_i - \frac{6EI}{l^2}\overline{v}_j + \frac{2EI}{l}\overline{\theta}_j \\
\overline{M}_j &= \frac{6EI}{l^2}\overline{v}_i + \frac{2EI}{l}\overline{\theta}_i - \frac{6EI}{l^2}\overline{v}_j + \frac{4EI}{l}\overline{\theta}_j \\
\overline{Y}_i &= \frac{12EI}{l^3}\overline{v}_i + \frac{6EI}{l^2}\overline{\theta}_i - \frac{12EI}{l^3}\overline{v}_j + \frac{6EI}{l^2}\overline{\theta}_j \\
\overline{Y}_j &= -\frac{12EI}{l^3}\overline{v}_i - \frac{6EI}{l^2}\overline{\theta}_i + \frac{12EI}{l^3}\overline{v}_j - \frac{6EI}{l^2}\overline{\theta}_j
\end{aligned}\right\} \tag{3-2}$$

将（3-1）、（3-2）两式合在一起，并写成矩阵形式，即可得到单元刚度方程：

$$\begin{bmatrix} \overline{X}_i \\ \overline{Y}_i \\ \overline{M}_i \\ \overline{X}_j \\ \overline{Y}_j \\ \overline{M}_j \end{bmatrix} = \begin{bmatrix}
\frac{EA}{l} & 0 & 0 & -\frac{EA}{l} & 0 & 0 \\
0 & \frac{12EI}{l^3} & \frac{6EI}{l^2} & 0 & -\frac{12EI}{l^3} & \frac{6EI}{l^2} \\
0 & \frac{6EI}{l^2} & \frac{4EI}{l} & 0 & -\frac{6EI}{l^2} & \frac{2EI}{l} \\
-\frac{EA}{l} & 0 & 0 & \frac{EA}{l} & 0 & 0 \\
0 & -\frac{12EI}{l^3} & -\frac{6EI}{l^2} & 0 & \frac{12EI}{l^3} & -\frac{6EI}{l^2} \\
0 & \frac{6EI}{l^2} & \frac{2EI}{l} & 0 & -\frac{6EI}{l^2} & \frac{4EI}{l}
\end{bmatrix} \begin{bmatrix} \overline{u}_i \\ \overline{v}_i \\ \overline{\theta}_i \\ \overline{u}_j \\ \overline{v}_j \\ \overline{\theta}_j \end{bmatrix} \tag{3-3}$$

上式可简写成 $$\overline{F}_e = \overline{k}_e \overline{\delta}_e$$

其中，单元刚度矩阵为

$$\overline{k}_e = \begin{bmatrix} \dfrac{EA}{l} & 0 & 0 & -\dfrac{EA}{l} & 0 & 0 \\[2mm] 0 & \dfrac{12EI}{l^3} & \dfrac{6EI}{l^2} & 0 & -\dfrac{12EI}{l^3} & \dfrac{6EI}{l^2} \\[2mm] 0 & \dfrac{6EI}{l^2} & \dfrac{4EI}{l} & 0 & -\dfrac{6EI}{l^2} & \dfrac{2EI}{l} \\[2mm] -\dfrac{EA}{l} & 0 & 0 & \dfrac{EA}{l} & 0 & 0 \\[2mm] 0 & -\dfrac{12EI}{l^3} & -\dfrac{6EI}{l^2} & 0 & \dfrac{12EI}{l^3} & -\dfrac{6EI}{l^2} \\[2mm] 0 & \dfrac{6EI}{l^2} & \dfrac{2EI}{l} & 0 & -\dfrac{6EI}{l^2} & \dfrac{4EI}{l} \end{bmatrix} \tag{3-4}$$

其中，每个元素代表某一自由度上单位杆端位移引起的另一自由度方向上的杆端力，任一元素 k_{rs}（r、s 取 1 至 6）的物理意义是第 s 个杆端位移分量等于 1 时，所引起的第 r 各杆端力分量值；根据功的互等定理可知，单元刚度矩阵是对称矩阵，即 $k_{rs}=k_{sr}(r\neq s)$；单元刚度矩阵也是奇异矩阵，它的元素行列式等于零，即 $|\overline{k}_e|=0$，该特性代表了单元所具有的刚体位移模式；单元刚度矩阵是具有分块的性质，代表了单元变形和受力的相关性程度，分块越密集或者单刚中的零元素越少，表示单刚元素之间的相关程度越高；反之，则相关程度越低。

3.2.2　刚度矩阵的坐标变换

单元刚度方程和单元刚度矩阵是在局部坐标系中建立起来的，对于结构体系的分析，必须选定一个统一的整体坐标系 xoy，来建立结构的平衡条件和变形连续条件。因此，必须把在局部坐标系中建立的单元刚度矩阵转换为整体坐标系下的单元刚度矩阵。

图 3-2（a）、图 3-2（b）分别表示梁单元在局部坐标系 $\overline{x}o\overline{y}$ 和整体坐标系 xoy 种的杆端力分量。为了导出整体坐标系中杆端力 X_i、Y_i、Z_i 和局部坐标系中 $\overline{X}_i$、$\overline{Y}_i$、$\overline{Z}_i$ 之间的关系，将 X_i、Y_i 分别向局部坐标轴 $\overline{x}$、$\overline{y}$ 上投影，可得：

$$\left.\begin{array}{l} \overline{X}_i = X_i\cos\alpha + Y_i\sin\alpha \\[2mm] \overline{Y}_i = -X_i\sin\alpha + Y_i\cos\alpha \end{array}\right\} \tag{3-5}$$

式中，α 表示由 x 轴到 $\overline{x}$ 轴之间的夹角，以顺时针为正。

在两个坐标系中，力偶分量不变，即

$$\overline{M}_i = M_i$$

同理，对于单元 j 端的杆端力，可得：

$$\left.\begin{array}{l} \overline{X}_j = X_j\cos\alpha + Y_j\sin\alpha \\[2mm] \overline{Y}_j = -X_j\sin\alpha + Y_j\cos\alpha \\[2mm] \overline{M}_j = M_j \end{array}\right\}$$

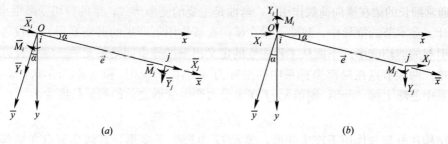

图 3-2 坐标变换

合并后用矩阵形式表示，可得：

$$\begin{bmatrix} \overline{X}_i \\ \overline{Y}_i \\ \overline{M}_i \\ \overline{X}_j \\ \overline{Y}_j \\ \overline{M}_j \end{bmatrix} = \begin{bmatrix} \cos\alpha & \sin\alpha & 0 & 0 & 0 & 0 \\ -\sin\alpha & \cos\alpha & 0 & 0 & 0 & 0 \\ 0 & 0 & 1 & 0 & 0 & 0 \\ 0 & 0 & 0 & \cos\alpha & \sin\alpha & 0 \\ 0 & 0 & 0 & -\sin\alpha & \cos\alpha & 0 \\ 0 & 0 & 0 & 0 & 0 & 1 \end{bmatrix} \begin{bmatrix} X_i \\ Y_i \\ M_i \\ X_j \\ Y_j \\ M_j \end{bmatrix} \qquad (3\text{-}6)$$

此式即为两种坐标系中单元杆端力的变换式，亦可简写为

$$\overline{F}_e = T_e F_e$$

式中，$\overline{F}_e = \begin{bmatrix} \overline{X}_i & \overline{Y}_i & \overline{M}_i & \vdots & \overline{X}_j & \overline{Y}_j & \overline{M}_j \end{bmatrix}^T$ 局部坐标系中的单元杆端力列阵

$F_e = \begin{bmatrix} X_i & Y_i & M_i & \vdots & X_j & Y_j & M_j \end{bmatrix}^T$ 整体坐标系中的单元杆端力列阵

$$T_e = \begin{bmatrix} \cos\alpha & \sin\alpha & 0 & 0 & 0 & 0 \\ -\sin\alpha & \cos\alpha & 0 & 0 & 0 & 0 \\ 0 & 0 & 1 & 0 & 0 & 0 \\ 0 & 0 & 0 & \cos\alpha & \sin\alpha & 0 \\ 0 & 0 & 0 & -\sin\alpha & \cos\alpha & 0 \\ 0 & 0 & 0 & 0 & 0 & 1 \end{bmatrix} \qquad (3\text{-}7)$$

单元坐标变换矩阵 T_e 为正交矩阵，其逆矩阵等于其转置矩阵，即 $T_e^{-1} = T_e^T$；类似可得两种坐标系中单元杆端位移的变换式。

3.3 线性空间梁单元

3.3.1 单元刚度矩阵

当梁单元的变形和内力表现为空间三维形态，平面内的变形和受力与出平面的变形和内力发生了相关关系，则只能采用空间梁单元来模拟。依据考虑变形未知量的多少，梁单元端部自由度一般有 6 自由度（3 个平动＋3 个转动）或 7 自由度（3 个平动＋3 个转动＋1 个翘曲）等等。梁单元在外力作用下产生变形，它产生的应变主要有两部分组成，即正应变和剪应变。通常细长的梁在横向荷载作用下，弯曲是主要的变形形式，梁的剪切变形很小，可以忽略不计。在本节的推导中，忽略了梁在横向荷载作用下产生的剪切变形，而仅考虑扭转和翘曲引起的剪切变形。下面从工程应变的定义出发推导空间梁单元的正应变表达式。

设单元两端节点在局部坐标系中的坐标为 $(x_i, 0.0, 0.0)$ 和 $(x_j, 0.0, 0.0)$，本节局部坐标系中忽略上标"—"，则单元 ij 在未受力产生变形之前的初始长度为：

$$l_{ij}^0 = \sqrt{(x_j - x_i)^2}$$

当结构在外荷载作用下产生变形，单元 ij 也产生了变形，其两端节点在局部坐标系中的坐标也发生了相应的改变，这样，节点 i，j 的新坐标为 $(x_i + u_i, v_i, w_i)$ 和 $(x_j + u_j, v_j, w_j)$，其中，$u_i, v_i, w_i, u_j, v_j, w_j$ 分别为节点 i，j 在局部坐标系中沿着 x、y、z 方向的线位移。

而 u_i 和 u_j 分别由线性位移项 u_n，弯曲引起的位移项 u_{by} 和 u_{bz}，以及翘曲引起的位移项 u_ω 组成，所以 u_i 和 u_j 可以表示如下：

$$u_i = u_{ni} + u_{byi} + u_{bzi} + u_{\omega i} = u_{ni} - y\theta_{zi} - z\theta_{yi} - \omega\theta_{\omega i} \tag{3-8a}$$

$$u_j = u_{nj} + u_{byj} + u_{bzj} + u_{\omega j} = u_{nj} - y\theta_{zj} - z\theta_{yj} - \omega\theta_{\omega j} \tag{3-8b}$$

单元 ij 变形到新的平衡位置后，其长度为：

$$
l_{ij} = \left[
\begin{aligned}
& l_{ij}^{0^2} + (u_{nj} - u_{ni})^2 + (y(\theta_{zj} - \theta_{zi}))^2 + (z(\theta_{yj} - \theta_{yi}))^2 + (\omega(\theta_{\omega j} - \theta_{\omega i}))^2 + \\
& 2 \cdot (x_j - x_i) \cdot (u_{nj} - u_{ni}) - 2 \cdot (x_j - x_i) \cdot (y(\theta_{zj} - \theta_{zi})) - \\
& 2 \cdot (x_j - x_i) \cdot (z(\theta_{yj} - \theta_{yi})) - 2 \cdot (x_j - x_i) \cdot (\omega(\theta_{\omega j} - \theta_{\omega i})) - \\
& 2 \cdot (u_{nj} - u_{ni}) \cdot (y(\theta_{zj} - \theta_{zi})) - 2 \cdot (u_{nj} - u_{ni}) \cdot (z(\theta_{yj} - \theta_{yi})) - \\
& 2 \cdot (u_{nj} - u_{ni}) \cdot (\omega(\theta_{\omega j} - \theta_{\omega i})) + 2 \cdot (y(\theta_{zj} - \theta_{zi})) \cdot (z(\theta_{yj} - \theta_{yi})) + \\
& 2 \cdot (y(\theta_{zj} - \theta_{zi})) \cdot (\omega(\theta_{\omega j} - \theta_{\omega i})) + 2 \cdot (z(\theta_{yj} - \theta_{yi})) \cdot \\
& (\omega(\theta_{\omega j} - \theta_{\omega i})) + (v_j - v_i)^2 + (w_j - w_i)^2
\end{aligned}
\right]^{1/2}
$$

于是单元的正应变 ε 可表示为：

$$\varepsilon = \frac{l_{ij} - l_{ij}^0}{l_{ij}^0} = \sqrt{1 + 2a - 2b + c} - 1 \tag{3-9}$$

式中，

$$
\begin{aligned}
a = & \frac{(x_j - x_i) \cdot (u_{nj} - u_{ni})}{(l_{ij}^0)^2} - \frac{(x_j - x_i) \cdot (y(\theta_{zj} - \theta_{zi}))}{(l_{ij}^0)^2} \\
& - \frac{(x_j - x_i) \cdot (z(\theta_{yj} - \theta_{yi}))}{(l_{ij}^0)^2} - \frac{(x_j - x_i) \cdot (\omega(\theta_{\omega j} - \theta_{\omega i}))}{(l_{ij}^0)^2}
\end{aligned} \tag{3-10a}
$$

$$
\begin{aligned}
b = & \frac{(u_{nj} - u_{ni}) \cdot (y(\theta_{zj} - \theta_{zi}))}{(l_{ij}^0)^2} + \frac{(u_{nj} - u_{ni}) \cdot (z(\theta_{yj} - \theta_{yi}))}{(l_{ij}^0)^2} \\
& + \frac{(u_{nj} - u_{ni}) \cdot (\omega(\theta_{\omega j} - \theta_{\omega i}))}{(l_{ij}^0)^2} - \frac{(y(\theta_{zj} - \theta_{zi})) \cdot (z(\theta_{yj} - \theta_{yi}))}{(l_{ij}^0)^2} \\
& - \frac{(y(\theta_{zj} - \theta_{zi})) \cdot (\omega(\theta_{\omega j} - \theta_{\omega i}))}{(l_{ij}^0)^2} - \frac{(z(\theta_{yj} - \theta_{yi})) \cdot (\omega(\theta_{\omega j} - \theta_{\omega i}))}{(l_{ij}^0)^2}
\end{aligned} \tag{3-10b}
$$

$$
\begin{aligned}
c = & \left(\frac{u_{nj} - u_{ni}}{l_{ij}^0}\right)^2 + \left(\frac{y(\theta_{zj} - \theta_{zi})}{l_{ij}^0}\right)^2 + \left(\frac{z(\theta_{yj} - \theta_{yi})}{l_{ij}^0}\right)^2 + \left(\frac{\omega(\theta_{\omega j} - \theta_{\omega i})}{l_{ij}^0}\right)^2 \\
& + \left(\frac{v_j - v_i}{l_{ij}^0}\right)^2 + \left(\frac{w_j - w_i}{l_{ij}^0}\right)^2
\end{aligned} \tag{3-10c}
$$

将式（3-9）所示的应变表达式按 Taylor 级数展开，并略去应变表达式中五阶量以上的高阶项，得单元的应变表达式为

$$\varepsilon = a \quad b + \frac{c}{2} \quad \frac{a^2}{2} + ab - \frac{1}{2}ac + \frac{a^3}{2} + \frac{3}{4}a^2c - \frac{3}{2}a^2b - \frac{1}{2}b^2 - \frac{c^2}{8} - \frac{5}{8}a^4 + \frac{1}{2}bc$$

若仅取线性应变项，则表达式为：

$$\varepsilon_\varepsilon = a = \frac{\partial u_n}{\partial x} - y\frac{\partial \theta_z}{\partial x} - z\frac{\partial \theta_y}{\partial x} - \omega\frac{\partial \theta_\omega}{\partial x}$$

由扭转和翘曲引起的剪切应变为：

$$\gamma_\rho = \rho\frac{\partial \theta_x}{\partial x} + \left(\frac{\varphi}{t} - \rho\right)\theta_w \tag{3-11}$$

$\left(\text{注：} \varphi = \frac{\tau_B t}{G\theta'_x} \text{为扭转函数，是一个表征 Bredt 剪应力 } \tau_B \text{沿截面分布规律的量，它仅由剖面}\right.$

的几何形状决定。$\left.\right)$

这样，单元应变矩阵可表示为：

$$\{\varepsilon\} = \begin{bmatrix}\varepsilon_\varepsilon \\ \gamma_\rho\end{bmatrix} = \begin{bmatrix}\frac{\partial u_n}{\partial x} - y\frac{\partial \theta_z}{\partial x} - z\frac{\partial \theta_y}{\partial x} - \omega\frac{\partial \theta_\omega}{\partial x} \\ \rho\frac{\partial \theta_x}{\partial x} + \left(\frac{\varphi}{t} - \rho\right)\theta_w\end{bmatrix} \tag{3-12}$$

将式（3-9）代入式（3-12）得应变用节点位移表示的表达式：

$$\boldsymbol{\varepsilon} = \boldsymbol{B} \cdot \boldsymbol{u}_e$$

式中，$\boldsymbol{B}$ 称为应变矩阵。

利用物理方程，可以导出用节点位移表示的单元应力

$$\boldsymbol{\sigma} = \boldsymbol{D} \cdot \boldsymbol{B} \cdot \boldsymbol{\delta}_e \tag{3-13}$$

利用虚功方程建立作用于单元上的节点力和节点位移之间的关系式，即单元的刚度方程，从而导出单元的刚度矩阵：

$$\boldsymbol{P}_e = \boldsymbol{K}_e \cdot \boldsymbol{\delta}_e \tag{3-14}$$

式中，$\boldsymbol{K}_e$ 为单元刚度矩阵，积分形式如下：

$$\boldsymbol{K}_e = \int_V \boldsymbol{B}^T \boldsymbol{D} \boldsymbol{B} \, \mathrm{d}V$$

3.3.2 刚度矩阵的显式形式

图 3-3 所示为一空间梁单元。选取局部坐标系时，主形心轴为 $\bar{x}$ 轴，横截面的主轴分别为坐标系的 $\bar{y}$ 轴和 $\bar{z}$ 轴。$\bar{x}$、$\bar{y}$、$\bar{z}$ 轴的方向按右手螺旋法则确定。这样，单元在 $\bar{x}\bar{y}$ 平面内的位移与 $\bar{x}\bar{z}$ 平面内的位移是彼此独立的。设梁截面面积为 A，在 $\bar{x}\bar{z}$ 平面内的抗弯刚度为 EI_y，线刚度 $i_y = \frac{EI_y}{l}$；在 $\bar{x}\bar{y}$ 平面内的抗弯刚度为 EI_x，线刚度 $i_x = \frac{EI_x}{l}$；杆件的抗扭刚度为 $\frac{GJ}{l}$。

空间梁单元的两端分别与结点 i 和 j 相联结。每一个结点有六各界点位移分量和六个结点力分量。在局部坐标系下空间梁单元的梁端位移列阵 $\{\bar{\delta}_e\}$ 和梁端力列阵 $\{\bar{F}_e\}$ 分别为

$$\{\bar{\delta}_e\}=\begin{bmatrix}\bar{u}_i & \bar{v}_i & \bar{w}_i & \bar{\theta}_{xi} & \bar{\theta}_{yi} & \bar{\theta}_{zi} & \vdots & \bar{u}_j & \bar{v}_j & \bar{w}_j & \bar{\theta}_{xj} & \bar{\theta}_{zj} & \bar{\theta}_{zj}\end{bmatrix}^T$$

$$\{\bar{F}_e\}=\begin{bmatrix}\bar{X}_i & \bar{Y}_i & \bar{Z}_i & \bar{M}_{xi} & \bar{M}_{yi} & \bar{M}_{zi} & \vdots & \bar{X}_j & \bar{Y}_j & \bar{Z}_j & \bar{M}_{xj} & \bar{M}_{yj} & \bar{M}_{zj}\end{bmatrix}^T$$

其中，$\bar{u}$ 为轴向位移，$\bar{v}$、$\bar{w}$ 为横向位移，$\bar{\theta}_x$ 为杆件的扭转角，$\bar{\theta}_y$、$\bar{\theta}_z$ 分别为绕 $\bar{y}$ 轴和 $\bar{z}$ 轴弯曲时的转角；$\bar{X}$ 为杆件单元的轴力，$\bar{Y}$、$\bar{Z}$ 分别为沿 $\bar{y}$ 轴和 $\bar{z}$ 轴作用的剪力，$\bar{M}_x$、$\bar{M}_y$、$\bar{M}_z$ 为作用在梁端的力偶矩。这里力偶矩和角位移的指向按照右手定则用双箭头表示；力和线位移的指向用单箭头表示。图3-3中所示的梁端力和梁端位移为正方向。

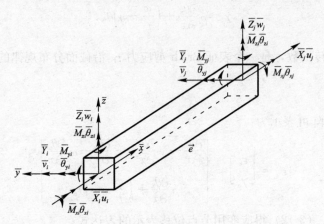

图 3-3　空间梁单元

当单元的梁端位移分量为任意值时，可以写出空间单元刚度方程，以矩阵表示为

$$\begin{Bmatrix}\bar{X}_i\\\bar{Y}_i\\\bar{Z}_i\\\bar{M}_{xi}\\\bar{M}_{yi}\\\bar{M}_{zi}\\\bar{X}_j\\\bar{Y}_j\\\bar{Z}_j\\\bar{M}_{xj}\\\bar{M}_{yj}\\\bar{M}_{zj}\end{Bmatrix}=\begin{bmatrix}\frac{EA}{l}&0&0&0&0&0&-\frac{EA}{l}&0&0&0&0&0\\0&\frac{12EI_z}{l^3}&0&0&0&\frac{6EI_z}{l^2}&0&-\frac{12EI_z}{l^3}&0&0&0&-\frac{6EI_z}{l^2}\\0&0&\frac{12EI_y}{l^3}&0&-\frac{6EI_y}{l^2}&0&0&0&-\frac{12EI_y}{l^3}&0&-\frac{6EI_y}{l^2}&0\\0&0&0&\frac{GJ}{l}&0&0&0&0&0&-\frac{GJ}{l}&0&0\\0&0&-\frac{6EI_y}{l^2}&0&\frac{4EI_y}{l}&0&0&0&\frac{6EI_y}{l^2}&0&\frac{2EI_y}{l}&0\\0&\frac{6EI_z}{l^2}&0&0&0&\frac{4EI_z}{l}&0&-\frac{6EI_z}{l^2}&0&0&0&\frac{2EI_z}{l}\\-\frac{EA}{l}&0&0&0&0&0&\frac{EA}{l}&0&0&0&0&0\\0&-\frac{12EI_z}{l^3}&0&0&0&-\frac{6EI_z}{l^2}&0&\frac{12EI_z}{l^3}&0&0&0&-\frac{6EI_z}{l^2}\\0&0&-\frac{12EI_y}{l^3}&0&\frac{6EI_y}{l^2}&0&0&0&\frac{12EI_y}{l^3}&0&\frac{6EI_y}{l^2}&0\\0&0&0&-\frac{GJ}{l}&0&0&0&0&0&\frac{GJ}{l}&0&0\\0&0&-\frac{6EI_y}{l^2}&0&\frac{2EI_y}{l}&0&0&0&\frac{6EI_y}{l^2}&0&\frac{4EI_y}{l}&0\\0&\frac{6EI_z}{l^2}&0&0&0&\frac{2EI_z}{l}&0&-\frac{6EI_z}{l^2}&0&0&0&\frac{4EI_z}{l}\end{bmatrix}\cdot\begin{Bmatrix}\bar{u}_i\\\bar{v}_i\\\bar{w}_i\\\bar{\theta}_{xi}\\\bar{\theta}_{yi}\\\bar{\theta}_{zi}\\\bar{u}_j\\\bar{v}_j\\\bar{w}_j\\\bar{\theta}_{xj}\\\bar{\theta}_{yj}\\\bar{\theta}_{zj}\end{Bmatrix}$$

用矩阵形式简写为：

$$\overline{F}_e = \overline{k}_e \, \boldsymbol{\delta}_e \tag{3-15}$$

其中，单元刚度矩阵是 12 阶方阵，其性质也与平面结构的类似，其具体显式形式为：

$$\overline{k}_e = \begin{bmatrix}
\dfrac{EA}{l} & 0 & 0 & 0 & 0 & 0 & -\dfrac{EA}{l} & 0 & 0 & 0 & 0 & 0 \\[2mm]
0 & \dfrac{12EI_z}{l^3} & 0 & 0 & 0 & \dfrac{6EI_z}{l^2} & 0 & -\dfrac{12EI_z}{l^3} & 0 & 0 & 0 & -\dfrac{6EI_z}{l^2} \\[2mm]
0 & 0 & \dfrac{12EI_y}{l^3} & 0 & -\dfrac{6EI_y}{l^2} & 0 & 0 & 0 & -\dfrac{12EI_y}{l^3} & 0 & -\dfrac{6EI_y}{l^2} & 0 \\[2mm]
0 & 0 & 0 & \dfrac{GJ}{l} & 0 & 0 & 0 & 0 & 0 & -\dfrac{GJ}{l} & 0 & 0 \\[2mm]
0 & 0 & -\dfrac{6EI_y}{l^2} & 0 & \dfrac{4EI_y}{l} & 0 & 0 & 0 & \dfrac{6EI_y}{l^2} & 0 & \dfrac{2EI_y}{l} & 0 \\[2mm]
0 & \dfrac{6EI_z}{l^2} & 0 & 0 & 0 & \dfrac{4EI_z}{l} & 0 & -\dfrac{6EI_z}{l^2} & 0 & 0 & 0 & \dfrac{2EI_z}{l} \\[2mm]
-\dfrac{EA}{l} & 0 & 0 & 0 & 0 & 0 & \dfrac{EA}{l} & 0 & 0 & 0 & 0 & 0 \\[2mm]
0 & -\dfrac{12EI_z}{l^3} & 0 & 0 & 0 & -\dfrac{6EI_z}{l^2} & 0 & \dfrac{12EI_z}{l^3} & 0 & 0 & 0 & -\dfrac{6EI_z}{l^2} \\[2mm]
0 & 0 & -\dfrac{12EI_y}{l^3} & 0 & \dfrac{6EI_y}{l^2} & 0 & 0 & 0 & \dfrac{12EI_y}{l^3} & 0 & \dfrac{6EI_y}{l^2} & 0 \\[2mm]
0 & 0 & 0 & -\dfrac{GJ}{l} & 0 & 0 & 0 & 0 & 0 & \dfrac{GJ}{l} & 0 & 0 \\[2mm]
0 & 0 & -\dfrac{6EI_y}{l^2} & 0 & \dfrac{2EI_y}{l} & 0 & 0 & 0 & \dfrac{6EI_y}{l^2} & 0 & \dfrac{4EI_y}{l} & 0 \\[2mm]
0 & \dfrac{6EI_z}{l^2} & 0 & 0 & 0 & \dfrac{2EI_z}{l} & 0 & -\dfrac{6EI_z}{l^2} & 0 & 0 & 0 & \dfrac{4EI_z}{l}
\end{bmatrix}$$

3.3.3 刚度矩阵的坐标变换

将局部坐标系下的单元刚度矩阵转换为整体坐标系下的单元刚度矩阵，是通过坐标转换矩阵完成的。首先考虑单元端点 i 的三个梁端力分量，在局部坐标系 $\overline{xyz}$ 中，它们是 $\overline{X}_i$、$\overline{Y}_i$、$\overline{Z}_i$；在整体坐标系 xyz 中，是 X_i、Y_i、Z_i 与 $\overline{X}_i$、$\overline{Y}_i$、$\overline{Z}_i$ 之间的关系。设 $\overline{x}$ 轴与 x、y、z 轴的夹角分别为 $\overline{x}x$、$\overline{x}y$、$\overline{x}z$（图 2-3），则 $\overline{x}$ 轴在 xyz 坐标系中的方向余弦为

$$l_{\overline{x}x} = \cos(\overline{x}, x)$$
$$l_{\overline{x}y} = \cos(\overline{x}, y)$$
$$l_{\overline{x}z} = \cos(\overline{x}, z)$$

将梁端力 X_i、Y_i、Z_i 在 $\overline{x}$ 轴上头英，可求得梁端力，

$$\overline{X}_i = X_i l_{\overline{x}x} + Y_i l_{\overline{x}y} + Z_i l_{\overline{x}z}$$

同理可得，

$$\overline{Y}_i = X_i l_{\overline{y}x} + Y_i l_{\overline{y}y} + Z_i l_{\overline{y}z}$$
$$\overline{Z}_i = X_i l_{\overline{z}x} + Y_i l_{\overline{z}y} + Z_i l_{\overline{z}z}$$

综合以上二式，

$$\begin{bmatrix} \overline{X}_i \\ \overline{Y}_i \\ \overline{Z}_i \end{bmatrix} = \begin{bmatrix} l_{\overline{x}x} & l_{\overline{x}y} & l_{\overline{x}z} \\ l_{\overline{y}x} & l_{\overline{y}y} & l_{\overline{y}z} \\ l_{\overline{z}x} & l_{\overline{z}y} & l_{\overline{z}z} \end{bmatrix} \begin{bmatrix} X_i \\ Y_i \\ Z_i \end{bmatrix} \tag{3-16}$$

这就是在端点 i 由整体坐标系中的梁端力 X_i、Y_i、Z_i 推算局部坐标系中梁端力 $\overline{X}_i$、$\overline{Y}_i$、$\overline{Z}_i$ 的转换关系式。其中，两个坐标系之间的转换矩阵表示为：

$$t = \begin{bmatrix} l_{\overline{x}x} & l_{\overline{x}y} & l_{\overline{x}z} \\ l_{\overline{y}x} & l_{\overline{y}y} & l_{\overline{y}z} \\ l_{\overline{z}x} & l_{\overline{z}y} & l_{\overline{z}z} \end{bmatrix}$$

参照上述方法，同样可以推出以 M_{xi}、M_{yi}、M_{zi} 表示 $M_{\overline{x}i}$、$M_{\overline{y}i}$、$M_{\overline{z}i}$，以 X_j、Y_j、Z_j 表示 $\overline{X}_j$、$\overline{Y}_j$、$\overline{Z}_j$，以 M_{xj}、M_{yj}、M_{zj} 表示 $M_{\overline{x}j}$、$M_{\overline{y}j}$、$M_{\overline{z}j}$ 的表达式，其转换矩阵也是 t。

综合以上分析，整体坐标系中的单元梁端力分量列阵 F^e 与局部坐标系中单元梁端力分量列阵 $\overline{F}^e$ 之间的关系，可用下时表达

$$\overline{F}_e = T_e F_e$$

同理，可导出整体坐标系与局部坐标系梁端位移之间的转换关系：

$$\overline{\delta}_e = \overline{T}_e \delta_e$$

在以上两式中，

$$T_e = \begin{bmatrix} t & 0 & 0 & 0 \\ 0 & t & 0 & 0 \\ 0 & 0 & t & 0 \\ 0 & 0 & 0 & t \end{bmatrix} \tag{3-17}$$

称为"单元坐标转换矩阵"；它是 12×12 阶矩阵，是一个正交矩阵，故有，

$$T_e^{-1} = T_e^T$$

在平面结构中，确定了单元的两个结点 i 和 j 的坐标，就确定了梁的位置。在空间结构中，仅仅确定两个端点的坐标还不能完全确定刚架杆件在空间的位置，因为相同的 ij 梁，其截面形心主轴仍可有不同的方向。为确定刚架杆件在空间的确切位置，还需要在梁轴线外再取一点 k，以确定其形心主轴的方向。

取结构的整体坐标系为 xyz，单元局部坐标系为 $\overline{xyz}$，$O\overline{y}$ 为杆件截面形心主轴之一，如图 2-4 所示。单元的位置由 i、j、k 三个点的坐标决定。这里 i 为单元起始结点号，j 为单元终点号，由 i、j 两点可确定 $O\overline{x}$ 的方向。k 点在单元所在的 $\overline{x}O\overline{y}$ 平面内，但又不在 $\overline{x}$ 轴上，如果刚架上找不到合适的点，可用一个假想的点代替。

以 i、j、k 三点在整体坐标系 xyz 中的坐标分别为 $(x_i、y_i、z_i)$、$(x_j、y_j、z_j)$、$(x_k、y_k、z_k)$，那么根据这三个点的坐标值可确定坐标系的关系矩阵 t 中的九个元素。t 中的第一行元素较容易确定，如图 2-4 可得：

$$l_{\overline{x}x} = \frac{x_j - x_i}{l} \left. \right\}$$

$$l_{\overline{x}y} = \frac{y_j - y_i}{l}$$

$$l_{\overline{x}z} = \frac{z_j - z_i}{l}$$

其中 l 为梁长，可按下式求得：

$$l = \sqrt{(x_j - x_i)^2 + (y_j - y_i)^2 + (z_j - z_i)^2}$$

设 i、j、k 分别为三个坐标轴方向的单位矢量，$\overline{Ox}$ 轴矢量 x 可表示为：

$$x = l_{\overline{x}x}i + l_{\overline{x}y}j + l_{\overline{x}z}k$$

因为 $\overline{Oz}$ 轴的矢量 z 与平面 ijk 垂直，所以有：

$$z = (\vec{ik}) \times (\vec{jk}) = \begin{vmatrix} i & j & k \\ x_k - x_i & y_k - y_i & z_k - z_i \\ x_k - x_j & y_k - y_j & z_k - z_j \end{vmatrix}$$

为后面的运算方便，可设：

$$YZ = \begin{vmatrix} y_k - y_i & z_k - z_i \\ y_k - y_j & z_k - z_j \end{vmatrix}$$

$$ZX = -\begin{vmatrix} x_k - x_i & z_k - z_i \\ x_k - x_j & z_k - z_j \end{vmatrix}$$

$$XY = \begin{vmatrix} x_k - x_i & y_k - y_i \\ x_k - x_j & y_k - y_j \end{vmatrix}$$

则有

$$Z = YZi + ZXj + XYk$$

$\overline{Oz}$ 轴的方向余弦为：

$$\left. \begin{array}{l} l_{\overline{x}x} = YZ/l_2 \\ l_{\overline{x}y} = ZX/l_2 \\ l_{\overline{x}z} = XY/l_2 \end{array} \right\}$$

式中

$$l_2 = \sqrt{(YZ)^2 + (ZX)^2 + (XY)^2}$$

由于 $\overline{Oy}$ 轴与 $\overline{Ox}$ 轴垂直，$\overline{Oy}$ 轴与 $\overline{Oz}$ 轴垂直，且 $\overline{Oy}$ 的方向余弦之和等于 1，于是有：

$$y \cdot x = 0$$
$$y \cdot (x \times \vec{ik}) = 0$$
$$l_{\overline{y}x}^2 + l_{\overline{y}y}^2 + l_{\overline{y}z}^2 = 1$$

以上三式可组成联立方程：

$$\left. \begin{array}{l} l_{\overline{y}x}l_{\overline{x}x} + l_{\overline{y}y}l_{\overline{x}y} + l_{\overline{y}z}l_{\overline{x}z} = 0 \\ \begin{vmatrix} l_{\overline{y}x} & l_{\overline{y}y} & l_{\overline{y}z} \\ l_{\overline{x}x} & l_{\overline{x}y} & l_{\overline{x}z} \\ x_k - x_i & y_k - y_i & z_k - z_i \end{vmatrix} = 0 \\ l_{\overline{y}x}^2 + l_{\overline{y}y}^2 + l_{\overline{y}z}^2 = 1 \end{array} \right\} \tag{3-18}$$

解式（3-18）的联立方程，可得：

$$\left. \begin{array}{l} l_{\overline{y}x} = S_1/l_3 \\ l_{\overline{y}y} = S_2/l_3 \\ l_{\overline{y}z} = S_3/l_3 \end{array} \right\}$$

式中，

$$S_1 = (1 - l_{\overline{x}x}^2)(x_k - x_i) - l_{\overline{x}x}l_{\overline{x}y}(y_k - y_i) - l_{\overline{x}x}l_{\overline{x}z}(z_k - z_i)$$

$$S_2 = -l_{\overline{x}y}l_{\overline{x}x}(x_k - x_i) + (1 - l_{\overline{x}y}^2)(y_k - y_i) - l_{\overline{x}y}l_{\overline{x}z}(z_k - z_i)$$

$$S_3 = -l_{\overline{x}z}l_{\overline{x}x}(x_k - x_i) - l_{\overline{x}x}l_{\overline{x}y}(y_k - y_i) + (1 - l_{\overline{x}z}^2)(z_k - z_i)$$

$$l_3 = \sqrt{S_1^2 + S_2^2 + S_3^2}$$

由此，便可确定坐标关系矩阵 T。将以上各式化简整理后，可得空间刚架杆件单元整体坐标系中的单元刚度方程，

$$\boldsymbol{F}_e = \boldsymbol{T}_e^T \overline{\boldsymbol{k}}_e \boldsymbol{T}_e \boldsymbol{\delta}_e \tag{3-19}$$

设

$$\boldsymbol{k}_e = \boldsymbol{T}_e^T \overline{\boldsymbol{k}}_e \boldsymbol{T}_e$$

则

$$\boldsymbol{F}_e = \boldsymbol{k}_e \boldsymbol{\delta}_e \tag{3-20}$$

$\boldsymbol{k}_e$ 为空间单元在整体坐标系中的单元刚度矩阵，$\boldsymbol{T}$ 为两种坐标系的单元刚度矩阵的转换关系式。

3.4 非线性空间梁单元

3.4.1 几何非线性梁单元

3.4.1.1 变形规律的基本假定

空间杆系结构的非线性分析中关于梁单元变形规律的基本假定为：

(1) 薄壁杆件在受力变形过程中，其横截面的形状始终保持不变，即横截面形状不变假设，或称刚性周边假定；

(2) 杆件初始形态为直杆；

(3) 在变形期间，杆件可经受大位移、大转角、小应变；

(4) 忽略截面纵向剪切变形的影响；

(5) 假定薄壁杆件截面不发生剪滞和畸变两种变形形式。

3.4.1.2 基本变形规律的描述

空间梁单元的各种基本截面变形规律，可通过梁元的截面变形来表达，各种变形形式如图 3-4 所示。

(1) 轴向变形

空间梁单元在一对作用线与杆轴线重合的外力作用下，主要的变形是长度的改变，整个截面沿空间梁单元轴向发生均匀的变形，如图 3-4a 所示，空间梁单元截面上任一点的轴向变形可表示为

$$u = u_x \tag{3-21}$$

(2) 双向弯曲变形

空间梁单元在一对转向相反作用在杆的纵向平面内的外力偶作用下，梁单元的相邻两

横截面将绕垂直与杆轴线的轴发生相对转动，如图 3-4b，c 所示，变形后的梁单元轴线将弯成曲线，梁单元截面上任一点将产生横向挠度和截面转角，可分别表示为

$$v=v(x) \qquad \theta_s=v'=v'(x) \tag{3-22a}$$

$$w=w(x) \qquad \theta_y=w'=w'(x) \tag{3-22b}$$

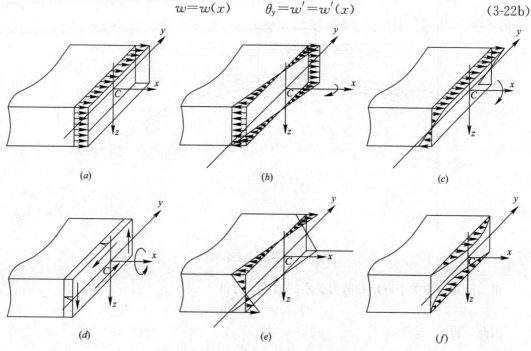

图 3-4 空间梁截面的基本变形形式

(a) 拉伸；(b) 水平弯曲；(c) 竖向弯曲；(d) 扭转；(e) 扭翘；(f) 剪滞

(3) 自由扭转变形

空间梁单元在一对转向相反作用在垂直于杆件轴线的两平面内的外力偶作用下，相邻横截面将绕轴线发生相对转动，如图 3-4d 所示，梁单元的纵向纤维将变成螺旋线，而梁单元轴线仍维持直线，单元截面上任一点扭转角可简单表示为

$$\theta_x = \theta_x(x) \tag{3-23}$$

(4) 横向剪切变形

当梁截面高度相对于其跨度之比较大时，如果忽略横向剪切变形的影响，将产生比较大的误差结果。梁在横向荷载作用下所产生的剪切变形将引起梁的附加挠度，并使原来垂直于中面的截面变形后不再和中面垂直，从而引起梁的附加轴向位移。为此，需对空间梁单元横向剪切变形做适当描述。

剪切变形对于轴向位移的影响是通过剪切角引起挠度的变化，进而引起轴向位移的变化来体现的。为此分析截面转角和梁挠曲线斜率之间的关系，如图 3-5 所示。

根据梁的弯曲微分方程，可得以下公式

$$\frac{1}{\rho} = -\frac{v''}{(1+v'^2)^{\frac{3}{2}}} = \frac{M(x)}{EI} \tag{3-24}$$

对式（3-24）求一阶导数得

$$\left(-\frac{v''}{(1+v'^2)^{\frac{3}{2}}}\right)' = M'(x)\frac{1}{EI}$$

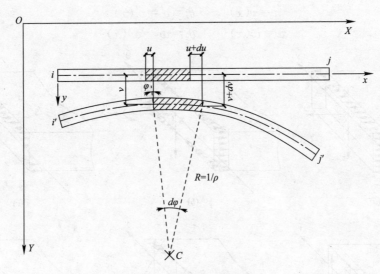

图 3-5　平面梁截面转角图

根据梁理论中关于弯矩和剪力关系的描述，可得

$$Q(x) = M'(x)$$

因此，得

$$Q(x) = \left(-\frac{v''}{(1+v'^2)^{\frac{3}{2}}}\right)' EI$$

由整个截面上剪应力求和得其合力为

$$Q(x) = \int_A \tau \, dA = \int_A G\gamma \, dA = G\int_A (v' - \theta_z) dA = GA_s(v' - \theta_z)$$

上式中 θ_z 为截面转角，γ 为剪切应变，v' 为挠曲线斜率。

将以上两个式子合并，可得

$$\left(-\frac{v''}{(1+v'^2)^{\frac{3}{2}}}\right)' EI = G \cdot \frac{A}{\beta}(v' - \theta_z)$$

式中 β 为考虑剪切变形的截面修正系数。

$$\theta_z = v' + \left(\frac{v''}{(1+v'^2)^{\frac{3}{2}}}\right)' \phi_y \frac{l^2}{12} \tag{3-25}$$

式中

$$\phi_y = \frac{12\beta EI_z}{GAl^2}$$

式（3-25）表示了空间梁单元的截面转角与挠曲线斜率之间的数值关系。同理可得另一弯曲变形方向的截面转角与横向挠度之间的关系。

(5) 截面翘曲变形

关于薄壁杆件中翘曲变形的计算问题，如图 3-4e 所示，伏拉索夫等学者已在"刚性周边"假定的基础上建立了实用计算理论。在该理论中，用双力矩表达引起翘曲变形的力因素，巧妙地把翘曲变形的计算和平面变形的计算和谐地衔接成整体，为翘曲变形的实用计算方法开拓了一条新道路。在经典的薄壁杆件约束扭转理论中，假设杆件内的翘曲分布规律与自由扭转相同，即

$$u_\omega(s,x) = -\omega(s)\theta'_x \tag{3-26}$$

式中，ω 为扇性坐标，θ'_x 为扭率。经典理论忽略了二次剪应力对翘曲的影响。Kollbrunner 和 Hajdin 等人对翘曲分布作了新的假设，引进一个表征翘曲沿杆长分布的翘曲函数 θ_ω 来代替扭率 θ'_x，用以计及二次剪应力对翘曲的影响，于是有

$$u_\omega(s,x) = -\omega(s)\theta_\omega \tag{3-27}$$

这一做法使薄壁杆件约束扭转理论得到了改进。我国学者胡毓仁、陈伯真首次引用这一理论导出了翘曲角与扭率之间的数值关系式。

根据薄壁杆件约束扭转时的剪应力公式

$$\tau = G\gamma = G\rho\theta'_x + G\left(\frac{\varphi}{t} - \rho\right)\theta_\omega \tag{3-28}$$

式中，ρ 为该点切线至扭心的距离，t 为截面厚度。φ 为扭转函数，是一个表征 Bredt 剪应力 τ_B 沿截面分布规律的量，它仅由剖面的几何形状决定。

$$\varphi = \frac{\tau_B t}{G\theta'_x} \tag{3-29}$$

可得整个剖面上剪应力对扭心的合成力矩为

$$\begin{aligned}
M &= \int_A \tau\rho \mathrm{d}A = \int_A G\left(\rho\theta'_x + \left(\frac{\varphi}{t} - \rho\right)\theta_\omega\right)\rho \mathrm{d}A \\
&= G\left\{\left(\int_A \frac{\varphi}{t}\rho \mathrm{d}A\right)\theta'_x + \left[\int_A \left(\frac{\varphi}{t} - \rho\right)\rho \mathrm{d}A\right](\theta_\omega - \theta'_x)\right\} \\
&= G\{J_B\theta'_x - (I_P - J_B)(\theta_\omega - \theta'_x)\}
\end{aligned} \tag{3-30}$$

式中，

$$J_B = \int_A \frac{\varphi^2}{t^2}\mathrm{d}A$$

为与 Bredt 剪应力对应的扭转惯性矩。

$$I_P = \int_A \rho^2 \mathrm{d}A$$

为对扭心的极惯性矩。

另根据 St.Venant 扭转理论，剖面上还应有沿壁厚线性分布的剪应力 τ_s 存在，τ_s 合成的扭矩为

$$M_s = GJ_s\theta'_x \tag{3-31}$$

式中

$$J_s = \frac{1}{3}\int_A t^2 \mathrm{d}A$$

为与 St. Venant 剪应力对应的扭转惯性矩。

将式（3-30）和式（3-31）相加，得剖面上总扭矩为

$$M = G\{J\theta'_x - (I_p - J_B)(\theta_\omega - \theta'_x)\} \tag{3-32}$$

式中

$$J = J_B + J_s$$

由式（3-32）可得

$$\theta_\omega = \frac{1}{\mu_1}\theta_x' - \frac{1}{\mu_2}\frac{M}{GI_P} \tag{3-33}$$

式中

$$\mu_1 = 1 - \frac{J}{I_P + J_s}, \quad \mu_2 = 1 - \frac{J_B}{I_P}$$

另一方面，根据薄壁杆件约束扭转理论，又有

$$M = GJ\theta_x' - EI_\omega\theta_\omega'' \tag{3-34}$$

将式（3-34）代入式（3-33）可得

$$\theta_\omega = \left(\frac{1}{\mu_1} - \frac{1}{\mu_2}\frac{J}{I_P}\right)\theta_x' + \frac{1}{\mu_2}\frac{EI_\omega}{GI_P}\theta_\omega'' = \theta_x' + \frac{1}{\mu_2}\frac{EI_\omega}{GI_P}\theta_\omega'' \tag{3-35}$$

再将（3-33）式对 x 求导两次后代入式（3-35），即得

$$\theta_\omega = \theta_x' + \lambda\theta_x''' + \frac{\mu_1}{\mu_2}\frac{\lambda m'}{GI_P} \tag{3-36}$$

式中

$$\lambda = \frac{1}{\mu_1\mu_2}\frac{EI_\omega}{GI_P}$$

当 $m' = 0$ 时，θ_ω 与 θ_x 的关系为：

$$\theta_\omega = \theta_x' + \lambda\theta_x''' \tag{3-37}$$

上式表明了空间梁单元中的扭率与翘曲角之间关系，只要选取适当的扭角位移便可得出翘曲变形。

(6) 截面剪滞变形

按初等梁理论，翼缘板上的正应力沿宽度方向是均匀分布的。实际上，梁肋弯曲时，翼板上的正应力是靠剪应力来传递的。剪切变形将使离梁肋愈远其正应力愈小，其间存在着传力滞后的现象，它与初等梁理论的正应力的分布不同，称为剪滞效应，如图 3-4（f）所示。这种效应对宽翼缘梁不能忽略。设上下翼板的剪滞翘曲位移函数为 $g(y, z)$，而 $v_s(x)$ 是剪滞翘曲位移，是一个广义位移，则剪滞引起的截面上任一点的轴向位移为

$$u(x, y, z) = g(y, z)v_s(x) \tag{3-38}$$

(7) 截面畸变变形

空间梁单元的畸变是在截面不变的弯曲和扭转变形基础上附加的变形，因而其截面应力为自平衡力系。如图 3-6 所示。若杆件上该微段有一力偶矩 qb 作用，则就有与其平衡的畸变反力偶矩 ph。考虑到两向自平衡力偶矩做功相等而截面不转动，则 y 与 z 轴必有相等相反的畸变转角 θ，截面的畸变角可表示为

$$\gamma = 2\theta \tag{3-39}$$

3.4.1.3 截面变形的耦合效应

(1) 截面上任一点轴向变形的耦合

传统的空间杆件的计算是考虑杆件的各种基本变形规律的线性组合而进行的。忽略了薄壁杆件的截面翘曲变形和杆件各种基本变形规律之间的耦合效应。考虑这些因素的耦合

影响时，杆件截面上任一点的轴向位移可表示为

$$u = u_x + u_{by} + u_{bz} + u_\omega = u_x - y\theta_z - z\theta_y - \omega\theta_\omega \tag{3-40}$$

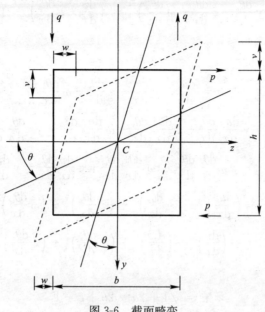

图 3-6　截面畸变

式中，u_x 表示单向拉伸引起的轴向变形；u_{by} 和 u_{bz} 表示双向弯曲和横向剪切变形引起的轴向变形；u_ω 表示截面翘曲引起的轴向变形。

（2）截面上任一点横向位移的耦合

考虑扭转对杆件横向位移的影响，则杆件截面任一点的横向位移为

$$v = v(x) - z\theta_x \tag{3-41a}$$

$$w = w(x) + y\theta_x \tag{3-41b}$$

3.4.1.4　梁单元应变的描述

（1）轴向应变

在开始物形 $\boldsymbol{\Omega}_0$ 中初始长度为 $\mathrm{d}x$ 的微元，在荷载作用下产生变形，变形后微元两端产生了相对位移 $\mathrm{d}u, \mathrm{d}v, \mathrm{d}w$，在现时物形 $\boldsymbol{\Omega}_t$ 中长度则变为 $\mathrm{d}x'$

$$\mathrm{d}x' = \sqrt{(\mathrm{d}x + \mathrm{d}u)^2 + \mathrm{d}v^2 + \mathrm{d}w^2} \tag{3-42}$$

微元的变形增量根据式（3-40）（3-41a）（3-41b）可得

$$\mathrm{d}u = \mathrm{d}u_x - y\mathrm{d}\theta_z - z\mathrm{d}\theta_y - \omega\mathrm{d}\theta_\omega \tag{3-43a}$$

$$\mathrm{d}v = \mathrm{d}v(x) - z\mathrm{d}\theta_x \tag{3-43b}$$

$$\mathrm{d}w = \mathrm{d}w(x) + y\mathrm{d}\theta_x \tag{3-43c}$$

微元正应变表达式为：

$$\varepsilon = \frac{\mathrm{d}x' - \mathrm{d}x}{\mathrm{d}x} = \frac{\mathrm{d}x'}{\mathrm{d}x} - 1 \tag{3-44}$$

上式整理以后，得

$$\varepsilon = \sqrt{\frac{(dx+du)^2+dv^2+dw^2}{dx^2}}-1 = \sqrt{\left(1+\frac{du}{dx}\right)^2+\left(\frac{dv}{dx}\right)^2+\left(\frac{dw}{dx}\right)^2}-1$$

$$= \sqrt{\left[1+\left(\frac{du_x}{dx}-y\frac{d\theta_z}{dx}-z\frac{d\theta_y}{dx}-\omega\frac{d\theta_\omega}{dx}\right)\right]^2+\left(\frac{dv}{dx}-z\frac{d\theta_x}{dx}\right)^2+\left(\frac{dw}{dx}+y\frac{d\theta_x}{dx}\right)^2}-1$$

(3-45)

上式中令：

$$a = \frac{du_x}{dx}-y\frac{d\theta_z}{dx}-z\frac{d\theta_y}{dx}-\omega\frac{d\theta_\omega}{dx} \tag{3-46a}$$

$$b = y\frac{du_x}{dx}\frac{d\theta_z}{dx}+z\frac{du_x}{dx}\frac{d\theta_y}{dx}+\omega\frac{du_x}{dx}\frac{d\theta_\omega}{dx}-yz\frac{d\theta_z}{dx}\frac{d\theta_y}{dx}$$

$$-y\omega\frac{d\theta_z}{dx}\frac{d\theta_\omega}{dx}-z\omega\frac{d\theta_y}{dx}\frac{d\theta_\omega}{dx}+z\frac{dv}{dx}\frac{d\theta_x}{dx}-y\frac{dw}{dx}\frac{d\theta_x}{dx} \tag{3-46b}$$

$$c = \left(\frac{du_x}{dx}\right)^2+\left(y\frac{d\theta_z}{dx}\right)^2+\left(z\frac{d\theta_y}{dx}\right)^2+\left(\omega\frac{d\theta_\omega}{dx}\right)^2$$

$$+\left(\frac{dv}{dx}\right)^2+\left(\frac{dw}{dx}\right)^2+\left(y\frac{d\theta_x}{dx}\right)^2+\left(z\frac{d\theta_x}{dx}\right)^2 \tag{3-46c}$$

则式（3-45）可表示为

$$\varepsilon = \sqrt{1+2a-2b+c}-1$$

将上式所示的应变表达式按 Taylor 级数展开，并略去应变表达式中五阶量以上的高阶项，得杆件的应变表达式为：

$$\varepsilon = a-b+\frac{c}{2}-\frac{a^2}{2}+ab-\frac{1}{2}ac+\frac{a^3}{2}+\frac{3}{4}a^2c-\frac{3}{2}a^2b-\frac{1}{2}b^2-\frac{c^2}{8}-\frac{5}{8}a^4+\frac{1}{2}bc$$

从上式可以看出，应变由线性应变和非线性应变两部分组成：

$$\varepsilon = \varepsilon_L + \varepsilon_{NL} \tag{3-47}$$

线性应变项可表达为

$$\varepsilon_L = a = \frac{du}{dx} = \frac{du_x}{dx}-y\frac{d\theta_z}{dx}-z\frac{d\theta_y}{dx}-\omega\frac{d\theta_\omega}{dx} \tag{3-48}$$

非线性应变的二次项为

$$\varepsilon_{NL} = -b+\frac{c}{2}-\frac{a^2}{2} = \frac{1}{2}\left(\frac{dv}{dx}\right)^2+\frac{1}{2}\left(\frac{dw}{dx}\right)^2+\frac{1}{2}\left(\rho\frac{d\theta_x}{dx}\right)^2 \tag{3-49}$$

(2) 剪切应变

a. 横向荷载引起的剪切应变

由横向荷载和扭转变形引起的剪切应变为

$$\gamma_{xy} = \frac{dv}{dx}-\theta_z \tag{3-50a}$$

$$\gamma_{xz} = \frac{dw}{dx}-\theta_y \tag{3-50b}$$

b. 翘曲引起的剪切应变

由翘曲引起的剪切应变为

$$\gamma_\rho = \left(\frac{\varphi}{t}-\rho\right)\theta_\omega \tag{3-50c}$$

上述关于应变的描述是基于小应变假设，大变形下条件下杆件的应变由更复杂的高阶项组成，表示为增量形式为

$$\Delta\varepsilon_{xx}^{p} = \left(\frac{\partial\Delta u}{\partial x}\right)_{L} + \frac{1}{2}\left[\left(\frac{\partial\Delta u}{\partial x}\right)^{2} + \left(\frac{\partial\Delta v}{\partial x}\right)^{2} + \left(\frac{\partial\Delta w}{\partial x}\right)^{2}\right]_{N} \tag{3-51a}$$

$$\Delta\gamma_{xz}^{p} = \frac{1}{2}\left(\frac{\partial\Delta u}{\partial z} + \frac{\partial\Delta w}{\partial x}\right)_{L} + \frac{1}{2}\left[\left(\frac{\partial\Delta u}{\partial x}\right)\left(\frac{\partial\Delta u}{\partial z}\right) + \left(\frac{\partial\Delta v}{\partial x}\right)\left(\frac{\partial\Delta v}{\partial z}\right) + \left(\frac{\partial\Delta w}{\partial x}\right)\left(\frac{\partial\Delta w}{\partial z}\right)\right]_{N}$$
$$\tag{3-51b}$$

$$\Delta\gamma_{xy}^{p} = \frac{1}{2}\left(\frac{\partial\Delta u}{\partial y} + \frac{\partial\Delta v}{\partial x}\right)_{L} + \frac{1}{2}\left[\left(\frac{\partial\Delta u}{\partial x}\right)\left(\frac{\partial\Delta u}{\partial y}\right) + \left(\frac{\partial\Delta v}{\partial x}\right)\left(\frac{\partial\Delta v}{\partial y}\right) + \left(\frac{\partial\Delta w}{\partial x}\right)\left(\frac{\partial\Delta w}{\partial y}\right)\right]_{N} \tag{3-51c}$$

3.4.2　材料非线性梁单元

3.4.2.1　基本假定：

从宏观角度研究塑性变形规律，一般采用以下关于材料性质的基本假定：

（1）材料是各向同性、均质、连续的。

（2）静水压力不影响塑性变形而只产生弹性的体积变化。

（3）拉伸与压缩时的屈服应力相等，应力应变曲线相同，不计包辛格（Bauschinger）效应。

（4）略去变形速度、温度等因素对应力应变关系的影响，也略去回弹、蠕变等时间效应。

基于以上假设，可以建立起理想化的材料模型。

3.4.2.2　本构关系

关于材料力学性质的研究，一般采用的方法是从实验或经验中观察到的特性出发，基于某些理论和基本假设的前提下，找出描述连续介质力学性质的数学表达式，称为本构方程或本构关系。但这些数学表达式仅是强调了介质在某些方面的性态，因此本构方程不过是表述介质真实本构关系的一种理想化的模型，一般分为弹性本构和非弹性本构。

（1）弹性本构关系

物体在外部荷载作用下将产生变形和应力。在应力不是很大的情况下，当外部作用卸除后，变形与应力也随之消失，变形的这种可恢复性叫作弹性，任何真实介质都或多或少地具有弹性。理想的弹性介质是在外部作用下物体内各点的应变与应力之间存在着一一对应的关系。弹性介质对外部作用的反应显然是与变形路径或应力路径无关的，也就是说，不论过去的历史怎样，只要积累到当前的变形，介质的应力是相同的。而且在卸除引起变形和应力的外部作用之后，介质会恢复到初始状态。此外，对弹性介质而言，应力和变形都是瞬时发生的，在应力变化和应变变化之间没有时间上的依赖关系。

弹性介质的本构关系可表示为

$$\tau_{ij} = D_{ijkl}e_{kl} \tag{3-52}$$

上式中，D_{ijkl}为现时构形的材料性质张量。如果四阶材料张量D_{ijkl}是应变张量e_{kl}的函数，则为非线性弹性；如果D_{ijkl}是常数张量，则是线性弹性。小变形条件下，τ_{ij}和e_{ij}分别退化为通常的工程应力σ_{ij}和无限小应变ε_{ij}，式（3-52）就退化为胡克定律。

对于弹性介质而言，材料的性质是一个关于应变或应力的状态函数，与变形历史无关。

（2）弹塑性本构关系

从图 3-7 所示的两类单轴拉伸应力应变曲线上，可以观察到弹塑性材料的某些特性。从自然状态出发，存在一个屈服极限 $\boldsymbol{\sigma}_s$，即图中的 A 点，低于这个屈服极限时，应力应变呈线性关系。超过这个极限时，例如到 B 点时，应力与应变之间不但不是线性关系，而且在卸载外部作用后，变形仅部分地恢复，另一部分作为塑性变形被保留下来。因此应力应变之间不再像非线性弹性那样是单值对应的，应力和应变与变形的历史有关，称为历史相关性和路径相关性。随着塑性变形的出现和发展，材料对外部作用的反应也不同，例如具有塑性变形的试件重新加载时，到达 B 点之后才开始出现新的塑性变形，这种屈服极限提高的现象叫作强化，如图 3-7（a）；随着塑性变形的发展屈服极限降低的现象叫作软化，如图 3-7a；而随着塑性变形的发展，屈服极限保持常数的性质叫作理想塑性，如图 3-7（b）。弹塑性材料的历史相关性，以及加载和卸载时材料服从不同的规律的特性，使得本构方程的表述比非线性弹性情况复杂得多。

在物质描述中，本构方程一般表达式可以用格林应变的物质导数和克希霍夫应力的物质导数给出

$$\dot{S}_{ij} = D_{ijkl}^{\text{ep}} \dot{E}_{kl} \tag{3-53}$$

为建立一般应力状态下弹塑性的本构方程的具体表示形式，需要首先论述单向应力状态下的应力应变关系，进而推广得出一般应力状态下弹塑性的应力应变关系。

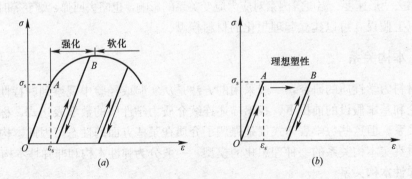

图 3-7　弹塑性材料的本构关系

3.4.2.3　单向应力与应变关系

材料单向应力与应变关系的建立是通过对试验数据的拟合而得到的。但由于材料在屈服以后的非线性特性使问题很复杂，仍需对应力应变曲线做某种简化，以简单的数学形式表达出来，便于工程应用。常用的拟合模型有多项式模型、幂函数模型、指数函数模型和分段线性化模型等。目前，对金属材料等延性材料的本构方程有以下几种简化形式。

（1）理想弹塑性模型

理想弹塑性模型是忽略材料的应变强化，假定屈服极限随塑性变形的发展而保持常数的简化本构模型，如图 3-7b 所示，可表示为

$$|\sigma| < \sigma_s, \quad \varepsilon = \frac{\sigma}{E} \tag{3-54a}$$

$$|\sigma| = \sigma_s, \quad \varepsilon = \frac{\sigma}{E} + \lambda \cdot \text{sign}(\sigma) \tag{3-54b}$$

上式中，当 $\lambda > 0$ 时，$\text{sign}(\sigma) = 1$；当 $\lambda = 0$ 时，$\text{sign}(\sigma) = 0$；当 $\lambda < 0$ 时，$\text{sign}(\sigma) = -1$。

（2）线性强化模型

线性强化模型根据不同的假设可分为单支线性强化模型和多支线性强化模型，分别如图 3-8（a），（b）所示。对单支线性强化模型可表示为

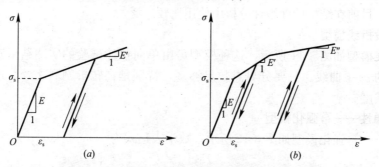

图 3-8　线性强化本构模型

$$|\sigma| \leqslant \sigma_s \quad \varepsilon = \frac{\sigma}{E} \tag{3-55a}$$

$$|\sigma| > \sigma_s \quad \varepsilon = \frac{\sigma}{E} + (|\sigma| - \sigma_s)\left(\frac{1}{E'} - \frac{1}{E}\right)\text{sign}(\sigma) \tag{3-55b}$$

定义 $H' = \dfrac{E - E'}{E}$ 为强化参数。

（3）幂硬化模型

幂硬化模型如图 3-9 所示，数学表达式为：

$$\sigma = \sigma_s\left(\frac{\varepsilon}{\varepsilon_s}\right)^n \tag{3-56}$$

其中 $n(0 < n < 1)$ 为强化系数，$n = 1$ 时，$\sigma = E \cdot \varepsilon$；$n = 0$ 时，$\sigma = \sigma_s$。

幂次模型的近似性不好，特别是应变为零时斜率为无穷大，但在数学处理上比较方便。

（4）带过渡曲线段的模型

两段直线间由过渡曲线相连的本构模型如图 3-10 所示，数学表达式为

$$\sigma = \sigma_s - E' \cdot (\varepsilon_s - \varepsilon) - (E'' - E')\frac{(\varepsilon_s - \varepsilon)^n}{(\varepsilon_s - \varepsilon_e)^{n-1}} \tag{3-57}$$

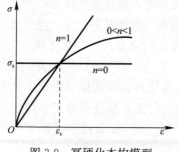

图 3-9　幂硬化本构模型

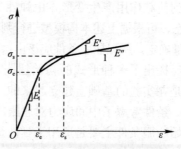

图 3-10　带过渡曲线段本构模型

上式中，$n=\dfrac{E-E'}{E''-E'}$ 为强化系数。

（5）兰伯-奥斯古（Ramburg-Osgood）模型

兰伯-奥斯古模型的数学表达式为

$$\varepsilon_p = \frac{1.1\sigma_s}{mE}\left[\left(\frac{\sigma}{1.1\sigma_s}\right)^m - \left(\frac{1}{1.1}\right)^m\right] \tag{3-58}$$

上式中 ε_p 为塑性应变，m 为塑性指数，对铝合金材料可取为 10。该表达式给出了应力和塑性应变之间的关系，它可以直接应用于塑性增量理论的计算之中，使用方便，也有足够的精度，目前在结构的弹塑性分析中使用比较广泛。

（6）分段折线模型

分段折线模型如图 3-11 所示，这种模型可由单向拉伸试验的实测结果直接给出，最能逼近真实的 $\sigma\sim\varepsilon$ 曲线。只要分界点数足够多，特别是在转折剧烈之处，这种模型可以达到很高的精度。

（7）线弹性——幂强化模型

线弹性——幂强化模型如图 3-12 所示，数学表达式为

$$\sigma = \begin{cases} E_1\varepsilon & |\varepsilon| \leqslant \varepsilon_s \\ \text{sign}(\varepsilon)[\sigma_s + E_2(|\varepsilon|-\varepsilon_s)^n] & |\varepsilon| > \varepsilon_s \end{cases} \tag{3-59}$$

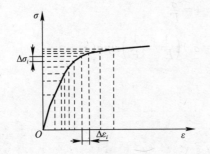
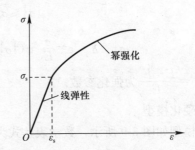

图 3-11　分段折线本构模型　　　　图 3-12　线弹性-幂强化本构模型

上式中，E_1 和 E_2 为材料常数，n 为强化系数，介于 0 和 1 之间。

线弹性——幂强化本构模型具有较好的通用性。若 $\sigma_s=\infty$，则为单一的"线弹性"模型；若 $\sigma_s=0$，则应力应变关系为单纯的"幂指数"形式；若 $n=1$，则应力应变关系为线性强化弹塑性模型；若 $E_2=0$，则为理想弹塑性模型。

3.4.2.4　屈服条件

物体受到荷载作用产生变形，由弹性变形状态进入塑性变形状态称为初始屈服。对于单向应力状态，可根据上述本构模型进行判定，但在一般情况下，任一点应力状态由六个独立的应力分量确定，所以屈服条件应该由这六个独立的应力分量以及材料的性质来确定。

目前已经提出了多种形式的初始屈服条件，但应用较多的是 Tresca 条件和 Mises 条件。它们都是在实验的基础上建立起来的。Tresca 条件说明屈服只决定于最小和最大主应力，而 Mises 条件考虑了中间应力对屈服的影响，但两者都没有考虑平均应力对屈服的影响。两个初始屈服条件主要是适用于延性金属材料。Mises 条件不需要事先判定三个主应力的次序，给结构分析带来很大方便。

Tresca 屈服条件可叙述为：当最大剪应力达到材料所固有的某一定数值时，材料开始进入塑性状态，即开始屈服。这个条件也称为最大剪应力条件。可以写为

$$\tau_{max} = \frac{1}{2}k \tag{3-60}$$

Mises 屈服条件可叙述为：当某点的应力强度达到一定数值，材料开始进入塑性状态。这个数值是与材料有关的量，可以通过简单拉伸或纯剪切等简单试验来加以确定。这个条件也称为应力强度不变条件。即

$$\sigma_i = k \tag{3-61}$$

应力强度用主应力表示为

$$\sigma_i = \frac{1}{\sqrt{2}}\sqrt{(\sigma_1-\sigma_2)^2+(\sigma_2-\sigma_3)^2+(\sigma_3-\sigma_1)^2} \tag{3-62a}$$

应力强度用应力分量表示为

$$\sigma_i = \frac{1}{\sqrt{2}}\sqrt{(\sigma_x-\sigma_y)^2+(\sigma_y-\sigma_z)^2+(\sigma_z-\sigma_x)^2+6(\tau_{xy}^2+\tau_{yz}^2+\tau_{zx}^2)} \tag{3-62b}$$

应力强度用应力偏量表示为

$$\sigma_i = \sqrt{\frac{3}{2}}\sqrt{S_x^2+S_y^2+S_z^2+2(\tau_{xy}^2+\tau_{yz}^2+\tau_{zx}^2)} = \sqrt{\frac{3}{2}}\sqrt{S_{ij}S_{ij}} \tag{3-62c}$$

在简单加载情况下，满足上式则为塑性状态，否则为弹性状态。当复杂加载或有卸载情况出现时，尚需采用加载准则及继续屈服条件进行判断，即加载时满足继续屈服条件按塑性计算，不满足按弹性计算；而卸载时完全按弹性进行计算。

采用相当应变表示的屈服条件为

$$\varepsilon_i = \frac{1}{\sqrt{2}(1+\mu)}\sqrt{(\varepsilon_x-\varepsilon_y)^2+(\varepsilon_y-\varepsilon_z)^2+(\varepsilon_z-\varepsilon_x)^2+\frac{3}{2}(\gamma_{xy}^2+\gamma_{yz}^2+\gamma_{zx}^2)} \leqslant \varepsilon_s = \frac{\sigma_s}{E} \tag{3-63}$$

3.4.2.5 硬化规律

屈服条件解决了从无应力状态加载时的初始屈服问题，当初始屈服发生后，再继续加载，或卸载后又重新加载时，屈服条件会发生变化，称为后继屈服点或硬化点。与初始屈服点不同，它在应力——应变曲线上的位置不是固定的，而是依赖于塑性变形的过程即塑性变形的大小和历史的。理想塑性材料，后继屈服面是和初始屈服面重合的，但对于硬化材料，后继屈服面是不断变化的。加载面的数学表达式可写为：

$$f(\sigma_{ij},\varepsilon_{ij},K) = 0 \tag{3-64}$$

上式中，K 为体现塑性变形大小及其历史的参数，称为硬化参数。

对于等向硬化模型，不计静水应力的影响和不考虑包辛格（Bauschinger）效应，假定后继屈服面在应力空间中的形状和中心位置保持不变，但随着塑性变形的增加，而逐渐等向地扩大。对米塞斯（Mises）屈服条件，在 π 平面上就是一系列的同心圆，则相应的等向硬化条件可表示为：

$$f = \sigma_i - K(k) = 0 \tag{3-65}$$

随着塑性变形的发展和硬化程度的增加，$K(k)$ 从初始值 σ_s 按一定的函数关系递增。关于这种关系有多种表示。

一种假设是：硬化程度只是总塑性功的函数，而与应变路径无关。根据这一假设，硬化条件可以写为

$$\sigma_i = F(W_p) \quad 或 \quad K = k\left(\int dW_p\right) \tag{3-66}$$

上式中 W_p 是在某一有限变形过程中花费在单位体积上的总塑性功，即塑性比功。

$$dW_p = \sigma_{ij} d\varepsilon_{ij}^p$$

另一个关于 $K(k)$ 关系的假设是定义一个量度塑性变形的量，用它来量度硬化程度。为此，根据应变强度定义，即

$$\varepsilon_i = \sqrt{\frac{2}{3}}\sqrt{e_x^2 + e_y^2 + e_z^2 + \frac{1}{2}(\gamma_{xy}^2 + \gamma_{yz}^2 + \gamma_{zx}^2)}$$

上式中 e 为应变偏张量。

考虑到塑性的不可压缩性有 $d\varepsilon_m^p = 0$，则 $d\varepsilon_x^p = d\varepsilon_x^p$，定义塑性应变增量强度为

$$d\varepsilon_i^p = \sqrt{\frac{2}{3}}\sqrt{d\varepsilon_x^{p2} + d\varepsilon_y^{p2} + d\varepsilon_z^{p2} + \frac{1}{2}(d\gamma_{xy}^{p2} + d\gamma_{yz}^{p2} + d\gamma_{zx}^{p2})} = \sqrt{\frac{2}{3}}\sqrt{d\varepsilon_{ij}^p d\varepsilon_{ij}^p}$$

根据这一假设，硬化条件可以写成

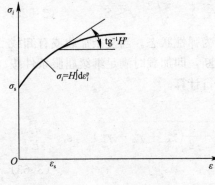

$$\sigma_i = H\left(\int d\varepsilon_i^p\right) \tag{3-67a}$$

或，

$$K = k\left(\int d\varepsilon_i^p\right) \tag{3-67b}$$

$\sigma_i \sim \int d\varepsilon_i^p$ 的关系曲线见图 3-13。基中，H' 是函数 H 对自变量的导数。在实际应用中式（3-67）比式（3-66）更为方便。

图 3-13　$\sigma_i \sim \int d\varepsilon_i^p$ 的关系曲线

3.4.2.6　流动法则和加卸载准则

有了划分塑性区和弹性区范围的初始屈服条件和描述应力、应变或它们的增量间的定量关系的硬化条件，建立复杂应力状态下的塑性本构关系，即 $d\sigma_{ij}$ 和 $d\varepsilon_{ij}$ 之间的关系，还需要第三个要素——建立与初始及后继加载面相关联的某一流动法则及其相应的加载和卸载条件；即确定应力和应变（或它们的增量）间的定性关系，这个关系包括应力或应变各分量之间的方向关系，即两者主轴之间的关系和分配关系，即两者的比例关系。

在库恩-塔克（Kunn-Drucker）公设成立的前提下，与 Mises 条件联合的流动法则称为普朗特-路斯（Prandtl-Reuss）流动法则，其数学表达式为

$$d\varepsilon_{ij}^p = d\lambda \frac{\partial f}{\partial \sigma_{ij}} \tag{3-68}$$

上式表明，塑性应变增量矢量的方向垂直于 Mises 圆，与塑性势的梯度方向即等势面的外法线方向相一致。这说明只有当应力增量指向加载面的外部时，才能产生塑性变形，这就是加载准则的基本原理。对理想塑性材料和强化材料加卸载准则可分别表示为

（1）理想塑性材料

弹性状态　　　　　　　　　　　　　　　$f(\sigma_{ij}) < 0$

加载状态 $\qquad f(\sigma_{ij})=0,\qquad \mathrm{d}f=\dfrac{\partial f}{\partial \sigma_{ij}}\mathrm{d}\sigma_{ij}=0$ $\qquad$ (3-69a)

卸载状态 $\qquad f(\sigma_{ij})=0,\qquad \mathrm{d}f=\dfrac{\partial f}{\partial \sigma_{ij}}\mathrm{d}\sigma_{ij}<0$ $\qquad$ (3-69b)

（2）强化材料

弹性状态 $\qquad\qquad\qquad f(\sigma_{ij},\ K)<0$

加载状态 $\qquad f(\sigma_{ij},\ K)=0,\qquad \mathrm{d}f=\dfrac{\partial f}{\partial \sigma_{ij}}\mathrm{d}\sigma_{ij}+\dfrac{\partial f}{\partial K}\mathrm{d}K>0$ $\qquad$ (3-70a)

中性变载 $\qquad f(\sigma_{ij},\ K)=0,\qquad \mathrm{d}f=\dfrac{\partial f}{\partial \sigma_{ij}}\mathrm{d}\sigma_{ij}+\dfrac{\partial f}{\partial K}\mathrm{d}K=0$ $\qquad$ (3-70b)

卸载状态 $\qquad f(\sigma_{ij},\ K)=0,\qquad \mathrm{d}f=\dfrac{\partial f}{\partial \sigma_{ij}}\mathrm{d}\sigma_{ij}+\dfrac{\partial f}{\partial K}\mathrm{d}K<0$ $\qquad$ (3-70c)

3.5　半解析非线性索单元

由于钢材具有很强的抗拉强度，因此，如果单元只受拉力，则不涉及单元的稳定问题，可以充分发挥材料的强度，材料的利用率就会很高。特别是对于大跨度空间结构，索结构的结构效率就更加显著。因此，对索结构的研究一直是各国学者方兴未艾的研究课题，国外对索结构的研究高峰集中在 20 世纪 60 年代至 70 年代。后来，研究方向主要集中在索的风振响应分析方面。高精度的半解析索单元在桥梁工程和大跨空间索结构中的应用是比较多的。

索作为一种柔性单元，理论上是只能承受拉力，不能承受弯矩和剪力，而且，索结构的分析问题一般都是大位移、小应变的非线性分析问题。因此，描述索结构各个阶段的几何形态就成了分析的关键问题。关于静力平衡态的振动分析可以运用模态迭加法。

对单索的研究，最初都集中在索的解析表达式方面，但是，该解析表达式是超越方程，原则上是没有解析解的，因此，只能借助于离散化，转化为一系列的线性方程，然后来求解。由于方程的耦合性，因此，即使离散化为一系列的线性方程，如果想求得索单元刚度矩阵仍然需要进行迭代求解。不同节点的索单元、各种求索单元刚度的方法已经有过一些研究。但是，各种方法都对于索的应力水平或索的垂度等条件进行了限制。也有的学者利用连续化的方法来分析索网结构，把离散的索网连续化为连续的膜面，然后再对膜面进行分析，再离散为索。

索单元的几何形态是最接近于悬链线的空间曲线，如果简单得运用 Lagrangian 插值函数，则既增加了运算量，又没有比较精确地反映出索单元的几何，因此，是不够精确的。历史上，对于索结构的解析解与数值解一直没有很好地结合，因此，往往偏重于一方面，而忽视了另一方面的作用。在推导有限元单元刚度矩阵时引入单索在一定荷载条件和位形条件下的解析解是可以大大提高索单元的计算精度的。本节粗略介绍半解析索单元的基本推导过程。

3.5.1 单索的解析表达式

3.5.1.1 等高点单索的解析表达式

等高单索局部坐标系及受力微元体，如图 3-14 所示：

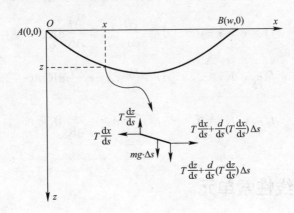

图 3-14 等高单索

点 $(x，z)$ 处的垂直和水平方向的平衡方程为：

$$\frac{d}{ds}\left(T\frac{dz}{ds}\right) = -mg \tag{3-71}$$

$$\frac{d}{ds}\left(T\frac{dx}{ds}\right) = 0 \tag{3-72}$$

其中，T 为索的张力；m 为每单位索长的重量。

由方程（3-72）得，

$$T\frac{dx}{ds} = H \tag{3-73}$$

其中，H 为索内张力的水平分量，在索内是常量。把式（3-73）代入式（3-71），得

$$H\frac{d^2z}{dx^2} = -mg\,\frac{ds}{dx} \tag{3-74}$$

其中，方程式（3-74）的右端项为索单元每单位跨度的自重。对于如图 3-4 所示的索的微元体，存在几何关系：

$$\left(\frac{dx}{ds}\right)^2 + \left(\frac{dz}{ds}\right)^2 = 1 \tag{3-75}$$

把式（3-75）代入式（3-74）得，索的几何形状的控制微分方程为：

$$H\frac{d^2z}{dx^2} = -mg\left\{1 + \left(\frac{dz}{dx}\right)^2\right\}^{1/2} \tag{3-76}$$

由微分关系式，

$$\cosh^2 t - \sinh^2 t = 1$$

$$\frac{d}{dt}(\cosh t) = \sinh t$$

$$\frac{d}{dt}(\sinh t) = \cosh t$$

边界条件：

$$x = 0, \quad z = 0$$
$$x = w, \quad z = 0$$

得

$$z = \frac{H}{mg}\left\{\cosh\left(\frac{mgw}{2H}\right) - \cosh\frac{mg}{H}\left(\frac{w}{2} - x\right)\right\} \tag{3-77}$$

通过积分获得由起始点到任意点的索的长度为：

$$s = \int_0^x \left\{1 + \left(\frac{dz}{dx}\right)^2\right\}^{1/2} dx = \frac{H}{mg}\left\{\sinh\left(\frac{mgw}{2H}\right) - \sinh\left(\frac{w}{2} - x\right)\right\} \tag{3-78}$$

如果，索的平衡态的长度为 L，索的无应力态的长度为 L_0，则由跨中条件和式（3-78）得方程，

$$\sinh\left(\frac{mgw}{2H}\right) = \frac{mgL}{2H} \tag{3-79a}$$

近似为：

$$\sinh\left(\frac{mgw}{2H}\right) = \frac{mgL_0}{2H} \tag{3-79b}$$

由方程（3-79）可以得到索张力的水平分量 H。由式（3-73）和式（3-78）得索任意点的张力为：

$$T = H\cosh\frac{mg}{H}\left(\frac{w}{2} - x\right) \tag{3-80}$$

3.5.1.2　不等高点单索的解析表达式

不等高单索如图 3-15 所示：

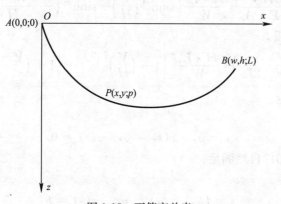

图 3-15　不等高单索

如图 3-15 所示的索段为两端固定且端点坐标已知的悬链线。索的平衡态的长度为 L，索的无应力态的长度为 L_0。而且，L_0 并不一定要大于 $(w^2 + h^2)^{1/2}$。索在无应力状态存在一沿索长的自然坐标系 s。在自重作用下，索达到一个新的稳定的平衡状态，则索又在该平衡应力态存在一沿索长的自然坐标系，p 为当前点到坐标原点的索长。

索段的几何约束方程为：

$$\left(\frac{\mathrm{d}x}{\mathrm{d}p}\right)^2 + \left(\frac{\mathrm{d}z}{\mathrm{d}p}\right)^2 = 1 \tag{3-81}$$

对于索段 AP 列水平和垂直方向的平衡方程：

$$T\frac{\mathrm{d}x}{\mathrm{d}p} = H \tag{3-82a}$$

$$T\frac{\mathrm{d}z}{\mathrm{d}p} = V - W\frac{s}{L_0} \tag{3-82b}$$

其中，V 分别为索段 AP 在支点 A 的垂直反力；T 为索段 P 点的切线方向的张力；H 为索段的张力的水平分量。

由虎克定律可得，

$$T = EA_0\left(\frac{\mathrm{d}p}{\mathrm{d}s} - 1\right) \tag{3-83}$$

边界条件为：

$$x = 0, \quad z = 0, \quad p = 0, \quad s = 0;$$

$$x = w, \quad z = h, \quad p = L, \quad s = L_0 。$$

把式（3-82a）和式（3-82b）分别平方然后相加，利用几何约束方程（3-81）得，

$$T(s) = \left\{ H^2 + \left(V - W\frac{s}{L_0}\right)^2 \right\}^{1/2} \tag{3-84}$$

由于，$\frac{\mathrm{d}x}{\mathrm{d}s} = \frac{\mathrm{d}x}{\mathrm{d}p}\frac{\mathrm{d}p}{\mathrm{d}s}$，利用式（3-82a），（3-83），然后把式（3-84）代入得，

$$\frac{\mathrm{d}x}{\mathrm{d}s} = \frac{H}{EA_0} + \frac{H}{\left\{ H^2 + \left(V - \frac{W \cdot s}{L_0}\right)^2 \right\}^{1/2}}$$

由上式对参变量 s 积分得，

$$x(s) = \frac{H \cdot s}{E \cdot A_0} + \frac{H \cdot L_0}{W}\left\{ \sinh^{-1}\left(\frac{V}{H}\right) - \sinh^{-1}\left(\frac{V - W \cdot s/L_0}{H}\right) \right\} \tag{3-85}$$

同样的分析过程，可得，

$$z(s) = \frac{W \cdot s}{E \cdot A_0}\left(\frac{V}{W} - \frac{s}{2L_0}\right) + \frac{H \cdot L_0}{W}\left[\left\{ 1 + \left(\frac{V}{H}\right)^2 \right\}^{1/2} - \left\{ 1 + \left(\frac{V - W \cdot s/L_0}{H}\right)^2 \right\}^{1/2} \right] \tag{3-86}$$

对于边界条件，

$$s = 0, \quad x(s) = 0, \quad z(s) = 0$$

式（3-85）与式（3-86）自然满足。

把边界条件

$$s = L_0, \quad x(s) = w, \quad z(s) = h$$

分别代入式（3-85）与式（3-86）得，

$$w = \frac{H \cdot L_0}{E \cdot A_0} + \frac{H \cdot L_0}{W}\left\{ \sinh^{-1}\left(\frac{V}{H}\right) - \sinh^{-1}\left(\frac{V - W}{H}\right) \right\} \tag{3-87}$$

$$h = \frac{W \cdot L_0}{E \cdot A_0}\left(\frac{V}{W} - \frac{1}{2}\right) + \frac{H \cdot L_0}{W}\left[\left\{ 1 + \left(\frac{V}{H}\right)^2 \right\}^{1/2} - \left\{ 1 + \left(\frac{V - W}{H}\right)^2 \right\}^{1/2} \right] \tag{3-88}$$

由于，索的初始无应力态的长度是已知的，或者，索的平衡态的张力是已知的，由方程式（3-84）可以得到 L_0 的表达式。由联立方程式（3-87）与（3-88）可以解出 H，V。然后由方程式（3-84）可以得到索的张力 $T(s)$，注意该式与式（3-75）的区别。

3.5.2 半解析索单元的刚度矩阵

如果运用纯粹的数值解法，也可以求解索单元的内力和几何形态，但是，必须把索段分成足够短的索单元，然后，用插值函数、非线性迭代等技术来求解，该方法的缺点是需要比较多的运算时间，精度也不容易控制。如果，既考虑索段的隐式解析解，又运用有限单元法的技术，可以很精确，又不需要花费很多计算资源，就可以求解索结构。但是，如何把索段在各种荷载情形下的解析解与有限元列式结合起来却不容易。因为，它没有一个统一的列式可以参考，既不是完全依赖于插值和势能原理，也不是完全依赖解析表达式，因此，在具体的求解策略上就显示出灵活性，下面做一简要介绍。

索的上支点的垂直和水平分力分别为：V，H，可以由以下隐式控制方程求解：

$$w = \frac{H \cdot L_0}{E \cdot A_0} + \frac{H \cdot L_0}{W}\left\{\sinh^{-1}\left(\frac{V}{H}\right) - \sinh^{-1}\left(\frac{V-W}{H}\right)\right\} \tag{3-89}$$

$$h = \frac{W \cdot L_0}{E \cdot A_0}\left(\frac{V}{W} - \frac{1}{2}\right) + \frac{H \cdot L_0}{W}\left[\left\{1 + \left(\frac{V}{H}\right)^2\right\}^{1/2} - \left\{1 + \left(\frac{V-W}{H}\right)^2\right\}^{1/2}\right] \tag{3-90}$$

假设索段的下半部分没有拖在地面上，即索始终是处于悬挂状态。令，

$$w = f(H, V) \tag{3-91a}$$
$$h = g(H, V) \tag{3-91b}$$

对式（3-91）的两边分别求导，得到，

$$\mathrm{d}w = \frac{\partial f}{\partial H}\mathrm{d}H + \frac{\partial f}{\partial V}\mathrm{d}V \tag{3-92a}$$

$$\mathrm{d}h = \frac{\partial g}{\partial H}\mathrm{d}H + \frac{\partial g}{\partial V}\mathrm{d}V \tag{3-92b}$$

用矩阵形式表示为，

$$\begin{Bmatrix}\mathrm{d}w \\ \mathrm{d}h\end{Bmatrix} = \boldsymbol{F}\begin{Bmatrix}\mathrm{d}H \\ \mathrm{d}V\end{Bmatrix} \tag{3-93}$$

其中，

$$\boldsymbol{F} = \begin{bmatrix}\dfrac{\partial f}{\partial H} & \dfrac{\partial f}{\partial V} \\ \dfrac{\partial g}{\partial H} & \dfrac{\partial g}{\partial V}\end{bmatrix} = \begin{bmatrix}f_{11} & f_{12} \\ f_{21} & f_{22}\end{bmatrix}$$

由式（3-93）得，

$$\begin{Bmatrix}\mathrm{d}H \\ \mathrm{d}V\end{Bmatrix} = \boldsymbol{K}\begin{Bmatrix}\mathrm{d}w \\ \mathrm{d}h\end{Bmatrix} \tag{3-94}$$

其中，

$$\boldsymbol{K} = \boldsymbol{F}^{-1} = \begin{bmatrix} f_{22} & -f_{12} \\ -f_{21} & f_{11} \end{bmatrix} \cdot \frac{1}{f_{11}f_{22} - f_{12}f_{21}} = \begin{bmatrix} f_{22} & -f_{12} \\ -f_{21} & f_{11} \end{bmatrix} \cdot \frac{1}{det\boldsymbol{F}}$$

由式（3-89）（3-90），得

$$f_{11} = \frac{\partial f}{\partial H} = \frac{L_0}{EA} + \frac{L_0}{W}\left\{ \sinh^{-1}\left(\frac{V}{H}\right) - \sinh^{-1}\left(\frac{V-W}{H}\right) \right\}$$

$$+ \frac{L_0}{W}\left[-\frac{V/H}{\{1+(V/H)^2\}^{1/2}} + \frac{(V-W)/H}{\{1+((V-W)/H)^2\}^{1/2}} \right], \tag{3-95a}$$

$$f_{12} = \frac{\partial f}{\partial V} = \frac{L_0}{W}\left[\left\{1+\left(\frac{V}{H}\right)^2\right\}^{-1/2} - \left\{1+\left(\frac{V-W}{H}\right)^2\right\}^{-1/2} \right], \tag{3-95b}$$

$$f_{21} = \frac{\partial g}{\partial H} = \frac{L_0}{W}\left[\left\{1+\left(\frac{V}{H}\right)^2\right\}^{-1/2} - \left\{1+\left(\frac{V-W}{H}\right)^2\right\}^{-1/2} \right]$$

$$+ \frac{L_0}{W}\left[-\frac{V^2/H^2}{\{1+(V/H)^2\}^{1/2}} + \frac{((V-W)/H)^2}{\{1+((V-W)/H)^2\}^{1/2}} \right], \tag{3-95c}$$

$$f_{22} = \frac{\partial g}{\partial V} = \frac{L_0}{EA} + \frac{L_0}{W}\left[\frac{V/H}{\{1+(V/H)^2\}^{1/2}} - \frac{(V-W)/H}{\{1+((V-W)/H)^2\}^{1/2}} \right], \tag{3-95d}$$

$$det\boldsymbol{F} = f_{11} \cdot f_{22} - f_{12} \cdot f_{21}$$

为了计算上的方便，矩阵的逆尽可能地用显式表达，例如，

$$\sinh^{-1}x = ln\{x + (1+x^2)^{1/2}\}。$$

如果通过对索单元施加水平强迫位移，达到某一位形，则必须把该强迫位移分解为足够多的迭代步，然后，在每一迭代步内再进行平衡迭代，通过足够的子步达到一收敛的平衡状态。该过程如图 3-16 所示。在每一子迭代步后，索单元的跨度 w 通过把新计算出来的 H，V 代入式（3-89）来得到。迭代过程直到新计算得到的跨度 w 与原来的初始跨度的差值等于该迭代步的步长（即水平强迫位移）为止，然后，进行下一个迭代步的计算。迭代算式为：

$$\boldsymbol{K}_k \begin{Bmatrix} \Delta w \\ \Delta h \end{Bmatrix}_{k+1} + \begin{Bmatrix} H \\ V \end{Bmatrix}_k = \begin{Bmatrix} H \\ V \end{Bmatrix} \tag{3-96a}$$

把式（3-91）求逆后，代入上式得，

$$\boldsymbol{K}_k \begin{Bmatrix} \Delta w \\ \Delta h \end{Bmatrix}_{k+1} + \begin{Bmatrix} f^{-1} \\ g^{-1} \end{Bmatrix}_k = \begin{Bmatrix} H \\ V \end{Bmatrix} \tag{3-96b}$$

如果通过迭代水平力，达到某一位形，则必须把该水平力分解为足够多的迭代步，然后，在每一迭代步内再进行平衡迭代，通过足够的子步达到一收敛的平衡状态。该过程如图 3-16 所示。这种迭代算法的缺点是，每一迭代步内必须通过式（3-89）、式（3-90）的隐式表达式来计算 H，V 的新值。迭代算式为：

$$\boldsymbol{F}_k \begin{Bmatrix} \Delta H \\ \Delta V \end{Bmatrix}_{k+1} + \begin{Bmatrix} w \\ h \end{Bmatrix}_k = \begin{Bmatrix} w \\ h \end{Bmatrix}_{k+1} \tag{3-97a}$$

把式（3-91）代入上式得，

$$\boldsymbol{F}_k \begin{Bmatrix} \Delta H \\ \Delta V \end{Bmatrix}_{k+1} + \begin{Bmatrix} f \\ g \end{Bmatrix}_k = \begin{Bmatrix} w \\ h \end{Bmatrix}_{k+1} \tag{3-97b}$$

引入局部坐标与整体坐标的变换关系，得到整体坐标系下的刚度矩阵或柔度矩阵，以及迭代算式，就可以计算任意复杂的索网结构。

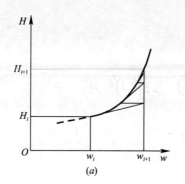 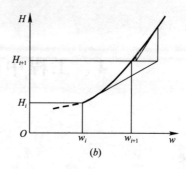

图 3-16　非线性迭代过程示意图

　　实际工程应用中的索单元，一般采用分段直线杆单元或只拉单元来模拟，对于一般跨度的索结构也可以满足精度要求。但是，当采用超大跨度索结构的时候，高精度索单元无论对于结构受力，还是找形分析都会有比较大的影响；需要用户慎重选择合适的单元类型。目前的应用软件中所提供的索单元大多是直线型分段索单元，分析的精度主要通过增加内插点和单元数来实现。

4　工程中的二维单元

4.1　概述

在工程应用中有很多的结构部件，如楼板、剪力墙、壳体、张拉膜等，其力学相关物理量主要以平面描述为主；还有一类构件，如大坝、薄膜，分别可采用平面应变和平面应力来描述其力学特征，是典型的二维工程问题。在有限元中，就可以采用二维单元来模拟。

工程中常用的二维单元有板单元、壳单元、膜单元等。其基本特征是单元信息建立在两维局部坐标轴描述的基础之上。下面就工程中常用的二维单元的基本原理分别给予介绍。

4.2　矩形平面薄板单元

4.2.1　薄板基本原理

在弹性力学里，把两个平行面和垂直于这两个平行面的柱面或棱柱面所围成的物体称为平板，简称为板，两个板面之间的距离 h 称为板的厚度，而平分厚度 h 的平面称为板的

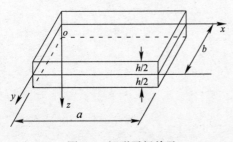

图 4-1　矩形平板单元

中间平面，简称中面。如果板的厚度 h 远小于中面的最小尺寸 b（如小于 $b/8 \sim b/5$），该板就称为薄板，否则就为厚板；薄板和厚板的受力特性不同。本节介绍一下以薄板理论为基础的二维单元，以薄板的中面 oxy 所建立的局部坐标系如图 4-1 所示。

当薄板受有一般载荷时，总可将载荷分解为两个分量，一个是作用在薄板的中面之内的所谓纵向载荷，另一个是垂直于中面的所谓横向载荷。对于纵向载荷，可以认为它们沿厚度方向均匀分布，因而它们所引起的应力、应变和位移，都可以按平面应力问题进行计算。而横向载荷将使薄板产生弯曲，所引起的应力、应变和位移，可以按薄板弯曲问题进行计算。

在薄板弯曲时，中面所弯成的曲面，称为薄板的弹性曲面，而中面内各点在垂直于中面方向的位移称为挠度。线弹性薄板理论只讨论所谓的小挠度弯曲的情况。即，薄板虽然很薄，但仍然具有相当的弯曲刚度，因而它的挠度远小于它的厚度。如果薄板的弯曲刚度很小，以至于其挠度与厚度属于同阶大小，则必须基于大挠度弯曲理论（大变形理论）来

建立平衡方程。

薄板的小挠度弯曲理论，是以三个计算假定为基础的（事实上这些假定已被大量的实验所证实）。这些假定可分述如下：

(1) 垂直与中面方向的正应变（即应变分量 ε_z）极其微小，可以忽略不计。取 $\varepsilon_z = 0$，则由几何方程可得，$\dfrac{\partial w}{\partial z} = 0$，所以有

$$w = w(x, y)$$

这说明，在中面的任一条法线上，薄板全厚度内的所有各点都具有相同的位移 w（与 z 无关的量），且等于挠度。

(2) 应力分量 τ_{zx}、τ_{zy} 和 σ_z 远小于其余三个应力分量，因而是次要的，由它们所引起的应变可以忽略不计（但它们本身却是维持平衡所必须的，不能忽略）。这样，有

$$\gamma_{zx} = 0, \quad \gamma_{zy} = 0$$

由几何方程得

$$\frac{\partial u}{\partial z} + \frac{\partial w}{\partial x} = 0, \quad \frac{\partial w}{\partial y} + \frac{\partial v}{\partial z} = 0$$

故有

$$\frac{\partial u}{\partial z} = -\frac{\partial w}{\partial x}, \quad \frac{\partial v}{\partial z} = -\frac{\partial w}{\partial y}$$

由于 $\varepsilon_z = 0$，$\gamma_{zx} = 0$，$\gamma_{zy} = 0$ 所以中面的法线在薄板弯曲时保持不伸缩，并成为弹性曲面的法线。此外，由于不计 σ_z 所引起的应变，故其物理方程为

$$\varepsilon_x = \frac{1}{E}(\sigma_x - \mu\sigma_y)$$

$$\varepsilon_y = \frac{1}{E}(\sigma_y - \mu\sigma_x)$$

$$\gamma_{xy} = \frac{2(1+\mu)}{E}\tau_{xy}$$

可见，薄板弯曲问题的物理方程与薄板平面应力问题的物理方程是一样的。

(3) 薄板中面内的各点都没有平行于中面的位移，即

$$u|_{z=0} = 0, \quad v|_{z=0} = 0$$

因 $\varepsilon_x = \dfrac{\partial u}{\partial x}$，$\varepsilon_y = \dfrac{\partial v}{\partial y}$，$\gamma_{xy} = \dfrac{\partial v}{\partial x} + \dfrac{\partial u}{\partial y}$，故有

$$\varepsilon_x|_{z=0} = 0, \quad \varepsilon_y|_{z=0} = 0, \quad \gamma_{xy}|_{z=0} = 0$$

这就是说，中面的任意一部分，虽然弯曲成为弹性曲面的一部分，但它在 xy 面上的投影形状却保持不变。

4.2.2 薄板弯曲的基本方程

按薄板弯曲的基本假定，板内各点的位移为

$$u = -z\frac{\partial w}{\partial x}, \quad v = -z\frac{\partial w}{\partial y}, \quad w = w(x, y) \tag{4-1}$$

可见，在平板中面各点 $u = v = 0$，即不产生平面内的位移，这就是说中面在受力后不会伸

长。同时，因为平板中面的挠度 w 与坐标 z 无关，所以它代表了板内各点的挠度。

板内各点的应变分量和应力分量分别为

$$\{\varepsilon\}=\begin{Bmatrix}\varepsilon_x\\\varepsilon_y\\\gamma_{xy}\end{Bmatrix}=\begin{Bmatrix}\dfrac{\partial u}{\partial x}\\[2mm]\dfrac{\partial v}{\partial y}\\[2mm]\dfrac{\partial u}{\partial y}+\dfrac{\partial v}{\partial x}\end{Bmatrix}=-z\begin{Bmatrix}\dfrac{\partial^2 w}{\partial x^2}\\[2mm]\dfrac{\partial^2 w}{\partial y^2}\\[2mm]2\dfrac{\partial^2 w}{\partial x\partial y}\end{Bmatrix} \tag{4-2}$$

$$\{\sigma\}=\begin{Bmatrix}\sigma_x\\\sigma_y\\\tau_{xy}\end{Bmatrix}=[D]\{\varepsilon\}=-z[D]\begin{Bmatrix}\dfrac{\partial^2 w}{\partial x^2}\\[2mm]\dfrac{\partial^2 w}{\partial y^2}\\[2mm]2\dfrac{\partial^2 w}{\partial x\partial y}\end{Bmatrix} \tag{4-3}$$

式中 $[D]$ 是平板的弹性矩阵，与平面应力问题中的弹性矩阵完全相同。

若用 M_x、M_y 和 M_{xy} 表示单位宽度上的内力矩，则

$$\{M\}=\begin{Bmatrix}M_x\\M_y\\M_{xy}\end{Bmatrix}=\int_{-h/2}^{h/2}z\{\sigma\}\mathrm{d}z=-\frac{h^3}{12}[D]\begin{Bmatrix}\dfrac{\partial^2 w}{\partial x^2}\\[2mm]\dfrac{\partial^2 w}{\partial y^2}\\[2mm]2\dfrac{\partial^2 w}{\partial x\partial y}\end{Bmatrix}$$

平板应力可用内力矩表示为

$$\{\sigma\}=\frac{12z}{h^3}\{M\} \tag{4-4}$$

4.2.3 位移模式

若将平板中面用一系列矩形单元进行离散化，便可得到一个离散的平板系统。若使各单元在节点上的挠度及其斜率都具有连续性，必须把挠度及其在 x 和 y 方向上的一阶偏导数指定为节点位移（称为广义位移）。这样，节点 i 的位移及其与之对应的节点力可表示为

$$\{\delta_i\}=\begin{Bmatrix}w_i\\\theta_{xi}\\\theta_{yi}\end{Bmatrix}=\begin{Bmatrix}w_i\\\left(\dfrac{\partial w}{\partial y}\right)_i\\-\left(\dfrac{\partial w}{\partial x}\right)_i\end{Bmatrix},\quad \{F_i\}=\begin{Bmatrix}W_i\\M_{\theta xi}\\M_{\theta yi}\end{Bmatrix}$$

一般规定，挠度 w 和与之对应的节点力 W 以沿轴的正向为正，转角 θ_x 和 θ_y 与之对应的节点力矩 $M_{\theta x}$、$M_{\theta y}$ 按右手定则标出的矢量沿坐标轴正方向为正。

矩形单元每个节点有三个位移分量，而每个单元有四个节点共有十二个节点位移分量。所以，应选取含有十二个参数的多项式作为平板单元的位移模式，即

$$w=\alpha_1+\alpha_2\xi+\alpha_3\eta+\alpha_4\xi^2+\alpha_5\xi\eta+\alpha_6\eta^2+\alpha_7\xi^3+\alpha_8\xi^2\eta+\alpha_9\xi\eta^2+\alpha_{10}\eta^3+\alpha_{11}\xi^3\eta+\alpha_{12}\xi\eta^3$$

由此得到

$$\theta_x = \frac{\partial w}{\partial y} = \frac{\partial w}{b\partial \eta} = \frac{1}{b}(\alpha_3 + \alpha_5\xi + 2\alpha_6\eta + \alpha_8\xi^2 + 2\alpha_9\xi\eta + 3\alpha_{10}\eta^2 + \alpha_{11}\xi^3 + 3\alpha_{12}\xi\eta^2)$$

$$\theta_y = -\frac{\partial w}{\partial x} = -\frac{\partial w}{a\partial \xi} = -\frac{1}{a}(\alpha_2 + 2\alpha_4\xi + \alpha_5\eta + 3\alpha_7\xi^2 + 2\alpha_8\xi\eta + \alpha_9\eta^2 + 3\alpha_{11}\xi^2\eta + \alpha_{12}\eta^3)$$

其中，a 和 b 分别是单元的长和宽。将单元的四个节点坐标分别代入上式，即可求得位移模式中的 12 个参数。然后得到：

$$w = \sum_{i=1}^{4}(N_i w_i + N_{xi}\theta_{xi} + N_{yi}\theta_{yi}) = \sum_{i=1}^{4}[N]_i\{\delta_i\} = [N]\{\delta\}^e \tag{4-5}$$

式中，

$$[N] = [[N]_1 \quad [N]_2 \quad [N]_3 \quad [N]_4], \quad \{\delta\}_e = [\delta_1^T \quad \delta_2^T \quad \delta_3^T \quad \delta_4^T]^T,$$

并且，

$$[N]_i = [N_i \quad N_{xi} \quad N_{yi}] \quad (i = 1,2,3,4)$$

其中，

$$N_i = (1+\xi_0)(1+\eta_0)(2+\xi_0+\eta_0-\xi^2-\eta^2)/8$$

$$N_{xi} = -b\eta_i(1+\xi_0)(1+\eta_0)(1-\eta^2)/8$$

$$N_{yi} = a\xi_i(1+\xi_0)(1+\eta_0)(1-\xi^2)/8$$

式中，$\xi_0 = \xi_i\xi$，$\eta_0 = \eta_i\eta$。

4.2.4 刚度矩阵

矩形单元的刚度矩阵可以写成如下形式

$$[k] = \begin{bmatrix} k_{11} & k_{12} & k_{13} & k_{14} \\ k_{21} & k_{22} & k_{23} & k_{24} \\ k_{31} & k_{32} & k_{33} & k_{34} \\ k_{41} & k_{42} & k_{43} & k_{44} \end{bmatrix}$$

其中子矩阵为

$$[k_{ij}] = \iiint [B_i]^T[D][B_j]dxdydz = \int_{-h/2}^{h/2}\int_{-1}^{1}\int_{-1}^{1}[B_i]^T[D][B_j]ab\,d\xi d\eta$$

$$= \frac{D}{ab}\int_{-1}^{1}\int_{-1}^{1}\left(\frac{b^2}{a^2}[N]_{i,\xi\xi}^T[N]_{j,\xi\xi} + \mu[N]_{i,\xi\xi}^T[N]_{j,\eta\eta} + \mu[N]_{i,\eta\eta}^T[N]_{j,\xi\xi}\right.$$

$$\left. + \frac{b^2}{a^2}[N]_{i,\eta\eta}^T[N]_{j,\eta\eta} + 2(1-\mu)[N]_{j,\xi\eta}^T[N]_{j,\xi\eta}\right)d\xi d\eta \tag{4-6}$$

式中，$D = \frac{Eh^3}{12(1-\mu^2)}$。

4.2.5 等效节点力

当平板单元受有分布横向载荷 q 时，其相应的等效节点力为

$$\{Q_i\}_e = \begin{Bmatrix} \bar{W}_i \\ \bar{M}_{\theta xi} \\ \bar{M}_{\theta yi} \end{Bmatrix} = \int_{-1}^{1}\int_{-1}^{1}q([N]_i)^T ab\,d\xi d\eta \quad (i=1,2,3,4) \tag{4-7}$$

若 $q = q_0$ 为常量时，有

$$\bar{W}_i = q_0 ab, \quad \bar{M}_{\theta x i} = -\frac{q_0 ab^2}{3}\eta_i, \quad \bar{M}_{\theta y i} = \frac{q_0 a^2 b}{3}\xi_i \quad (i = 1,2,3,4)$$

4.3 壳体弯曲问题

对于由两个接近的曲面所限定的物体，如果曲面之间的距离相比物体的其他尺寸为小量，就称之为壳体。并且这两个曲面就称为壳面。距两壳面等距离的点所形成的曲面，称为中间曲面，简称为中面。中面的法线被两壳面截断的长度 h，称为壳体的厚度。对于非闭合曲面（开敞壳体），一般都假定其边缘（壳边）总是由垂直于中面的直线所构成的直纹曲面。实质上，壳体是从平板演变而来的，在分析壳体的应力时，平板理论中的基本假定同样有效。但因壳体的变形与平板变形相比有很大的不同，它除了弯曲变形外还存在着中面内薄膜变形，所以壳体中的内力包括有弯曲内力和中面内力。

如果壳体的厚度 h 远小于壳体中面的最小曲率半径 R，则比值 h/R 将是很小的一个数值，这种壳体就称为薄壳。反之，称为厚壳。对于薄壳，可以在壳体的基本方程和边界条件中略去某些很小的量（一般是随着比值 h/R 的减小而减小的量），从而使得这些基本方程在边界条件下可以求得一些近似的、工程上足够精确的解答。对于厚壳，与厚板类似，尚无完善可行的计算方法，一般只能作为空间问题来处理。

在薄壳理论中，有以下几个基本假定：

（1）垂直于中面方向的正应变极其微小，可以不计。

（2）中面的法线总保持为直线，且中面法线及其垂直线段之间的直角也保持不变，即这两方向的剪应变为零。

（3）与中面平行的截面上的正应力（即挤压应力），远小于其垂直面上的正应力，因而它对变形的影响可以不计。

（4）体力及面力均可化为作用在中面的载荷。

使用有限单元法分析壳体结构时，大多采用平面单元。由平面单元模拟曲面几何，平面单元尽管存在几何上的离散误差，但对工程问题却简单而有效。壳体平面单元的应力状态是由平面应力和弯曲应力迭加而成。工程上在构造壳体平面单元时，只要将平面应力单元与平板单元进行简单的组合即可。限于篇幅，关于壳体有限元部分不再展开。

4.4 膜单元

4.4.1 单元概述

（1）基本假定

膜结构是一种高度几何非线性结构。一般采用以玻璃纤维或纺织物为基材的薄膜作为结构材料，本构模型在计算分析时必须加以适当简化。分析膜结构时可做以下假定：膜结构的膜材假定是正交各向异性；膜结构的分析是在小应变大位移的范围内进行的；薄膜材料很薄，忽略其抗弯刚度。

（2）单元剖分

根据单元剖分的一般准则，膜结构一般具有复杂的几何外形和边界，考虑到结构的形状和单元的形态，通常可将薄膜剖分为平面三角形单元、曲边三角形单元、平面四边形单元或曲边四边形单元，如图4-2。如果对结构进行适当的剖分，那么选取三角形单元是比较合适的，也是比较简单的。本节主要讨论平面三角形薄膜单元。

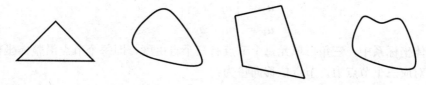

图4-2 单元剖分

（3）坐标系

现针对膜单元描述定义几个坐标系，即结构整体坐标系 $O\text{-}XYZ$、单元局部坐标系 $i\text{-}xyz$ 和单元主惯性坐标系 $i\text{-}x'y'z'$，一般与单元的经纬向一致。结构的几何定义在结构整体坐标系 $O\text{-}XYZ$ 中，如图4-3。三角形单元的三个节点在结构整体坐标系中的坐标

$$
\begin{aligned}
\boldsymbol{X}_e &= \begin{bmatrix} \boldsymbol{X}_i & \boldsymbol{X}_j & \boldsymbol{X}_k \end{bmatrix}^{\mathrm{T}} \\
\boldsymbol{X}_i &= \begin{bmatrix} X_i & Y_i & Z_i \end{bmatrix} \\
\boldsymbol{X}_j &= \begin{bmatrix} X_j & Y_j & Z_j \end{bmatrix} \\
\boldsymbol{X}_k &= \begin{bmatrix} X_k & Y_k & Z_k \end{bmatrix}
\end{aligned}
\tag{4-8}
$$

在局部坐标系 $i\text{-}xyz$ 中一个三角形单元。现约定局部坐标系 $i\text{-}xyz$ 的 ix 轴的正方向为从节点 i 指向节点 j，iy 轴的正向指向节点 k，如图4-4所示。

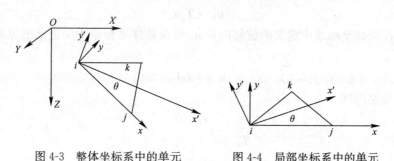

图4-3 整体坐标系中的单元　　　　图4-4 局部坐标系中的单元

4.4.2 位移函数

（1）节点位移

在单元主惯性坐标系中，三角形单元每个节点有两个自由度，即每个节点沿主惯性坐标有两个线位移

$$u'_e = \begin{bmatrix} u'_i & u'_j & u'_k \end{bmatrix}^T$$

$$u'_i = \begin{bmatrix} u'_i & v'_i \end{bmatrix}$$

$$u'_j = \begin{bmatrix} u'_j & v'_j \end{bmatrix}$$

$$u'_k = \begin{bmatrix} u'_k & v'_k \end{bmatrix}$$

在局部坐标系中，三角形单元每个节点有两个自由度，即每个节点沿局部坐标有两个线位移

$$u_e = \begin{bmatrix} u_i & u_j & u_k \end{bmatrix}^T$$

$$u_i = \begin{bmatrix} u_i & v_i \end{bmatrix}$$

$$u_j = \begin{bmatrix} u_j & v_j \end{bmatrix}$$

$$u_k = \begin{bmatrix} u_k & v_k \end{bmatrix}$$

在整体坐标系中，三角形单元每个节点有三个自由度，即每个节点沿整体坐标有三个线位移，对应三个节点力。节点位移向量为：

$$U_e = \begin{bmatrix} U_i & U_j & U_k \end{bmatrix}^T$$

$$U_i = \begin{bmatrix} U_i & V_i & W_i \end{bmatrix}$$

$$U_j = \begin{bmatrix} U_j & V_j & W_j \end{bmatrix}$$

$$U_k = \begin{bmatrix} U_k & V_k & W_k \end{bmatrix}$$

节点力向量为：

$$P_e = \begin{bmatrix} P_i & P_j & P_k \end{bmatrix}^T$$

$$P_i = \begin{bmatrix} P_{xi} & P_{yi} & P_{zi} \end{bmatrix}$$

$$P_j = \begin{bmatrix} P_{xj} & P_{yj} & P_{zj} \end{bmatrix}$$

$$P_k = \begin{bmatrix} P_{xk} & P_{yk} & P_{zk} \end{bmatrix}$$

(2) 变换矩阵

各坐标系中定义的向量之间需进行变换，在单元主惯性坐标系中定义的位移向量 u'_e 与在局部坐标系中定义的位移向量 u_e 有变换关系

$$u'_e = T_1 u_e$$

同样，在局部坐标系中定义的位移向量 u_e 与在整体坐标系中中定义的位移向量 U_e 有变换关系

$$u_e = T_2 U_e$$

其中，变换矩阵

$$T_1 = \begin{bmatrix} t_1 & 0 & 0 \\ 0 & t_1 & 0 \\ 0 & 0 & t_1 \end{bmatrix}$$

$$T_2 = \begin{bmatrix} t_2 & 0 & 0 \\ 0 & t_2 & 0 \\ 0 & 0 & t_2 \end{bmatrix}$$

(3) 位移模式

设在局部坐标系中平面三角形单元具有如下线性位移增量模式：

$$\Delta u = c_1 + c_2 x + c_3 y$$

$$\Delta v = c_4 + c_5 x + c_6 y \tag{4-9}$$

上式可表示成矩阵形式

$$\Delta \boldsymbol{u} = \boldsymbol{LC} \tag{4-10}$$

式中，Δu 为单元的位移增量列阵。

将单元节点在局部坐标系中的坐标代入式（4-10），得到单元节点的位移增量。于是有

$$\boldsymbol{C} = \boldsymbol{L}^{-1} \Delta \boldsymbol{u}_e$$

将上式代入式（4-10），得到用单元节点位移增量表示的单元位移增量表达式

$$\Delta \boldsymbol{u} = \boldsymbol{N} \Delta \boldsymbol{u}_e \tag{4-11}$$

式中，N 为形函数，形函数可以表示为

$$\boldsymbol{N} = \frac{1}{2A} \begin{bmatrix} N_i & 0 & N_j & 0 & N_k & 0 \\ 0 & N_i & 0 & N_j & 0 & N_k \end{bmatrix} \tag{4-12}$$

其中：

$$N_i = a_i + b_i x + c_i y$$
$$N_j = a_j + b_j x + c_j y$$
$$N_k = a_k + b_k x + c_k y$$

而 A 为三角形单元的面积，表达式为：

$$A = \frac{1}{2} \begin{vmatrix} 1 & x_i & y_i \\ 1 & x_j & y_j \\ 1 & x_k & y_k \end{vmatrix} = \frac{1}{2} x_j y_k$$

形函数表达式中的系数：

$$a_i = x_j y_k, \quad a_j = 0, \quad a_k = 0$$
$$b_i = -y_k, \quad b_j = y_k, \quad b_k = 0$$
$$c_i = x_k - x_j, \quad c_j = -x_k, \quad c_k = x_j$$

4.4.3 几何条件和物理条件

(1) 几何条件

在某一荷载步中，单元的应变增量由线性部分和非线性部分共同组成，即

$$\Delta \boldsymbol{\varepsilon} = \Delta \boldsymbol{\varepsilon}_L + \Delta \boldsymbol{\varepsilon}_{NL} \tag{4-13}$$

式中，$\Delta \boldsymbol{\varepsilon}_L$ 为弹性应变，是应变增量中的线性部分；$\Delta \boldsymbol{\varepsilon}_{NL}$ 为弹性应变，是应变增量中的非线性部分。其中

$$\Delta \boldsymbol{\varepsilon}_L = \begin{bmatrix} \dfrac{\partial \Delta \boldsymbol{u}}{\partial x} \\ \dfrac{\partial \Delta \boldsymbol{v}}{\partial y} \\ \dfrac{\partial \Delta \boldsymbol{v}}{\partial x} + \dfrac{\partial \Delta \boldsymbol{u}}{\partial y} \end{bmatrix} \tag{4-14}$$

考虑到节点大位移的影响，非线性三角形薄膜单元的应变中必须包含位移高阶量，即

$$\Delta\boldsymbol{\varepsilon}_{\mathrm{NL}} = \begin{bmatrix} \dfrac{1}{2}\left(\left(\dfrac{\partial\Delta u}{\partial x}\right)^2 + \left(\dfrac{\partial\Delta v}{\partial x}\right)^2\right) \\ \dfrac{1}{2}\left(\left(\dfrac{\partial\Delta u}{\partial y}\right)^2 + \left(\dfrac{\partial\Delta v}{\partial y}\right)^2\right) \\ \dfrac{\partial\Delta u}{\partial x}\dfrac{\partial\Delta u}{\partial y} + \dfrac{\partial\Delta v}{\partial x}\dfrac{\partial\Delta v}{\partial y} \end{bmatrix} \tag{4-15}$$

$\Delta\boldsymbol{\varepsilon}_{\mathrm{NL}}$为应变中考虑位移的高阶量影响的非线性应变增量分量。将式（4-11）代入式（4-14），得

$$\Delta\boldsymbol{\varepsilon}_{\mathrm{L}} = \boldsymbol{B}_{\mathrm{L}}\Delta u_{\mathrm{e}}$$

其中，

$$\boldsymbol{B}_{\mathrm{L}} = \frac{1}{2A}\begin{bmatrix} b_i & 0 & b_j & 0 & b_k & 0 \\ 0 & c_i & 0 & c_j & 0 & c_k \\ c_i & b_i & c_j & b_j & c_k & b_k \end{bmatrix}$$

同样，将式（4-11）代入式（4-15），得

$$\Delta\boldsymbol{\varepsilon}_{\mathrm{NL}} = \bar{\boldsymbol{B}}_{\mathrm{NL}}\Delta u_{\mathrm{e}}$$

其中，

$$\bar{\boldsymbol{B}}_{\mathrm{NL}} = \frac{1}{2}\Delta AG$$

而，

$$\Delta A = \begin{bmatrix} \dfrac{\partial\Delta u}{\partial x} & \dfrac{\partial\Delta v}{\partial x} & 0 & 0 \\ 0 & 0 & \dfrac{\partial\Delta u}{\partial y} & \dfrac{\partial\Delta v}{\partial y} \\ \dfrac{\partial\Delta u}{\partial y} & \dfrac{\partial\Delta v}{\partial y} & \dfrac{\partial\Delta u}{\partial x} & \dfrac{\partial\Delta v}{\partial x} \end{bmatrix}$$

$$G = \frac{1}{2A}\begin{bmatrix} b_i & 0 & b_j & 0 & b_k & 0 \\ 0 & b_i & 0 & b_j & 0 & b_k \\ c_i & 0 & c_j & 0 & c_k & 0 \\ 0 & c_i & 0 & c_j & 0 & c_k \end{bmatrix}$$

则单元的应变可表示为

$$\Delta\boldsymbol{\varepsilon} = (\boldsymbol{B}_{\mathrm{L}} + \bar{\boldsymbol{B}}_{\mathrm{NL}})\Delta u \tag{4-16}$$

而单元的虚应变为

$$\delta\Delta\boldsymbol{\varepsilon} = \delta\Delta\boldsymbol{\varepsilon}_{\mathrm{L}} + \delta\Delta\boldsymbol{\varepsilon}_{\mathrm{NL}} \tag{4-17}$$

经进一步运算可得

$$\delta\Delta\boldsymbol{\varepsilon} = (\boldsymbol{B}_{\mathrm{L}} + \boldsymbol{B}_{\mathrm{NL}})\delta\Delta u_{\mathrm{e}}$$

$$\boldsymbol{B}_{\mathrm{NL}} = \Delta AG = 2\bar{\boldsymbol{B}}_{\mathrm{NL}}$$

进一步展开，即得

$$\boldsymbol{B}_{\mathrm{NL}} = \frac{1}{2A}\begin{bmatrix} \dfrac{\partial\Delta u}{\partial x} & \dfrac{\partial\Delta v}{\partial x} & 0 & 0 \\ 0 & 0 & \dfrac{\partial\Delta u}{\partial y} & \dfrac{\partial\Delta v}{\partial y} \\ \dfrac{\partial\Delta u}{\partial y} & \dfrac{\partial\Delta v}{\partial y} & \dfrac{\partial\Delta u}{\partial x} & \dfrac{\partial\Delta v}{\partial x} \end{bmatrix}\begin{bmatrix} b_i & 0 & b_j & 0 & b_k & 0 \\ 0 & b_i & 0 & b_j & 0 & b_k \\ c_i & 0 & c_j & 0 & c_k & 0 \\ 0 & c_i & 0 & c_j & 0 & c_k \end{bmatrix} \tag{4-18}$$

(2) 物理条件

不考虑材料的非线性，三角形薄膜单元在单元局部坐标系的应力与应变之间存在如下关系：

$$\Delta\boldsymbol{\sigma} = \boldsymbol{D}\Delta\boldsymbol{\varepsilon} = D(\Delta\boldsymbol{\varepsilon}_{\mathrm{L}} + \Delta\boldsymbol{\varepsilon}_{\mathrm{ML}}) \tag{4-19}$$

式中，$\Delta\boldsymbol{\sigma}$ 为薄膜单元在某荷载步中的应力增量：

$$\Delta\boldsymbol{\sigma} = \begin{bmatrix} \Delta\sigma_{\mathrm{x}} & \Delta\sigma_{\mathrm{y}} & \Delta\tau_{\mathrm{xy}} \end{bmatrix}^{\mathrm{T}}$$

$\boldsymbol{D}$ 为薄膜单元的弹性矩阵。在单元主惯性坐标系的应力增量与应变增量之间存在如下关系：

$$\Delta\boldsymbol{\sigma}' = \boldsymbol{D}'\Delta\boldsymbol{\varepsilon}' \tag{4-20}$$

式中，$\boldsymbol{D}'$ 为薄膜单元在单元主惯性坐标系的弹性矩阵。

$$\boldsymbol{D}' = \begin{bmatrix} d_{11} & d_{12} & d_{13} \\ d_{21} & d_{22} & d_{23} \\ d_{31} & d_{32} & d_{33} \end{bmatrix}$$

假定材料是正交异性的，则弹性矩阵

$$\boldsymbol{D}' = \begin{bmatrix} d_{11} & & \\ d_{21} & d_{22} & \\ 0 & 0 & d_{33} \end{bmatrix}$$

式中，

$$d_{11} = \frac{E_1}{1 - \mu_{12}\mu_{21}}$$

$$d_{22} = \frac{E_2}{1 - \mu_{12}\mu_{21}}$$

$$d_{21} = \frac{\mu_{21}E_1}{1 - \mu_{12}\mu_{21}} = \frac{\mu_{12}E_2}{1 - \mu_{12}\mu_{21}}$$

$$d_{33} = G_{12}$$

其中，

E_1，E_2 为两个弹性主向的杨氏弹性模量；

μ_{12}，μ_{21} 为两个弹性主向的泊桑比；

G_{12} 为剪切模量；

单元局部坐标系 $i\text{-}xyz$ 和单元主惯性坐标系 $i\text{-}x'y'z'$ 之间有夹角 θ，见图 4-4。在单元局部坐标系 $i\text{-}xyz$ 和单元主惯性坐标系 $i\text{-}x'y'z'$ 中的应变向量有如下变换

$$\Delta\boldsymbol{\varepsilon} = \boldsymbol{H}_{\varepsilon}\Delta\boldsymbol{\varepsilon}' \tag{4-21}$$

其中，$\boldsymbol{H}_{\varepsilon}$ 为应变转动矩阵

$$\boldsymbol{H}_{\varepsilon} = \begin{bmatrix} \cos^2\theta & \sin^2\theta & \cos\theta\sin\theta \\ \sin^2\theta & \cos^2\theta & -\cos\theta\sin\theta \\ -2\cos\theta\sin\theta & 2\cos\theta\sin\theta & \cos^2\theta - \sin^2\theta \end{bmatrix}$$

在单元局部坐标系 $i\text{-}xyz$ 和单元主惯性坐标系 $i\text{-}x'y'z'$ 中的薄膜力向量有如下变换

$$\Delta\boldsymbol{\sigma} = \boldsymbol{H}_{\sigma}\Delta\boldsymbol{\sigma}' \tag{4-22}$$

其中，$\boldsymbol{H}_{\sigma}$ 为应力转动矩阵

$$H_{\sigma} = \begin{bmatrix} \cos^2\theta & \sin^2\theta & 2\cos\theta\sin\theta \\ \sin^2\theta & \cos^2\theta & -2\cos\theta\sin\theta \\ -\cos\theta\sin\theta & \cos\theta\sin\theta & \cos^2\theta - \sin^2\theta \end{bmatrix}$$

应力转动矩阵和应变转动矩阵有如下关系

$$H_{\sigma} = (H_{\varepsilon}^{T})^{-1} = (H_{\varepsilon}^{-1})^{T}$$

$$H_{\sigma}^{T} = H_{\varepsilon}^{-1}$$

将式（4-20）代入式（4-22），作变换得：

$$\Delta\boldsymbol{\sigma} = H_{\sigma}D'H_{\sigma}^{T}\Delta\boldsymbol{\varepsilon} \tag{4-23}$$

则单元局部坐标系中薄膜单元的弹性矩阵

$$D = H_{\sigma}D'H_{\sigma}^{T}$$

4.4.4 基本方程及单元刚度矩阵

在某荷载步中，结构处于平衡状态。根据虚功原理有

$$\int_{v}\delta\Delta\boldsymbol{\varepsilon}^{T}\boldsymbol{\sigma}dv = \int_{v}\delta\Delta\boldsymbol{u}^{T}\Delta p dv + \int_{s}\delta\Delta\boldsymbol{u}^{T}\Delta q ds \tag{4-24}$$

其中，

$\boldsymbol{\sigma}$ 为应力矩阵，由初应力与应力增量组成：

$$\boldsymbol{\sigma} = \boldsymbol{\sigma}^0 + \Delta\boldsymbol{\sigma} \tag{4-25}$$

其中，$\boldsymbol{\sigma}^0$ 为初始应力矩阵：

$$\boldsymbol{\sigma}^0 = \begin{bmatrix} \sigma_x^0 & \sigma_y^0 & \tau_{xy}^0 \end{bmatrix}^T$$

Δp，Δq 分别为作用于结构上的体力集度和面力集度。

将虚功方程（4-24）展开并进行一系列运算，即可得单元局部坐标系中有限元基本方程

$$k_e\Delta u_e = \Delta p_e - f_e \tag{4-26}$$

其中：

$$k_e = k_E + k_G + k_{\varepsilon}$$

式中：

k_E 为三角形薄膜单元的弹性刚度矩阵，具体表达式为：

$$k_E = \int_v B_L^T DB_L dv$$

k_G 为三角形薄膜单元的几何刚度矩阵，具体表达式为：

$$k_G = \int_v G^T MG dv$$

其中，M 为初始应力矩阵。

k_{ε} 为初始位移刚度矩阵，具体表达式为：

$$k_{\varepsilon} = \frac{1}{2}\int_v B_L^T DB_{NL}dv + \int_v B_{NL}^T DB_L dv + \frac{1}{2}\int_v B_{NL}^T DB_{NL}dv$$

Δp_e 为荷载等效节点力向量的增量

$$\Delta p_e = \int_v N^T \Delta p dv + \int_s N^T \Delta q dv$$

f_e 为与单元初始应力等效的节点力向量：

$$f_e = \int_v B_L^T \sigma^0 \, dv$$

另外，初位移刚度矩阵也可以由式（4-24）展开得到显式，它包含位移高阶项，以后将该项的影响移至方程右端，即为不平衡力项，具体表达式为：

$$r_e = \left(\frac{1}{2}\int_v B_L^T DB_{NL}\,dv + \int_v B_{NL}^T DB_L\,dv + \frac{1}{2}\int_v B_{NL}^T DB_{NL}\,dv \right)\Delta u_e \tag{4-27}$$

4.4.5 整体坐标系中的有限元方程

前面的推导都是在单元局部坐标系中进行的，现需对单元局部坐标系中定义的位移向量和荷载向量进行变换，得到整体坐标系中的有限元基本方程，然后定义结构整体坐标系中的单元刚度矩阵。对于定义在局部坐标系下的单元节点位移向量 Δu_e 与定义在整体坐标系下的单元节点位移向量 ΔU_e 有如下变换关系：

$$\Delta u_e = T_2 \Delta U_e \tag{4-28a}$$

式中，T_2 为表示单元局部坐标与整体坐标系之间的变换关系的变换矩阵。类似，

$$\Delta p_e = T_2 \Delta P_e \tag{4-28b}$$

式中，Δp_e，ΔP_e 分别为局部坐标系和整体坐标系下的节点力向量的增量。

将式（4-28a）及式（4-28b）代入有限元基本方程式（4-25），并注意到变换矩阵 T_2 的正交性，整理得到定义在结构整体坐标系中的有限元增量方程：

$$K_e \Delta U_e = \Delta P_e - F_e \tag{4-29}$$

式中，K_e 为在整体坐标中定义的单元刚度矩阵，具体表达式为：

$$K_e = T_2^T k_e T_2$$

F_e 为整体坐标下与单元初始应力等效的节点力向量，具体表达式为：

$$F_e = T_2^T f_e$$

4.4.6 应力矩阵

在求得整体坐标系中的单元刚度矩阵和力向量后，可按照一定的规则装配成张力膜结构的总刚度矩阵和总力向量。利用非线性方程的求解技术，就不难求出各结点在整体坐标系中的位移向量。

如前所述，在当前增量步中单元的应力向量，是由当前增量步前存在于单元的初始应力与当前增量步内所产生的应力增量叠加而成，如式（4-25）。其中的 $\Delta\sigma$ 可利用物理条件式（4-19）求出。将单元在当前增量步中所求得的应力作为下一个增量步的初始应力。从式（4-19）可以看出，单元的应力增量也是由两部分组成，这两部分分别是由应变中的线性项和非线性项所导致。如果单元的位移与单元的几何尺度相比不是足够小，那么，非线性项的影响是不容忽视的。同时，由于膜结构的几何外形复杂，整个曲面上各点的曲率变化多端；作用于结构的荷载不仅有竖向的还有水平的，且大部分是变化的和不对称的；而膜结构往往又被设计成不对称的或只有一个对称面，这些因素都有可能致使在荷载作用下

产生较大的水平位移。而这些水平位移对应力中的线性项和非线性项都有着不容忽视的影响。因此，在膜结构的分析中，忽略水平位移将会导致应力计算中产生难以接受的误差。

最后，再具体给出赘余力矩阵：

$$R_e = T_2^T r_e \tag{4-30}$$

式中，R_e 及 r_e 分别为整体坐标及局部坐标下单元的赘余力向量；由式（4-27）求得：

$$R_e = \frac{1}{2}\int_v T_2^T B_L^T D B_{NL} \mathrm{d}v \Delta u_e + \int_v T_2^T B_{NL}^T D B_L \mathrm{d}v \Delta u_e + \frac{1}{2}\int_v T_2^T B_{NL}^T D B_{NL} \mathrm{d}v \Delta u_e \tag{4-31}$$

展开可得：

$$R_e = \frac{t}{16A^2}T_2^T S \Delta u_e + \frac{t}{8A^2}T_2^T Q \Delta\Delta_e + \frac{t}{32A^3}T_2^T E \Delta\Delta_e \tag{4-32}$$

其中，Δu_e 为单元在局部坐标系下位移向量：

$$\Delta u_e = \begin{bmatrix} u_i & v_i & u_j & v_j & u_k & v_k \end{bmatrix}^T$$

而 S，Q，E 均为 6×6 矩阵，其元素与弹性常数 d_{ij} 及三角形单元的几何尺度有关；A 为三角形单元的面积；t 为三角形单元的厚度。

5 工程中的三维单元

5.1 概述

土木工程领域中的结构，如果三个方向的几何尺寸相近，并且受力状态也呈现为三维的情形，则这类结构体系适宜运用有限元中的三维单元模拟。从受力特征上看，这类构件任一点的变形和应力可以采用三个坐标方向独立的插值函数来描述，函数的未知量即为节点的三维坐标。从有限元单元构造方法的角度来看，三维单元可以分为两大类：一类是节点只在几何单元的角点位置；另一类是不但有角节点，还有内插节点的单元形式。为了能够描述千变万化的结构形式，工程中常用的三维单元有四面体单元、六面体单元等；当然，根据几何条件和物理条件的不同，这些单元也可分为线性单元和非线性单元，而且每一种单元所适用的分析问题的类型是不同的。

下面就工程中常用的三维四面体单元的局部坐标系建立、插值函数定义以及单刚矩阵的基本原理分别给予介绍。

5.2 单元坐标系

对于任意空间四面体单元，是由六条边构成空间几何体。令四面体的四个顶点用 $ijkl$ 表示，即 $ijkl$ 为空间四面体单元的节点，如图 5-1。结构整体编号后，四面体单元的节点号 $ijkl$ 一般以由小到大的顺序排列。当然，四面体单元的节点数与节点自由度及插值函数有关。在整体坐标系 O-XYZ 中，四面体单元坐标向量为

$$\boldsymbol{X}_e = \begin{bmatrix} \boldsymbol{X}_i & \boldsymbol{X}_j & \boldsymbol{X}_k & \boldsymbol{X}_l \end{bmatrix}^T$$

其中，$\boldsymbol{X}_i$，$\boldsymbol{X}_j$，$\boldsymbol{X}_k$，$\boldsymbol{X}_l$ 分别为节点坐标向量。所以，四面体单元节点 i、j、k、l 在整体坐标系中的坐标向量可表示为：

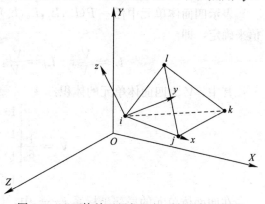

图 5-1 四面体单元局部坐标系与整体坐标系

$$\boldsymbol{X}_e = \begin{bmatrix} X_i & Y_i & Z_i & X_j & Y_j & Z_j & X_k & Y_k & Z_k & X_l & Y_l & Z_l \end{bmatrix} \tag{5-1}$$

在整体坐标中，定义四面体单元节点外力列向量 $\boldsymbol{P}_e$ 和对应的位移列向量 $\boldsymbol{U}_e$。

对于四节点四面体单元 $ijkl$ 中建立局部坐标系 $i\text{-}xyz$，其为右手正交坐标系。局部坐

标系的原点设在节点 i，坐标轴 ix、iy 和 iz 分别为三个局部坐标主轴，ix 轴与向量 ij 重合。现约定局部坐标系 $i\text{-}xyz$ 的 ix 轴的正方向为从节点 i 指向节点 j，iy 轴的正向指向节点 k，具体如图 5-1 所示。局部坐标系中的四面体单元节点坐标列向量为：

$$\boldsymbol{x}_{\mathrm{e}} = \begin{bmatrix} \boldsymbol{x}_i & \boldsymbol{x}_j & \boldsymbol{x}_k & \boldsymbol{x}_l \end{bmatrix}^{\mathrm{T}}$$

其中，$\boldsymbol{x}_i, \boldsymbol{x}_j, \boldsymbol{x}_k, \boldsymbol{x}_l$ 分别为节点局部坐标向量。所以，四面体单元节点 i、j、k、l 在局部坐标系中的坐标列向量可表示为

$$\boldsymbol{x}_{\mathrm{e}} = \begin{bmatrix} x_i & y_i & z_i & x_j & y_j & z_j & x_k & y_k & z_k & x_l & y_l & z_l \end{bmatrix} \tag{5-2}$$

5.3 四面体单元的体积坐标

四面体单元中任一点 P 与其四个角点相连，可把四面体单元分解形成四个子四面体，如图 5-2 所示。以四面体单元所对应的节点号来命名此四个子四面体的体积，即 $Pijk$ 体积为 V_l，$Pjkl$ 体积为 V_i，$Pkli$ 体积为 V_j，$Plij$ 体积为 V_k。

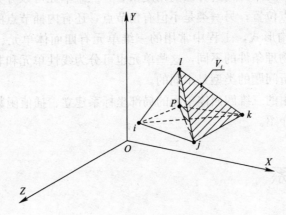

图 5-2　四面体单元体积坐标

表示四面体单元中任一 $P(L_i, L_j, L_k, L_l)$ 点位置的体积坐标 L_i, L_j, L_k, L_l 可由四个比值来确定，即

$$L_i = \frac{V_i}{V}, \quad L_j = \frac{V_j}{V}, \quad L_k = \frac{V_k}{V}, \quad L_l = \frac{V_l}{V}$$

其中，V 为四面体单元的体积：

$$V = \frac{1}{6} \begin{vmatrix} 1 & x_i & y_i & z_i \\ 1 & x_j & y_j & z_j \\ 1 & x_k & y_k & z_k \\ 1 & x_l & y_l & z_l \end{vmatrix} \tag{5-3}$$

在四面体单元的局部坐标系 $i\text{-}xyz$ 中，四面体单元的体积

$$V = \frac{1}{6} x_j y_k z_l \tag{5-4}$$

显然，

$$V_i + V_j + V_k + V_l = V$$

而，体积坐标和直角坐标的转换关系

$$L_i = \frac{1}{6V}(a_i + b_i x + c_i y + d_i z), \quad L_j = -\frac{1}{6V}(a_j + b_j x + c_j y + d_j z)$$
$$L_k = \frac{1}{6V}(a_k + b_k x + c_k y + d_k z), \quad L_l = -\frac{1}{6V}(a_l + b_l x + c_l y + d_l z)$$
(5-5)

其中，a_i、b_i、c_i、d_i 的表达式分别为：

$$a_i = -x_l y_k z_j + x_k y_l z_j + x_l y_j z_k - x_j y_l z_k - x_k y_j z_l + x_j y_k z_l$$
$$b_i = y_k z_j - y_l z_j - y_j z_k + y_l z_k + y_j z_l - y_k z_l$$
$$c_i = -x_k z_j + x_l z_j + x_j z_k - x_l z_k - x_j z_l + x_k z_l$$
$$d_i = x_k y_j - x_l y_j - x_j y_k + x_l y_k + x_j y_l - x_k y_l$$

其余类推。其中，x_i，y_i，z_i，x_j，y_j，z_j，x_k，y_k，z_k，x_l，y_l，z_l 为四面体单元节点 i、j、k、l 在局部坐标系中的坐标。体积坐标不是完全独立的，存在如下关系：$L_i + L_j + L_k + L_l = 1$。四面体四个角点在直角坐标系中的坐标为 $i(x_i, y_i, z_i)$，$j(x_j, y_j, z_j)$，$k(x_k, y_k, z_k)$，$l(x_l, y_l, z_l)$，任一点 P 在直角坐标系中的坐标为 $P(x, y, z)$，将 L_i, L_j, L_k, L_l 等用直角坐标表示，就可以建立体积坐标和直角坐标之间的变换关系。

$$x = x_i L_i + x_j L_j + x_k L_k + x_l L_l = x_i L_i + x_j L_j + x_k L_k + x_l(1 - L_i - L_j - L_k)$$
$$y = y_i L_i + y_j L_j + y_k L_k + y_l L_l = y_i L_i + y_j L_j + y_k L_k + y_l(1 - L_i - L_j - L_k) \quad (5\text{-}6)$$
$$z = z_i L_i + z_j L_j + z_k L_k + z_l L_l = z_i L_i + z_j L_j + z_k L_k + z_l(1 - L_i - L_j - L_k)$$

即

$$\begin{bmatrix} 1 \\ x \\ y \\ z \end{bmatrix} = \begin{bmatrix} 1 & 1 & 1 & 1 \\ x_i & x_j & x_k & x_l \\ y_i & y_j & y_k & y_l \\ z_i & z_j & z_k & z_l \end{bmatrix} \begin{bmatrix} L_i \\ L_j \\ L_k \\ L_l \end{bmatrix}$$

5.4 四面体单元变换矩阵

坐标系中的坐标轴可用向量表示，构造坐标系即是构造坐标轴向量。当定义的坐标系满足右手螺旋法则，则坐标轴向量的构造以及坐标系的变换均可采用向量运算法则进行。现定义四面体单元局部坐标系的坐标轴 $\boldsymbol{ix}$，$\boldsymbol{ix}$ 可用向量 $\boldsymbol{ij}$ 表示，即

$$\boldsymbol{ix} = \boldsymbol{ij} = (X_j - X_i)\vec{e}_1 + (Y_j - Y_i)\vec{e}_2 + (Z_j - Z_i)\vec{e}_3$$

四面体单元局部坐标系的坐标轴 $\boldsymbol{ix}$ 与整体坐标系的坐标轴 OX、OY、OZ 之间的方向余弦 l_1，m_1，n_1 为

$$l_1 = \frac{X_j - X_i}{l_{ij}}, \quad m_1 = \frac{Y_j - Y_i}{l_{ij}}, \quad n_1 = \frac{Z_j - Z_i}{l_{ij}} \quad (5\text{-}7)$$

其中，

$$l_{ij} = \sqrt{(X_j - X_i)^2 + (Y_j - Y_i)^2 + (Z_j - Z_i)^2}$$

类似可定义向量

$$\boldsymbol{ik} = (X_k - X_i)\vec{e}_1 + (Y_k - Y_i)\vec{e}_2 + (Z_k - Z_i)\vec{e}_3$$

根据右手螺旋法则，由向量的矢积构造向量 iz，即

$$iz = ix \times ik = \begin{bmatrix} \vec{e}_1 & \vec{e}_2 & \vec{e}_3 \\ DX_{ji} & DY_{ji} & DZ_{ji} \\ DX_{ki} & DY_{ki} & DZ_{ki} \end{bmatrix}$$

式中，

$$DX_{ji} = X_j - X_i, \quad DY_{ji} = Y_j - Y_i, \quad DZ_{ji} = Z_j - Z_i$$
$$DX_{ki} = X_k - X_i, \quad DY_{ki} = Y_k - Y_i, \quad DZ_{ki} = Z_k - Z_i$$

然后，仍然按向量的矢积，同时根据节点 ijk 的顺序分别构造四面体单元局部坐标系的坐标轴 iy，由上式，得用分量表示的向量 iz

$$iz = (DY_{ji}DZ_{ki} - DZ_{ji}DY_{ki})\vec{e}_1 + (DZ_{ji}DX_{ki} - DX_{ji}DZ_{ki})\vec{e}_2 + (DX_{ji}DY_{ki} - DY_{ji}DX_{ki})\vec{e}_3$$

记

$$DX = (DY_{ji}DZ_{ki} - DZ_{ji}DY_{ki})$$
$$DY = (DZ_{ji}DX_{ki} - DX_{ji}DZ_{ki})$$
$$DZ = (DX_{ji}DY_{ki} - DY_{ji}DX_{ki})$$

四面体单元局部坐标系的坐标轴 iz 与整体坐标系的坐标轴 X、Y、Z 之间的方向余弦 l_3，m_3，n_3 为

$$l_3 = \frac{m_1 n_4 - m_4 n_1}{D}; \quad m_3 = \frac{l_4 n_1 - l_1 n_4}{D}; \quad n_3 = \frac{l_1 m_4 - m_1 l_4}{D} \tag{5-8}$$

式中，

$$l_4 = \frac{X_k - X_i}{l_{ik}}; \quad m_4 = \frac{Y_k - Y_i}{l_{ik}}; \quad n_4 = \frac{Z_k - Z_i}{l_{ik}}$$

$$D = \sqrt{(m_1 n_4 - m_4 n_1)^2 + (l_4 n_1 - l_1 n_4)^2 + (l_1 m_4 - m_1 l_4)^2}$$

而四面体单元局部坐标系的坐标轴 iy

$$iy = iz \times ix = \begin{bmatrix} \vec{e}_1 & \vec{e}_2 & \vec{e}_3 \\ DX & DY & DZ \\ DX_{ji} & DY_{ji} & DZ_{ji} \end{bmatrix}$$

如用分量表示，则有

$$iy = (DYDZ_{ji} - DZDY_{ji})e_1 + (DZDX_{ji} - DXDZ_{ji})e_2 + (DXDY_{ji} - DYDX_{ji})e_3$$

四面体单元局部坐标系的坐标轴 iy 与整体坐标系的坐标轴 OX、OY、OZ 之间的方向余弦 l_2，m_2，n_2 为

$$l_2 = \frac{m_3 n_1 - n_3 m_1}{S}; \quad m_2 = \frac{l_1 n_3 - n_1 l_3}{S}; \quad n_2 = \frac{l_3 m_1 - m_3 l_1}{S} \tag{5-9}$$

式中，

$$S = \sqrt{(m_3 n_1 - n_3 m_1)^2 + (l_1 n_3 - n_1 l_3)^2 + (l_3 m_1 - m_3 l_1)^2}$$

5.5　四面体单元的线性插值函数

在弹性力学问题中，位移必须满足变形连续条件即相容条件。单元位移函数的选择，

必须满足相容性和完整性条件。将整个结构离散为单元之后，沿各单元之间的公共边界的位移必须协调。现用单元节点的位移值来构造单元内任意一点的位移函数以逼近真实位移。构造的位移函数是分片光滑的函数，各单元之间的公共节点的位移值是唯一的，但是位移的一阶导数就不一定连续了。因此，由 C^0 位移连续得到的单元边界处的应力（或应变）一般不连续，它们是与位移的一阶偏导数成正比。在有限元方法中有根据最小二乘原理进行应力磨平的处理方法，可以使得单元界面不连续的应力连续化，计算结果更接近真实情况。所以，在选择位移函数的插值函数时，有时还必须考虑在单元的边界使位移函数至少到一阶可微。假定 P 是以位移表示的总势能表达式中的最高阶导数的阶次，那么，根据单元刚体位移模式条件，所选择的位移插值函数至少应包含有完整的 P 阶多项式；也就是当单元的类型和单元节点的自由度确定后使插值函数 u 尽可能为一个完整的形式对称的 P 阶多项式；为了能保证达到一个完整的阶次，一个单元必须具有足够的自由度，单元是否考虑内插点也是出于这一原则。

　　如图 5-3 所示，各个阶次的四面体单元的节点配置情况，其多项式插值原则满足 Pascal 三角形。在选取多项式的各个项时，为了避免要进行坐标方向的取舍，应使插值与局部坐标的取向无关，即满足单元的几何不变性。

　　现在四节点四面体单元上构造位移插值函数 $u(x,y,z)$，设插值函数为线性函数，即

$$U(x,y,z) = ax + by + cz + d \tag{5-10}$$

　　式（5-10）应该满足上述的完整性条件。按该式计算单元节点处的位移值等于该单元节点处真实的位移值，即

$$\begin{cases} ax_1 + by_1 + cz_1 + d = u_1 \\ ax_2 + by_2 + cz_2 + d = u_2 \\ ax_3 + by_3 + cz_3 + d = u_3 \\ ax_4 + by_4 + cz_4 + d = u_4 \end{cases} \tag{5-11}$$

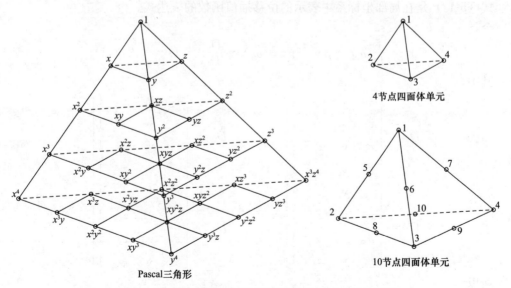

图 5-3　各阶四面体单元及其插值规则（Pascal 三角形）

　　根据矩阵分析的相关理论，求解方程（5-11）得各参数：

$$a = \frac{1}{D}\sum_{i=1}^{4}\alpha_i u_i, \quad b = \frac{1}{D}\sum_{i=1}^{4}\beta_i u_i, \quad c = \frac{1}{D}\sum_{i=1}^{4}\gamma_i u_i, \quad d = \frac{1}{D}\sum_{i=1}^{4}\omega_i u_i$$

其中

$$\alpha_1 = \begin{vmatrix} y_2 & z_2 & 1 \\ y_3 & z_3 & 1 \\ y_4 & z_4 & 1 \end{vmatrix} \quad \alpha_2 = \begin{vmatrix} y_1 & z_1 & 1 \\ y_3 & z_3 & 1 \\ y_4 & z_4 & 1 \end{vmatrix} \quad \alpha_3 = \begin{vmatrix} y_1 & z_1 & 1 \\ y_2 & z_2 & 1 \\ y_4 & z_4 & 1 \end{vmatrix} \quad \alpha_4 = \begin{vmatrix} y_1 & z_1 & 1 \\ y_2 & z_2 & 1 \\ y_3 & z_3 & 1 \end{vmatrix}$$

$$\beta_1 = \begin{vmatrix} x_2 & z_2 & 1 \\ x_3 & z_3 & 1 \\ x_4 & z_4 & 1 \end{vmatrix} \quad \beta_2 = \begin{vmatrix} x_1 & z_1 & 1 \\ x_3 & z_3 & 1 \\ x_4 & z_4 & 1 \end{vmatrix} \quad \beta_3 = \begin{vmatrix} x_1 & z_1 & 1 \\ x_2 & z_2 & 1 \\ x_4 & z_4 & 1 \end{vmatrix} \quad \beta_4 = \begin{vmatrix} x_1 & z_1 & 1 \\ x_2 & z_2 & 1 \\ x_3 & z_3 & 1 \end{vmatrix}$$

$$\gamma_1 = \begin{vmatrix} x_2 & y_2 & 1 \\ x_3 & y_3 & 1 \\ x_4 & y_4 & 1 \end{vmatrix} \quad \gamma_2 = \begin{vmatrix} x_1 & y_1 & 1 \\ x_3 & y_3 & 1 \\ x_4 & y_4 & 1 \end{vmatrix} \quad \gamma_3 = \begin{vmatrix} x_1 & y_1 & 1 \\ x_2 & y_2 & 1 \\ x_4 & y_4 & 1 \end{vmatrix} \quad \gamma_4 = \begin{vmatrix} x_1 & y_1 & 1 \\ x_2 & y_2 & 1 \\ x_3 & y_3 & 1 \end{vmatrix}$$

$$\omega_1 = \begin{vmatrix} x_2 & y_2 & z_2 \\ x_3 & y_3 & z_3 \\ x_4 & y_4 & z_4 \end{vmatrix} \quad \omega_2 = \begin{vmatrix} x_1 & y_1 & z_1 \\ x_3 & y_3 & z_3 \\ x_4 & y_4 & z_4 \end{vmatrix} \quad \omega_3 = \begin{vmatrix} x_1 & y_1 & z_1 \\ x_2 & y_2 & z_2 \\ x_4 & y_4 & z_4 \end{vmatrix} \quad \omega_4 = \begin{vmatrix} x_1 & y_1 & z_1 \\ x_2 & y_2 & z_2 \\ x_3 & y_3 & z_3 \end{vmatrix}$$

$$D = \begin{vmatrix} x_1 & y_1 & z_1 & 1 \\ x_2 & y_2 & z_2 & 1 \\ x_3 & y_3 & z_3 & 1 \\ x_4 & y_4 & z_4 & 1 \end{vmatrix}$$

将上式代入式（5-10）得

$$u(x,y,z) = \sum_{i=1}^{4}\frac{1}{D}(\alpha_i x + \beta_i y + \gamma_i z + \omega_i)u_i \tag{5-12}$$

式（5-12）是在局部坐标系中表示的位移插值函数的表达式。

令，

$$\lambda_i = \frac{1}{D}(\alpha_i x + \beta_i y + \gamma_i z + \omega_i) = \frac{D_i}{D} \qquad (i = 1,2,3,4) \tag{5-13}$$

其中，

$$D_1 = \begin{vmatrix} x & y & z & 1 \\ x_2 & y_2 & z_2 & 1 \\ x_3 & y_3 & z_3 & 1 \\ x_4 & y_4 & z_4 & 1 \end{vmatrix} \qquad D_2 = \begin{vmatrix} x_1 & y_1 & z_1 & 1 \\ x & y & z & 1 \\ x_3 & y_3 & z_3 & 1 \\ x_4 & y_4 & z_4 & 1 \end{vmatrix}$$

$$D_3 = \begin{vmatrix} x_1 & y_1 & z_1 & 1 \\ x_2 & y_2 & z_2 & 1 \\ x & y & z & 1 \\ x_4 & y_4 & z_4 & 1 \end{vmatrix} \qquad D_4 = \begin{vmatrix} x_1 & y_1 & z_1 & 1 \\ x_2 & y_2 & z_2 & 1 \\ x_3 & y_3 & z_3 & 1 \\ x & y & z & 1 \end{vmatrix}$$

所以

$$u(x,y,z) = \sum_{i=1}^{4}\lambda_i u_i \tag{5-14}$$

用矩阵来表示，即

$$\boldsymbol{u}(x,y,z) = \begin{bmatrix} \lambda_1 & \lambda_2 & \lambda_3 & \lambda_4 \end{bmatrix} \begin{bmatrix} u_1 \\ u_2 \\ u_3 \\ u_4 \end{bmatrix} = \begin{bmatrix} \lambda_1 & \lambda_2 & \lambda_3 & \lambda_4 \end{bmatrix} \boldsymbol{u}_e(x,y,z) \tag{5-15}$$

式（5-14）和式（5-15）反映了真实位移 U 与插值函数描述的位移 $u(x,y,z)$ 之间的关系。由式（5-14）同理可得

$$\begin{cases} x = \sum_{i=1}^{4} \lambda_i x_i \\ y = \sum_{i=1}^{4} \lambda_i y_i \\ z = \sum_{i=1}^{4} \lambda_i z_i \\ 1 = \sum_{i=1}^{4} \lambda_i \end{cases} \quad 0 \leqslant \lambda_i \leqslant 1, \quad i=1,2,3,4 \tag{5-16}$$

上式给了局部坐标系 (x,y,z) 与 $(\lambda_1,\lambda_2,\lambda_3,\lambda_4)$ 之间一一对应的关系。与一维和二维时的情况相同，$\lambda_1,\lambda_2,\lambda_3,\lambda_4$ 也称重心坐标或体积坐标。式（5-14）、式（5-15）是插值函数用体积坐标来表示的表达式。式（5-16）也就是反映了局部坐标系与体积坐标系之间的变换关系，它实际上是式（5-12）求逆的结果。利用变换关系式（5-16）可将局部坐标系中的单元节点坐标变换到体积坐标系中。显然四面体单元用体积坐标来表示是十分简单的。由式（5-16）的第四式可得

$$\lambda_4 = 1 - \lambda_1 - \lambda_2 - \lambda_3$$

再将四面体单元 4 个节点的坐标代入式（5-12），即可将 (x,y,z) 空间上单元关系变换为 $(\lambda_1,\lambda_2,\lambda_3)$ 空间上的单元关系。体积坐标与局部坐标系之间的一阶微分关系式为：

$$\frac{\partial(x,y,z)}{\partial(\lambda_1\lambda_2\lambda_3)} = \begin{vmatrix} \dfrac{\partial x}{\partial \lambda_1} & \dfrac{\partial x}{\partial \lambda_2} & \dfrac{\partial x}{\partial \lambda_3} \\ \dfrac{\partial y}{\partial \lambda_1} & \dfrac{\partial y}{\partial \lambda_2} & \dfrac{\partial y}{\partial \lambda_3} \\ \dfrac{\partial z}{\partial \lambda_1} & \dfrac{\partial z}{\partial \lambda_2} & \dfrac{\partial z}{\partial \lambda_3} \end{vmatrix} \tag{5-17}$$

式（5-17）称为雅各比行列式。所以，

$$\frac{\partial(\lambda_1\lambda_2\lambda_3)}{\partial(x,y,z)} = 0 \tag{5-18}$$

在计算域 Ω 上其他各单元插值函数的构造均一样。因此在整个区域上结构的插值函数为各单元的插值函数组合而成，它可以写为

$$U(x,y,z) = \sum_{i=1}^{N} \phi_i(x,y,z) u_i \tag{5-19}$$

式中，$\phi_i(x,y,z)$ $(i=1,2,3,4)$ 称为基函数或形状函数，N 为单元数目。

在四节点四面体单元的形函数与重心坐标之间存在关系式 $\phi_i = \lambda_i$ $(i=1,2,3,4)$。因

此，在整个计算域 Ω 上有

$$\phi_i = \delta_{ij} = \begin{cases} 1 & i = j \\ 0 & i \neq j \end{cases} \quad (i, j = 1, 2, \cdots N)$$

可以看出，这样构造的整个域上的插值函数 $U(x)$ 在任意节点之处，它的值即为该点的位移 u_i。对于任意一个单元插值函数在单元内对坐标的变化率表示为

$$\frac{\partial u(x,y,z)}{\partial x}\bigg|_e = \sum_{i=1}^4 \frac{\partial \lambda_i}{\partial x} u_i = \frac{1}{D} \sum_{i=1}^4 \alpha_i u_i = c$$

$$\frac{\partial u(x,y,z)}{\partial y}\bigg|_e = \sum_{i=1}^4 \frac{\partial \lambda_i}{\partial y} u_i = \frac{1}{D} \sum_{i=1}^4 \beta_i u_i = c$$

$$\frac{\partial u(x,y,z)}{\partial z}\bigg|_e = \sum_{i=1}^4 \frac{\partial \lambda_i}{\partial z} u_i = \frac{1}{D} \sum_{i=1}^4 \gamma_i u_i = c$$

插值函数在每个单元内连续，并且每个单元内的应变为常量。由此可见，函数组合成的整个域上的插值函数 $U(x,y,z)$ 是个分片连续的函数。

5.6 四面体单元的单刚矩阵

有了单元的位移表达式，就可以得到单元的位移形函数矩阵，根据空间三维任一点的应变表达式，给出应变矩阵；然后，根据本教材第 2 章介绍的虚功原理推导单元刚度矩阵的过程，得到三维四面体单元的单刚矩阵和有限元基本方程。限于篇幅，此处不再展开，读者可参阅相关文献和本教材第 2 章的相关内容，进行延伸阅读。

6 BIM 技术与应用

6.1 概述

随着土木工程项目复杂度和规模的飞速增长以及信息科技的发展，建筑信息化正在成为工程项目相关各方关注的热点，建筑信息模型（Building Information Modeling，BIM）也应运而生，并深刻影响着土木工程应用软件的发展方向。关于 BIM 的定义，美国国家标准技术研究院所作的定义是：BIM 是以三维数字技术为基础，集成了建筑工程项目各种相关信息的工程数据模型，BIM 是对工程项目设施实体与功能特性的数字化表达。BIM 可以在项目生命周期的全过程进行应用，也可以在项目的某个或某些阶段进行应用，甚至是在某些阶段的某些单项任务或功能进行应用。与目前普及应用的 CAD 模型相比，BIM 是一个更加综合的模型，建立 BIM 模型也不是在一个软件环境中就能完成的工作，它需要跨平台的资源交流和数据整合。

传统的 CAD 软件一般都是专门应用于某一领域的，比如钢结构 CAD、混凝土结构 CAD，木结构 CAD，桥梁结构 CAD，以及机械设计 CAD，航空飞机设计相关的 CAD 等等，当然其中的任何一类结构体系还可以再细分，例如土木工程中的钢结构还可以细分成多高层钢结构，网架网壳空间结构、索膜空间结构等等。今天发展的如火如荼的 BIM 技术，就实质上看，就是更高层次的 CAD 应用，是新形式的数据库和图形信息的结合，是跨平台跨专业甚至是跨行业的 CAD 大平台，由于这种跨越，已经远远超出了原来 CAD 的概念。实际上，这种跨平台技术已经在航空航天领域应用很久，这种协同和跨平台的运作是保证航空工业产品质量的重要保证，只是当时还没有产生 BIM 这个名称。从土木工程软件应用的角度，要了解 BIM，需要从了解传统 CAD 与工程数据库的发展讲起。

6.2 工程数据库与 CAD

数据库系统是随着计算机在数据处理方面的应用发展而产生的。从 20 世纪 50 年代末开始，数据管理技术就一直是计算机应用领域中的一项重要技术和研究课题。利用计算机实现数据管理经历了三个发展阶段：1）人工管理阶段；2）文件系统阶段；3）数据库阶段。数据库系统起源于 20 世纪 60 年代中期，其发展始终以数据模型的发展为主线。根据数据库模型的发展情况，数据库系统目前的发展基本可划分为三代：1）第一代数据库系统，即层次数据库系统和网状数据库系统；2）第二代数据库系统，即关系数据库系统；3）第三代数据库系统，即面向对象数据库系统。一个完整的数据库系统由数据库、数据库管理系统和应用程序三个部分组成。

工程数据库的发展从一开始就根植于 CAD 系统的发展，它一直以来都是作为 CAD 的数据管理子系统。几乎每个大型的 CAD 系统，都内建了一个专门的工程数据库。从技术上讲，工程数据库的发展同时受到数据库技术和 CAD 技术的影响。

CAD 技术，在工程应用领域有着举足轻重的地位，长期以来，无论国内还是国外都投入了大量的资金和人力进行研究，并创造了许多优秀的软件系统，在工程制造业发挥了重要的作用。工程数据库作为 CAD 的数据支撑软件，同样得到人们的广泛关注，并得到了许多理论研究和实际应用成果。

在国外，几乎每个大型的 CAD 软件都开发了相应工程数据库，非常著名的 CAD 软件系统，如 UG、CATIA、Pro/E、AutoCAD，它们的应用范围覆盖了从普通民用到航空航天等各个领域，并且这些 CAD 软件全部采用工程数据库来进行数据管理。在国内，从资料上显示，20 世纪 90 年代，就有许多单位对工程数据库进行了专门研究，并开发出几个成型的工程数据库，如 GH-EDBMS、OSCAR、中科院 EDBMS、Hr-EDBMS 等，得到较好的测试结果。在国内土木工程领域，目前在应用上比较好的 CAD 软件有 PKPM，盈建科，这都是在 Windows 环境下自主研发的具有自主知识版权的国产三维 CAD 软件。但是，目前国内在 CAD 和工程数据库技术上的发展水平上与国外存在一定差距，仍缺少体系完整、应用全面、具有较强国际商业竞争力的跨行业高水平的 CAD 软件系统。在实际应用上，以航空应用为例，目前国内大量使用诸如 CATIA，UG 等大型 CAD 软件进行飞机造型设计及其相关应用，并继续保持着非常高的使用需求。因此，研究工程数据库管理系统并很好地同 CAD 软件集成，无论对于土木工程，还是对于航空航天工程，都具有重大意义和广阔应用前景。

一般来说，工程项目按照进度不同大致可分为设计阶段、施工阶段和运维阶段。然而，建筑工程作为一个多专业交叉的综合项目，每个阶段涉及的 CAD 软件比较多，不同的软件数据格式也不尽相同。通过分析不同阶段建筑工程的信息流可以发现，建筑工程不同阶段、不同的参与方之间存在巨大的信息交换与共享需求，工程数据又具有数量庞大、类型复杂、信息源多、存储分散、动态性等特点，这就需要引入"工程数据库"的概念。因此，CAD 软件之间的数据交流和多专业软件的交叉显得尤为重要。另外，信息的集成管理也离不开高效率的数据结构和数据库的支持，基于数据库的 BIM 数据集成管理框架必不可少，这也是目前国内众多 BIM 软件平台所着力解决的重要方面。

工程数据库，包含了几何的、物理的、工艺的以及其他技术专业的特性和它们之间的相关关系。工程数据库对解决综合工程问题起到关键作用，同时，又是综合工程系统的数据中心。计算机在各个工程领域中的广泛应用，生成了大量的工程数据。这些工程数据的类型、结构、语义、模式以及生产方式、使用环境等方面与传统的事务处理中的数据有着很大的差别。与商业数据库相比，工程数据的以下特点使它更适用于建筑信息化的信息集成和管理：

(1) 复杂的数据类型

工程数据库是超越传统数据模型（层次、网状和关系）的一种综合性更强，更复杂的数据模型，对其研究要借助于传统数据模型的表达，使工程数据库的数据模型更贴切地反映工程应用环境的客观世界的本来面目。工程数据中，既有数值、文字和布尔值等简单的数据类型用于常规的事务管理，又有几何图形、三维模型、与时间参数相关的计划规划等复杂的数据类型。

（2）数据量大且关系复杂

一个工程实体可以看成是多个部件或构件的集合，而这些构件和部件又可以看作是更细化的数据类型的集合。另外，一个工程实体的构件或部件的组装是要遵循一定的顺序的，所以，时间参数的加入使它们的逻辑关系更加复杂。

（3）丰富的语义关联

工程数据间存在着复杂的语义联系，往往可以抽象成数据对象的特征、概括联系，表现出数据对象间具有继承性和递归特性。

（4）频繁的数据交互

工程数据库支持频繁的日常事务管理，并具有友好的用户接口和良好的相容性支持。

6.3　面向对象与工程数据库

6.3.1　面向对象技术简介

面向对象技术开创于 20 世纪 60 年代末，20 世纪 80 年代后期得到了较大的发展。面向对象概念最早出现在 Simula 程序语言中，而完整地提出面向对象概念的是在 20 世纪 80 年代初期由 Xerox 公司提出的 SmallTalk-80 语言中。同一时期出现的还有 C＋＋语言，虽然 C＋＋不是纯粹的面向对象程序语言，但最后得到了最广泛的应用。后来，P. Coad 和 E. Yourdon 合写的《Object-Oriented Analysis》是当时面向对象技术最有价值的专著，阐明了面向对象的本质并提出了建模方法。在数据库方面，以 Malcolm Atkinson 为代表的学者在第一届面向对象数据库国际会议提出《面向对象的数据库系统声明》，这篇文章阐述了面向对象的数据库系统的详细定义，它描述了作为一个合格的面向对象数据库系统所应具备的主要特征与性质。市场上第一个面向对象数据库软件是 Servio Logic 公司于 1986 年推出的 GemStone。

面向对象是一种运用对象、类、封装、继承、多态和消息等概念来构造、测试、重构软件的方法。它是以认识论为基础，用对象来理解和分析问题（事件）空间，并设计和开发出由对象构成的软件系统（解空间）的方法。由于问题空间和解空间都是由对象组成的，这样可以消除由于问题空间和求解空间结构上的不一致带来的问题。简言之，面向对象就是面向事件本身，面向对象的分析过程实质就是重新认识和表达客观世界的过程。

面向对象技术具有信息隐藏、数据抽象、动态结合、类继承、信息传递、动态存储等特点，有较强的语义表达能力，因此得到了广泛的应用。从程序设计语言到数据库、从软件工程到人工智能，面向对象技术带来了计算机技术的一场重大变革。

面向对象方法涵盖对象、类、封装、继承、多态、动态和消息传递等等几个主要概念。封装从字面上来理解就是包装的意思，专业层面就是信息归类和信息隐藏，是指利用抽象数据类型将数据和基于数据的操作封装在一起，使其构成一个不可分割的独立实体，数据被保护在抽象数据类型的内部，尽可能地隐藏内部的细节，只保留一些对外接口使之与外部发生联系。系统的其他对象只能通过包裹在数据外面的已经授权的操作来与这个封装的对象进行交流和交互。也就是说用户是无需知道对象内部的细节，但可以通过该对象对外提供的接口来访问该对象。对于封装而言，一个对象它所封装的是个体的属性和方法，所以它是不需要依赖其他对象就可以完成自己的操作。使用封装有几大好处：（1）良好的封装能够减少耦合；（2）类内部的结构可以自由修改；（3）可以对成员进行更精确的控制；（4）隐藏信息，实现细节。

继承是使代码可以复用的重要手段，也是面向对象程序设计的核心思想之一。简单的说，继承是指一个对象直接使用另一对象的属性和方法。继承呈现了面向对象程序设计的层次结构，体现了由简单到复杂的认知过程。原始类称为基类，继承类称为派生类，它们是类似于父与子的关系，所以也分别叫父类和子类。而子类又可以当成新的父类，被另外的新的子类继承，这样就构成了多层复杂的继承关系。继承的方式有三种分别为公有继承（public），保护继承（protected），私有继承（private）。具体定义如下：

（1）公有继承（public）

公有继承的特点是基类的公有成员和保护成员作为派生类的成员时，它们都保持原有的状态，而基类的私有成员仍然是私有的，不能被这个派生类的子类所访问。

（2）私有继承（private）

私有继承的特点是基类的公有成员和保护成员都作为派生类的私有成员，并且不能被这个派生类的子类所访问。

（3）保护继承（protected）

保护继承的特点是基类的所有公有成员和保护成员都成为派生类的保护成员，并且只能被它的派生类成员函数或友元访问，基类的私有成员仍然是私有的。

多态性指同一属性或行为表现有多种形态。比如一个属性或函数的参数表可以根据不同的上下文环境，选取不同的数据类型。产生多态的途径有通过继承，子类重载超类中的方法或属性；有通过多重定义，对同一个方法定义多个参数类型；还有通过迟后联编（Late binding），在运行期间由具体的运行条件决定对象方法采用的行为方式。动态性即迟后联编，或叫动态绑定，是在运行时才确定对象的具体属性和行为特征。在技术上，动态绑定往往通过虚函数表（Virtual Function Table，Vtbl）来实现。通过动态绑定，还可以实现运行期类型识别和动态类型转换。

消息传递是指在面向对象系统中，对象之间的联系是通过消息传递的方式来实现。消息传递的原语可表达为：Send〈Message〉to〈Destination〉。Message 是要发送的消息内容，Destination 是要接受消息的对象。Destination 可以是特定的对象，也可以是所有的对象，这时称为消息的广播（Broad Cast）。

6.3.2 面向对象数据库

面向对象方法从对象出发，发展出对象、类、消息、继承等概念。对象表示客观世界问题空间中的某个具体的事物，在软件中对应于系统解空间中的基本元素。在面向对象的数据模型中，每个事物被看成一个具有若干属性和行为的抽象数据结构的实例，抽象数据结构被称作类或类型，实例则被称作对象。

对象具有唯一的标识符，具有独特的属性和方法。面向对象数据模型的本质，就是将事物看成具有某些属性和行为的抽象数据。属性就是需要记忆的信息，方法就是对象提供的服务。在面向对象的软件中，对象是某一个类的实例。类是对于有同样属性、共同的行为、共同的联系和共同的语义的对象的描述。面向对象的数据模型常常被表示为对象图。对象用节点表示，通过线段同它的属性节点和行为节点相连，该线段表明何种关联关系。

面向对象的数据模型具有抽象、标识、封装、继承、聚集、泛化、特化、多态、动态和消息传递等特性。抽象是面向对象概念的基础。现实世界的数据种类千差万别，如何用统一的方法去表示它们，一直是一个难题。从 20 世纪 70 年代开始，人们提出了抽象数据类型的概念（Abstract Data Type，ADT）。ADT＝(D，A)，D 为抽象数据的说明，包含语法和语义两部分。语义描述了对象的状态属性，语法描述了对象的行为方法；A 为抽象数据的实现，唯一标识一个具体的对象。相应地，A 包括了对象的数据结构和算法，数据结构表示对象数据在计算机中的存储格式，算法表示了操作对象的方法和函数。ADT 是一个严密的代数系统，具有严格的数学理论依据，数据抽象确定了对象是属性状态和行为方法的统一体，这是面向对象数据模型的雏形。

面向对象数据模型把数据和与对象相关的代码封装成单一组件，外面不能看到其里面的内容。因此，面向对象数据模型强调对象（由数据和代码组成）而不是单独的数据。这主要是从面向对象程序设计语言继承而来的。在面向对象程序设计语言里，程序员可以定义包含其自身的内部结构、特征和行为的新类型或对象类。这样，不能认为数据是独立存在的，而是与代码（成员函数的方法）相关，代码定义了对象能做什么（它们的行为或有用的服务）。面向对象数据模型的结构是非常容易变化的。与传统的数据库（如层次、网状或关系数据库）不同，对象模型没有单一固定的数据库结构，编程人员可以给类或对象类型定义如链表、集合、数组等传统数据结构。面向对象的数据模型中的模块和数据存储关系如图 6-1 所示。

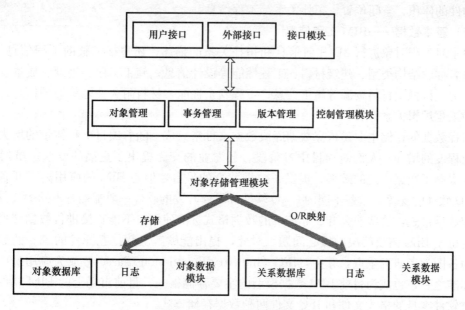

图 6-1　面向对象的数据模型

面向对象数据库系统（Object Oriented Database System，OODBS）擅长描述复杂对象，但面向对象数据库不支持过程化的查询和视图功能。在面向对象数据库里，查询技术一直是难点和瓶颈，通常只能进行对象逻辑较为简单的查询，对于对象逻辑复杂的查询，效率低，还缺少算法上的高效解决办法。

面向对象数据库是面向结构的，对于面向数值的数据管理显得不是很有效，这是面向对象数据库同关系型数据库的差别。这恐怕就是为什么关系数据库仍是部分商用数据库首选的原因。

虽然面向对象数据库是一项值得研究的技术，有着语义表达能力强、善于表示复杂结构的数据等优点，但它的应用是有适用范围和领域的，纯面向对象数据库目前在数据库市场上所占份额仍较少，剩下的大部分为关系数据库所占。在 BIM 模型的表达方面，由于数据关系复杂，面向对象数据库有其天然优势。

6.4 BIM 数据简介

BIM 作为多专业软件协同工作的平台，其需要处理的工程数据根据专业可以大致分为建筑数据、结构数据、施工数据、设备数据、运维数据；根据项目阶段可以分为设计数据，施工数据及运维数据。尽管每个专业或阶段涉及的 BIM 数据不尽相同，但都离不开 BIM 三维模型、BIM 工程信息等基本的数据。

(1) 核心数据——三维模型

三维模型是 BIM 优势最直接的体现，其可视化设计的特点使 BIM 在工程项目中比 CAD（Computer Aided Design）具有更明显的优势。BIM 的三维几何数据是 BIM 模型中重要的建筑产品数据，是贯穿于建筑生命期的核心数据，这些数据在建筑生命期的不同阶段被创建和利用，包含了丰富的工程信息，例如通过对建筑三维几何数据的演算可以得出建筑构件的体积、空间位置、拓扑关系等工程信息。

(2) 基本数据——BIM 工程信息

除了对工程对象进行 3D 几何信息和拓扑关系的描述，还包括完整的工程信息描述，如对象名称、结构类型、建筑材料、工程性能等设计信息；施工工序、进度、成本、质量以及人力、机械、材料资源等施工信息；工程安全性能、材料耐久性能等维护信息；对象之间的工程逻辑关系等。

工程数据的存储主要是依靠数据库或数据文件来完成。随着项目工程体量的增大和项目复杂程度的增加，人们对项目中各阶段、各专业的交流提出了更高的要求。虽然 BIM 的介入提高了数据交流的效率，提供了数据共享的平台，但是 BIM 的应用离不开各个专业 CAD 软件的支撑，这些不同的 CAD 软件开发商开发的软件一般都拥有不同的文件存储方式和数据格式，这些非公开、非统一的数据格式标准使用户不能直接进行数据交换和共享，这也是 BIM 需要解决的核心问题。对此，提出能够解决数据互通性的统一的数据标准成为各图学者研究重点，其中，IFC（Industry Foundation Classes）成为应用最广泛的数据标准之一，也成为目前 BIM 数据模型的主要存储格式，目前市场上的 BIM 软件基本都提供软件本身的格式文件和 IFC 文件两种数据存储方式。

IFC（Industry Foundation Classes）是由国际协同工作联盟 IAI（International Alliance for Interoperability）应用面向对象技术所建立的信息标准。IAI 的发展起源于 1994 年 8 月，由美国 12 家公司以 AutoCAD R13 的 ARX 系统为基础，研究不同应用软件在协同工作方面的可能性，于 1995 年克服了核心的问题后，发表了简称 IFC 的信息交换格式，1995 年 10 月，他们在北美正式成立 IAI 组织。随着信息技术的发展，统一的文件格式已是全球工业化和信息化所面临的共性问题，随后他们将此思想推广到其他国家，很快的其他国家也相继成立了 IAI 分部，并于 1996 年在伦敦召开了第一次的 IAI 国际会议。截至 2017 年 12 月，该组织成员涵盖了 24 个国家及 8 个附属或注册的团体，其组成单位共计 131 个，包含建筑业主、承包商、政府官员、学术单位、资产管理、软件厂商、建设公司等，这为该标准的推广奠定了良好的用户基础。

IFC 基于 STEP 标准，采用 EXPRESS 语言描述其建筑工程信息。IFC 整体信息的描述从下至上可以分为四个层次——资源层、核心层、共享层及领域层。每个层次又包含若干模块，相关工程信息集中在一个模块里描述。一个完整的 IFC 模型由类型定义、函数、规则及预定义属性集组成。其中，类型定义是 IFC 模型的主要组成部分，包括定义类型（Defined Type）、枚举类型（Enumeration）、选择类型（Select Types）和实体类型（Entity Types）。

根据计算机专业中的概念，工程数据可以分为结构化数据、半结构化数据及非结构化数据。结构化数据能够用数据或统一的结构加以表示，如数字、符号。传统的关系数据模型、行数据，存储于数据库，可用二维表结构表示其逻辑关系。非结构化数据是指其字段长度可变，并且每个字段的记录又可以由可重复或不可重复的子字段构成的数据库，用它不仅可以处理结构化数据（如数字、符号等信息）而且更适合处理非结构化数据（全文文本、图象、声音、影视、超媒体等信息）。非结构化数据包括所有格式的办公文档、文本、图片、XML、HTML、各类报表、图像和音频/视频信息等。所谓半结构化数据，就是介于完全结构化数据（如关系型数据库、面向对象数据库中的数据）和完全无结构的数据（如声音、图像文件等）之间的数据。它一般是自描述的，数据的结构和内容混在一起，没有明显的区分。虽然 BIM 旨在采用结构化和模型化的数据来描述工程信息，但是就目前而言，大量的工程数据仍然储存在非结构化的文档中，包括非结构化文本文档、非结构化图形文档、非结构化多媒体文档等。

一般来说，同一家公司的不同阶段或专业的软件由于数据标准的内部公开性，基本可以实现无障碍的数据交互。如运用于设计阶段的 Revit 和运用于施工及运维阶段的 Navisworks 均为 Autodesk 公司研发的软件，Navisworks 可以直接打开 Revit 文件并获取文件中相关的属性信息。而对于不同开发商开发的软件，虽然各软件都提供 IFC 文件的存储选项，但是 IFC 作为结构化的数据标准，采用 IFC 文件作为数据交互的媒介，则可能因无法完全描述非结构化的信息而导致数据的冗余或丢失。

数据的存储主要是依靠数据库和文件来完成。IFC 标准作为开发的数据标准，能很好地支持 BIM 数据的共享与交换，但专业软件在其发展的过程中已形成独有的数据格式标准，信息的表达与交换需要两者很好地结合。如常用 CAD 建模软件内部的数据格式表达，其数据格式并不开放，却能完整准确反映所描述模型的信息，IFC 的开放性与模型描述功能的完备性在数据与共享中发挥重要作用，是建筑全生命期内各方进行信息共享与交换的基础。因此，BIM 数据的存储需要 IFC 标准与软件专有数据标准相结合，才能充分发挥已有模型相关的软件和数据资源。

由此，在建筑项目全生命期内，各个阶段各个专业的应用软件，若由同一个开发商开发的软件，因为其内部共享的数据标准，基本上可以实现无障碍的数据交互。例如由 Autodesk 公司的 Revit 系列软件包括 Revit Building、Revit Structure、Revit MEP，这些软件之间的信息可以直接相互调用，可以读取或者输入相互的专有数据格式。但是由不同开发商开发的软件，由于非公开、非统一的数据格式标准，尽管各软件都提供 IFC 文件的存储选项，但是 IFC 作为结构化的数据标准，可能因无法完全描述非结构化的信息而导致数据的冗余或丢失。

建筑工程项目是一个多专业交叉的过程项目，要完成一项工程项目，从设计、施工、运营各个阶段各个专业需要相应的 BIM 软件，不同的软件数据格式也不尽相同，每个阶段会涉及不同的 BIM 软件。因此，建立统一的工程数据标准是非常重要和迫切的。

6.5 BIM 软件简介

经过自 19 世纪 70 年代以来全球范围的信息技术高速发展，土木工程中与 CAD/CAM/CAE 相关的应用软件及其软件技术也都有了长足的发展和进步。随着 Intel 高性能芯片和 Windows 新一代桌面操作系统的出现并逐步升级，以前只能运行在工作站上的 CAD/CAM 软件现在也可以运行在微机上，物美价廉的微机平台为普及专业 CAD 应用创造了绝好的条件。今天的个人计算机的运行速度已经具备了与中低档工作站的实力，再加上其价格低廉，使得普及 CAD 应用成为可能，任何设计院和施工单位，个人计算机几乎就成了工作的基本工具。同时由于 DDE 和 OLE 技术的广泛应用，这些工程应用软件可以与 Windows 平台的其他软件进行动态数据交换，也可以在不退出 CAD/CAM/CAE 软件的前提下嵌入（或链接）其他应用程序的对象。工程应用软件也采用了 COM（Component Object Model）技术，该技术是国际上为提高软件稳定性和开发效率而引入的重要组件技术。通过使用现成的组件，软件开发商可以避免软件开发中许多烦琐和困难的基础部分，从而可以从较高的起点出发，大大缩短工程应用软件上市周期，取得竞争优势。同时，由于采用面向对象技术，使得微机 CAD 软件的功能复杂性、可维护性和可扩展性得以增强。

BIM 模型的主要作用就是让建设项目涉及的所有参与方通过 BIM 进行不同层次和深度的交流与合作，通过 BIM 模型完成信息的插入、提取和更新，让各方可以通过各种软件或者平台实现信息准确和及时的共享。现在主流 BIM 软件商主要有 Autodesk，Bentley，Trimble 等。

BIM 是一个面向建筑全生命周期的技术体系，需要多种软件的配合才能实现预期的目标。BIM 软件能将"建筑信息"与"建筑模型"相结合。需明确的是，这只是一个基本条件。从这个条件出发，Rhino 与 Sketch Up 虽然能把建筑模型建出来，但没有构件信息，因此不能算是 BIM 软件。但是基于 Auto CAD 平台开发的 Architecture，因按建筑构件分类建模并有属性信息，一般均认为是 BIM 软件。BIM 软件又可大致分为 BIM 建模软件与 BIM 管理软件两大类，前者主要用来创建模型与信息；后者主要用来对模型与信息进行浏览、管理、应用。前者如 Archi CAD、Revit；后者如 Navisworks Manager、Tekla BIM-sight。在建筑设计这个分项中，BIM 软件主要指 BIM 建模软件。

目前 BIM 建模软件以国外开发和商业软件为主，最主要的有 Autodesk 公司的 Revit、Graphisoft 公司的 Archi CAD、Bentley 系列 BIM 软件 Digital Project 等，其中 Graphisoft

公司的 Archi CAD 早在二十世纪八十年代就提出了"虚拟建筑"的理念，与当今如火如荼的 BIM 概念不谋而合；Autodesk 公司的 Revit 目前占据了最大的 BIM 市场份额。目前，市场上主要的 BIM 核心建模软件商及其产品结构汇总如图 6-2 所示。

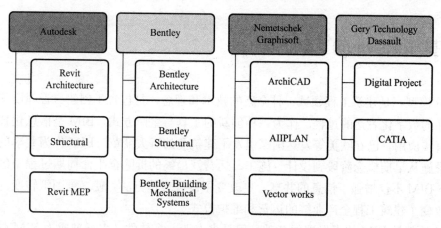

图 6-2 BIM 建模软件

对于建筑师日益多变的造型要求，BIM 软件本身的造型能力及操作的便利性都可能不及专门的 3D 造型软件，许多建筑师更加习惯使用常规的 3D 造型软件来进行方案构思，如 SketchUp、Rhino、3ds Max、Maya、Catia 等。这些软件所建立的模型由于不包含构件信息，因此一般不归入严格意义上的 BIM 软件范畴，但其模型可通过各种途径和文件格式导入到 Revit 或 Archi CAD 等 BIM 软件中。

一般来说，3D 模型的互导在大部分情况下都是可行的，但可能需经第三方软件来中转。Revit 可接受的 3D 格式包括：dwg、dxf、dgn、sat、skp 等。Rhino 及其他 3D 软件的模型可通过 sat 格式来导入；Archi CAD 且可以直接打开或导入 dwg、dxf、dgn、skp 等格式文件，通过官方提供的插件"3D Studio In"可直接导入 3ds 格式。Rhino 及其他 3D 软件的模型可通过 3ds 格式来导入；Revit 及 Archi CAD 均可直接导入 Sketch Up 模型。

BIM 建筑设计软件的优势总结起来有以下几方面：

1）从概念方案到深化设计，再到初步设计、施工图设计，整个设计流程可以整合到一个软件内部进行，减少在不同软件之间异步操作导致的错、碰、漏、缺等设计问题。

2）平立剖面、三维、指标列表等均来自同一模型，同步生成，关联互动，实时更新，避免平立剖面对不上、图纸与效果图对不上等错误。

3）可随时观察整体或局部、室内或室外的效果，从而更好地把控设计效果。尤其是在室内以人的视点体验空间，可将设计者的关注点更多地拉回空间体验方面。

4）灵活多样的可视化表现方式，使设计方案得到快速、全方位的展示，给方案的讨论、审阅、表现带来极大的便利。

5）可应对复杂造型、复杂空间的创意设计，拓宽设计的可能性。对于一些 BIM 软件本身难以实现的造型，可融入其他造型软件的设计成果进行深化。

6）可应对参数化设计的要求，或与相关软件对接，使参数化设计的可实施性得到增强。

7）在方案初期，即可应用配套的分析软件如 Autodest Ecotect Analysis 日照分析软件等，对方案模型进行性能分析，为方案决策提供依据。

8）BIM 软件的协同工作机制，使设计和管理团队协作效率更高，比如内部平面与外立面分别由不同的成员设计，通过协同工作，可以保持同步更新，避免冲突，也避免了来回对图的麻烦。

6.6 基于 Revit 的二次开发

BIM 模型，是建筑工程领域一种全新的技术和理念，是包含了创建与管理设施物理与功能特性的数字化表达的过程。作为一种创新的工具与生产方式，BIM 是信息化技术在建筑业的直接应用，已在欧美等发达国家引发了建筑业的巨大变革。BIM 作为共享的知识资源，在设施从早期概念阶段到设计、施工、运营及最终的拆除全生命周期过程中的决策提供支持。BIM 不仅增强了信息的共享，更改变了设计表达方法，使二维图纸转变为三维设计，也改变了建筑工程全产业链的运营和维护模式。

BIM 软件是 BIM 技术发展的基础，但是多专业、多软件、多标准成为 BIM 数据交互的一种阻碍。在分析 BIM 数据的特点之后，通过引入基于 API 二次开发的方法，给出以设计模型为中心的基于 Revit API 的二次开发方法，建立设计阶段各软件的数据交互框架，以及设计阶段与施工、运维阶段的项目数据交互框架。

基于 RevitAPI 的二次开发的数据交换接口可方便实现 Reivt 软件与专业的结构分析软件，例如 PKPM，SAP2000，ETABS，STAAD，Midas，YJK 等分析和设计软件之间的数据交换。此外，Revit 与施工阶段及运维阶段常用的软件 Navisworks 同为 Autodesk 公司开发，其模型兼容性和数据可转换效率较高。

IFC 作为结构化的数据标准，可能因无法完全描述非结构化的信息而导致数据的冗余或丢失，BIM 数据非结构化的特点让 BIM 软件之间的数据交互存在一定的障碍。而各专业软件基本上都会提供各自的 API（Application Programming Interface）接口以便用户进行二次开发，解决不同专业软件之间的数据交互问题。

下面以目前应用最广泛的 BIM 设计软件之一的 Revit 为例介绍 API 的使用方法，并基于 Revit 软件 API 接口的实现情况提出基于 API 二次开发的 BIM 软件数据交互框架的简单实例。

6.6.1 开发环境介绍

（1）应用程序编程接口 API

BIM 系列软件提供了可以扩展产品功能的应用程序编程接口 API，一般包括访问文档中对象 API、用户选择交互 API、文档级别事件 API、对象过滤 API 和对象创建 API 等，功能十分丰富。API（Application Programming Interface，应用程序编程接口）是一些预先定义的函数，目的是提供应用程序与开发人员基于某软件或硬件得以访问一组例程的能力，而又无需访问源码，或理解内部工作机制的细节。也就是说，API 是一种共享接口的功能，提供了外部查询数据库的函数或程序。

（2）软件开发工具包（Software Development Kit，SDK）

API 中包含的函数较多，且功能复杂，使用 API 时往往会对其中一些函数涉及的参数感到无从下手，这时 SDK 就是一个很好的帮手。SDK 中通常会包含一些案例（Samples），这些事程序开发员利用 API 来完成的一些小插件，可以帮助用户理解和使用 API。此外，SDK 中还包含软件 API 的已编译的帮助文件（Compiled Help Manual，chm）。文件中含有 API 函数的详细介绍，是基于 API 二次开发的不可或缺的工具之一。

（3）开发环境——Microsoft Visual Studio

Microsoft Visual Studio 是美国微软公司的开发工具包系列产品，是一个基本完整的开发工具集，它包括了整个软件生命周期中所需要的大部分工具。

（4）开发语言——C♯

C♯继承和结合了 C、C++和 VB 的优点，可以快速地编写各种基于 Microsoft. NET 平台的应用程序，便于在 Microsoft Visual Studio 中进行跟踪调试，是. NET 开发的首选语言。

6.6.2 Revit 二次开发

Revit API 提供两种外部扩展的访问方式——External Command 和 External Application。External Command 主要通过插件文件（. dll）实现外部访问，需要用户在"附加模块"中调用插件文件来实现外部扩展功能。External Application 主要通过 Add-In 文件来实现外部访问，最终外部命令会在 Revit 面板上生成按钮，用户可以直接通过点击按钮实现外部扩展功能。

在 Visual Studio 中，基于 Revit API 进行二次开发的基本步骤如下，流程如图 6-3 所示：

（1）建立项目。首先启动 Visual Studio 2015，新建一个 Visual C♯类库项目，项目的名称便是程序集的名称，一般以二次开发实现的功能作为命名。这时 Visual Studio 会自动生成 Class1. cs 等文件。

（2）添加外部引用。在进行 Revit 二次开发时，需要引用 Revit 安装目录下的 RevitAPI. dll 和 RevitAPIUI. dll。DLL（Dynamic Link Library）文件实质上是动态链接库，RevitAPI. dll 和 RevitAPIUI. dll 中包含能被程序或其他 DLL 调用来完成一定操作的方法，但这些函数不是执行程序本身的一部分，而是根据进程的需要按需载入，此时才能发挥作用。本节提到的 Revit API 方法都必须要在 Visual Studio 中添加 RevitAPI. dll 和 RevitAPIUI. dll 的引用，才可以实现它们的功能。

（3）引用命名空间。命名空间是用来组织和重用代码的，可以提高程序的可读性。在 RevitAPI. dll 和 RevitAPIUI. dll 中，不同的方法所处的命名空间不同，需要调用不同的命名空间。

（4）创建命令类。在创建的命名空间下为命令类加载属性，选择创建类的命令加载方式，主要包括选择文件事物、更新、日志等的模式，Revit 在 2014 版本中，文件事物模式和更新模式只能选择手动模式。接着创建一个从 IExternal Command 派生的类。

（5）重载 Execute（）方法，在 Execute（）方法中创建功能实现的核心代码。

（6）生成 dll 文件，添加到 Revit 附加模块中使用。

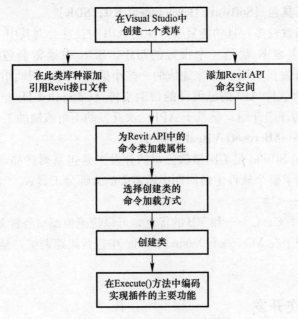

图 6-3　Revit API 使用流程

6.7　小结

　　BIM 模型是建筑业信息化发展进入高级阶段之后的一个趋势和必然选择。建筑行业涉及的专业和科技领域众多，对其设计、施工、运维等各个环节都有千丝万缕的联系，针对建筑模型信息化也是重要的技术环节。BIM 模型的标准、开发都是未来一段时间内建筑领域的科学研究和应用的热点，作为土木专业的本科生了解一些这方面的前沿技术和相关软件的背景，是必要的。本章内容相对简单，建议在此基础上进行扩展阅读，以期对 BIM 有更深刻的理解。

7 多层混凝土结构工程的软件应用

7.1 设计概述

对于任何种类的建筑工程，设计需要经过从方案设计、初步设计、深化设计和施工图设计四个阶段，有的时候这几个阶段也根据各自专业深入程度的不同分为扩初设计和详细设计几个阶段。软件的使用可能贯穿设计的各个环节，只是各个阶段使用的软件工具不同罢了。下面分别就几个关键阶段及其需要把握的主要技术问题进行一一介绍，为后续的软件应用奠定基础。

7.1.1 建筑方案设计

（1）初步设计

建筑方案设计阶段，建筑师会根据业主的要求（外观、功能、规划、发展等方面）进行建筑方案的初步设计，提供建筑物的主要平、立及剖面图。如同解一道数学应用题，此时正是重要的读题阶段；读懂了题，也就建立了良好的开头，类似软件工程里面的需求分析。这一阶段需要高水平的建筑师全面敏锐地关注涉及结构设计的建筑要素，例如：建筑安全等级、高度、体量、最大跨度、平面规则性、竖向规则性等。通过对这些要素的提炼，可以比较全面地掌握拟建建筑的结构要素。这也就是很多业内人士的共识：一个好的建筑师首先必须是一个结构概念清晰的结构工程师。

（2）环境条件

拟建建筑存在的外部环境不但对建筑本身的功能使用和景观效果有直接影响，对结构设计的影响也是非常大的，这其中主要包括外荷载、地质条件、气候条件、耐久性影响因素等。与结构设计相关的环境荷载主要包括：地震荷载、风荷载以及雪荷载。应关注地震设防烈度、基本风压、基本雪压，其次还要注意地形地貌、建筑形式对设防烈度、基本风压的影响。地质条件主要包括：场地是否存在地震断裂带、土体的稳定、地基承载能力、是否处在暗河、溶洞等不利于承载的区域等。耐久性影响因素主要包括高温、高湿环境、侵蚀性气体、水及土壤对建筑材料的腐蚀性等。这些因素是在方案设计阶段的重要考虑因素。

（3）方案修改

方案评估和修改过程是结构设计师同建筑师重要的技术交流阶段。也是最适合结构师提出针对建筑方案可能造成结构设计的不适宜、不合理、不经济等专业性建议的时间节点。例如，结构体系与跨度或高度的匹配关系对安全性和经济性的影响；场地与地震断裂带的避让距离不足或土体存在滑移破坏等地质灾害可能导致的不适宜建造的情形；地基承载力较低或抗震设防烈度较高对于建造较高高层建筑的不经济；建筑竖向的严重不规则导致结构抗震、抗风的不利影响；结构外观体型对结构抗风的影响等等。结合这些因素对建筑方案做出准确的量化指标评价，综合权衡建筑物的安全、经济、美观、适用的要求，提出必要的修改建议。这个阶段是规避方案系统性错误的重要阶段，决定了之后结构设计的主要方向，甚至直接关系到结构方案的合理性和可行性。

7.1.2　结构方案设计

(1) 结构选型

建筑结构一般指超出地面部分的结构体系，常用结构类型大致可以分为：砌体结构、框架结构、框架-支撑结构、框架-剪力墙结构、剪力墙结构以及筒体结构。各结构体系有其自身的力学性能及适用范围。针对不同的承载需求，提供合理的强度、刚度和稳定性是结构选型的核心内容；当然，建筑空间及外观的需求也是必须兼顾的；另外就是楼、屋面水平结构受力体系的优化比选，尤其对于大跨、重载的情况一般应通过多个方案的软件初步计算和量化比选。通常可采用的结构形式有密肋楼盖、预应力混凝土结构、钢实腹梁结构、钢桁架结构、以及钢网架结构等，优秀的结构工程师能把结构的力学之美与建筑的外观之美达到很好的协调。

(2) 基础选型

基础选型同样需要根据强度、刚度和稳定性方面提出合理的选型，基础必须具备足够的承载及抗变形能力。基础类型大致可分为：独立基础、条形基础、筏板基础、箱型基础、桩基础。基础选型是针对不同的荷载需求及地基承载力，选择能可靠传递荷载并控制建筑沉降变形的基础形式。基础选型对结构设计经济性控制所起到重要作用，尤其对于地基条件较为复杂的情况。因此，基础选型也应进行多方案比较，结合当地及同条件项目经验显得尤为必要。

(3) 构件布置

结构体系一旦确定，结构材料也基本确定完成，同时非结构构件材料也应会同业主进行认定，例如填充墙以及楼、屋面建筑面层做法等。这些非结构构件材料的确认是为下一步荷载计算及截面预估做准备。构件布置主要内容包括确定结构构件的类型、截面尺寸以及布置位置，从而绘制结构平面布置图（俗称模板图）。模板图的设计要求在每一处构件布置时都应协调好建筑的影响与结构自身制作的合理。截面尺寸的准确预估，布置位置的合理，可以避免后续结构模型计算时的大量反复调整施工工作。经验丰富的设计师能够高效率，很多时候是对模板图设计的精准把握。

7.1.3　结构详细设计

(1) 建模及参数设定

到了结构详细设计阶段，是频繁使用我们所讲的土木工程应用软件的时候了。目前，主体结构计算分析采用的软件类型非常丰富，例如，PKPM 系列、SAP2000 系列、Midas 系列等等。准确地建立计算模型是做好计算分析的前提，主要应从截面尺寸、材料强度、荷载计算以及边界条件等方面进行控制。截面尺寸与材料强度应力求与施工图精准一致。就荷载布置而言，恒荷载应确保精确，活荷载应充分考虑使用阶段可能出现的载荷情况；地震及风荷载应遵照规范条文进行必要的修正。梁柱节点的刚性假定，构件支座约束情况等边界条件的设定应充分体现实际构建的力学响应，不合理的边界条件设定可能导致构件乃至整个结构体系的受力分析错误。结构类设计软件中分析和设计的控制参数主要包括总信息、计算控制信息、荷载信息、设计配筋信息等几大类。需要充分理解各个参数的意义，掌握其对分析设计结果的响应，同时结合规范条文、软件使用手册、设计经验才能设定准确。

（2）补充计算

绝大多数结构的整体分析和构件设计都能通过专业的结构分析和设计软件完成，但对于特殊构件或节点，例如弧形梁、复杂的转换构件、复杂的连接节点等需要借助于其他专业的有限元分析软件如 ANSYS、ABAQUS、NASTRAN 等等进行补充计算，甚至需要结合补充试验来验证分析结果。另外，对规范有明确要求进行多软件模型对比分析时，还应采用多款不同的软件对整体模型作必要的分析对比、校核及修正。

（3）指标控制

结构设计过程中的各项指标控制，实质就是对相关规范条文的严格验算和执行，也即对结构设计经济性、安全性的量化控制，其中，比较重要的控制指标有：刚度比、轴压比、位移比、周期比、刚重比、剪重比、抗剪承载力比、倾覆力矩百分比、位移角、配筋率、有效质量系数等。准确理解这些指标的概念、控制意义以及影响因素十分重要。只有理解了这些，才能有目的地进行结构布置方案的调整，使拟建建筑模型满足必要的强度与合理的刚度，从而设计出结构安全、经济性好、受力合理的建筑结构。

（4）规范分析

我国建筑工程结构设计主要采用的标准规范有：《工程结构可靠性设计统一标准》GB 50152、《建筑抗震设防分类标准》GB 50223、《建筑结构荷载规范》GB 50009、《混凝土结构设计规范》GB 50010、《建筑抗震设计规范》GB 50011、《建筑地基基础设计规范》GB 50007、《钢结构设计规范》GB 50017、《砌体结构设计规范》GB 50003、《高层建筑混凝土结构技术规范》JGJ 3、《高层民用建筑钢结构技术规范》JGJ 99 等。这些规范主要从"布置规定""材料选择""荷载计算""分析原则""计算控制""构造要求"等几部分构架了完整的结构设计规定，全面系统地制定了建筑工程结构设计的规则。我国规范标准按等级分为国标、行标、地标、企标。相互之间的关系是：下一级标准必须遵守上一级标准，下级标准的规定不得宽于上级标准，但可严于上级标准。由此可知，在运用下级规范时我们需要掌握严于上级的条文，另外就是结合行业或当地实情细化的、更为明确的条文。规范条文按属性分为强制性条文和推荐性条文。强制性条文通常采用"应"提出遵守要求，对于以黑体字着重提出的是强制性要求遵守的；推荐性条文通常采用"宜"提出遵守建议。总之，规范条文是最低的设计要求，通常情况都应遵守采纳。

7.2　设计准则

结构设计的目的是在现有技术的基础上，用相对经济的手段来获得预定条件下的预定功能的要求。预定功能主要包括三个方面的要求，安全性、适用性、耐久性。

（1）结构的安全性，是指结构在正常设计、正常施工、正常使用条件下，能够承受可能出现的各种作用，如各种荷载、风、地震作用以及非荷载效应（温度效应、结构材料的收缩和徐变、外加变形、约束变形、环境侵蚀和腐蚀等），即具有足够的承载力。另外，在偶然荷载作用下，或偶然事件（地震、火灾、爆炸等）发生时和发生后，结构能保持必要的整体稳定性，即结构可发生局部损坏或失效但不应导致结构连续倒塌。

（2）结构的适用性，是指结构在正常使用条件下具有良好的工作性能，能满足预定的使用功能要求，其变形、挠度、裂缝及振动等不超过相关规范规定的相应限值。

（3）结构的耐久性，是指结构在正常使用和正常维护的条件下，应具有足够的耐久性，即在规定的工作环境和预定的设计使用年限内，结构材料性能的恶化不应导致结构出现不可接受的失效概率；钢筋混凝土构件不能因为保护层过薄或裂缝过宽而导致钢筋锈蚀，混凝土也不能因为严重碳化、风化、腐蚀而影响耐久性。

在满足三个方面的要求后，结构应当达到其设计目标所具有的一个相对经济性，这个相对经济性指的是在建造同个构件虽然有不同的手段和途径来完成，但有些情况下只要用一个较少的材料就能达到一个相同的结果，因此在满足安全性、适用性和耐久性的前提下，采用材料用量最低作为一个设计准则，是我们在设计中所需要遵守的。

7.3　结构体系概述

多层混凝土结构一般指混凝土框架或框剪结构体系，该类结构体系主要由钢筋混凝土主梁、次梁和柱形成的框架作为建筑物承受竖向荷载的基本受力骨架，梁柱之间、柱柱之间为刚性节点。楼面和屋面的荷载通过板传递给次梁，再由次梁传递给主梁，由主梁传力给柱子，最后由柱子传递给基础；结构体系的竖向传力路线非常清晰。框架结构中的填充墙只起到分隔和围护的作用，作为竖向荷载考虑，不考虑其水平抗侧力性能；剪力墙结构是主要的抗侧力构件。框架结构的体系特点可不受楼板跨度的限制，能为建筑提供灵活的使用空间，但抗震性能较差，特别是抵抗水平地震作用的能力较低。对于框架结构体系，楼板的刚度对计算模型的影响比较大。抗震验算时候，不同的布置形式决定了应采用哪种（刚性、柔性、刚柔）理论模型进行计算。抗震验算时应特别注意场地土的类别设置。框架结构中梁柱构件截面较小，因此框架结构的承载力和刚度都较低，因此纯框架结构不适用于高层建筑结构。当抗震等级8度且结构层数超过5层时，加设剪力墙可大大改善结构本身的抗震性能。

多层框架结构中主要受弯构件是梁，用来构成框架结构的构件系统中，梁构件是分不同层次存在的。平面直接传递荷载的构件（例如，单向和双向板）通常跨度相对有限，板与跨度更大一些的次梁之间的构成了两级荷载传递系统，再由支撑这些次梁的主梁构成了三级荷载传递系统，每个构件所受的荷载值由于这样的叠加关系而逐层增加，虽然单层受力关系的结构布置有时也可以满足使用的要求，但是从结构的效能、施工的便捷、成本的经济性等角度方面考虑，不同系统的分层级的结构体系是建议优先采用。梁中产生的实际应力与截面大小以及材料的分布有很大关系，在一定范围之内，梁几何截面越大，应力越小。同时，钢筋在梁体中布置的方式也尤为重要，梁截面竖向的几何高度相对于左右的宽度更能增加截面的抗弯能力。通常情况下，梁构件截面的几何高度越高，相对的抗弯能力越强。从受力合理性的角度考虑，框架结构宜设计成双向梁柱刚接体系。

多层框架结构中主要受压构件为柱子。严格来说，在建筑结构中，柱子不一定是仅竖向受力，可能还有端弯矩存在或空间位置倾斜的斜柱，但凡竖向荷载施加在结构端部的构件，我们都可以称之为柱子。柱子在设计时可以按照计算长度和长细比进行分类，短柱受压极限状态一般表现为压碎破坏（强度失效），在钢筋混凝土框架结构中这种破坏方式尤为重要；长柱受压极限状态一般表现为压屈破坏，这在钢结构设计中需要特别注意。

为了增强结构的抗震性能，梁柱的设计方面通常采用以下的原则：强柱弱梁、强剪弱弯、强节点强锚固。

本章关于多层混凝土结构分析与设计的操作过程通过采用软件 Midas Gen 来实现，下面针对一个具体算例从概念设计、软件操作再到结果分析等各环节进行系统性介绍土木工程软件应用的基本过程。

7.4 软件工具介绍

Midas（中文名：迈达斯）是一款由韩国软件公司 Midas Information Technology Co.，Ltd.（简称 Midas IT）开发的有关结构分析与设计的一套软件，Midas IT 正式成立于 2000 年 9 月，它隶属于世界最大的钢铁公司之一——浦项制铁（POSCO）集团。截至 2018 年底 Midas 在韩国结构分析和设计软件市场中，市场占有率排第一位。北京迈达斯技术有限公司是韩国 Midas IT 在中国的独资子公司，于 2002 年 11 月正式成立，从事建筑结构、桥梁、岩土隧道等有限元软件的开发、销售及技术支持工作。目前，该软件已经被国内很多的大型设计企业采用，并在多个大型工程项目中发挥了重要的作用。

Midas 软件是一系列专业软件的集成，其中建筑领域包含软件：Midas Building、Midas Gen、Midas Designer。Midas Gen 软件的具体适用范围可包括：钢筋混凝土结构、钢结构、钢骨混凝土结构、组合结构、空间大跨结构、高层及超高层建筑结构等工业与民用建筑、各类特种结构（筒仓、水池、大坝、塔架、网架及索缆结构）等；该软件的分析与设计的功能也比较全面，主要包括以下几点：静力弹塑性分析 Pushover 分析、动力弹塑性分析、预应力分析、施工阶段分析、静力分析、特征值分析、反应谱分析、$P-\Delta$ 分析、几何非线性分析、材料非线性分析、屈曲分析、水化热分析、温度荷载、隔震、消能减震及支座沉降分析、时程分析、钢结构优化；并且，Midas Gen 可以导入 PKPM、AUTO CAD、SAP2000、STAAD Pro 等软件模型，便于互相校核计算结果。Midas Gen 软件融合了中国、美国、欧洲、韩国、日本、英国等多个国家的结构设计规范，可以根据规范对钢结构构件、钢筋混凝土构件、组合截面构件进行构件的设计与验算。

Midas Gen 具有人性化的操作界面，并且采用了卓越的计算机显示技术，是建筑领域通用结构分析及优化设计系统；以用户为中心的便捷的输入功能，在大型模型的建模、分析及设计过程中为用户提供便利性，并且内置了丰富的分析功能和国内外规范。

Midas Gen 的工作界面如图 7-1 所示。Midas Gen 界面上方的主菜单栏采用分页显示的形式，包含了软件中所有的功能命令；左侧的树形菜单栏以树形罗列的方式将整个建模分析、设计验算过程中用到的主要功能串联起来，方便设计者按部就班的操作，树形菜单的另一个功能是拖拽功能，设计者可以将诸如材料、截面等需要赋予模型窗口中构件的特性直接拖拽到窗口进行赋予；快捷工具栏和视图工具栏提供了建模过程中最常见的命令的快捷按钮，为快速建模提供了便利；底部的输出窗口显示建模分析过程中的信息，包括命令完成的信息、错误信息、分析过程等；命令行中可以进行软件的二次开发，也可进行一些简单的计算，Midas Gen 的命令行支持的是 Python 语言；最底部的坐标系统左边为整体坐标，右边为局部坐标；单位系统显示了当前使用的单位，建模过程中可以进行即时更改。

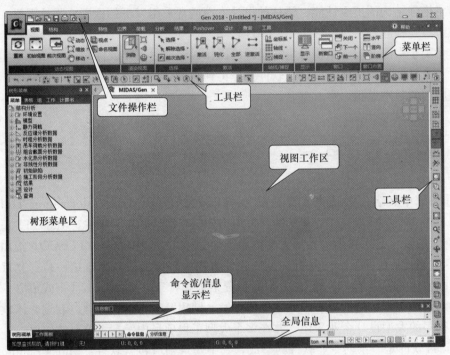

图 7-1　Midas Gen 工作界面

　　Midas Gen 软件的菜单系统采用的是菜单-工具栏联动模式，这种界面风格的好处是，在选择菜单项的操作过程中，不影响中间视图工作区的显示，而且，对于反复操作的菜单项，可以起到以比较少的鼠标操作，达到相同功能的目的，提高用户的工作效率。Midas Gen 软件界面中共有 12 个菜单项，具体的各个菜单栏的分布与功能划分，下面选几个典型的菜单栏给出介绍，这对于熟练掌握该软件的功能是基础性的。

　　视图菜单栏如图 7-2（a）所示，该菜单栏把软件操作中所有与视图功能有关的菜单子项都集中起来，并且，Midas 的视图功能是非常灵活的，也非常贴近工程师的操作习惯，随着模型复杂程度的提高，这项功能配合灵活的选择功能可以显著提高工程师的工作效率。这也是 Midas 在各大设计院收到普遍好评的重要原因。

　　结构菜单栏如图 7-2（b）所示，该菜单栏针对软件操作中所有与结构模型分类、模板操作、模型修改、根据功能进行模型构件分组、模型单元重复性检查等功能有关的菜单子项合并成一个菜单项，这几个菜单功能具有专业功能和操作频度的相似性。

　　节点/单元菜单栏如图 7-2（c）所示，该菜单栏把建模型的最底层功能基本涵盖，包括：软件操作中所有与结构模型分类、模板操作、模型修改、根据功能进行模型构件分组、模型单元重复性检查等功能有关的菜单子项合并成一个菜单项，这几个菜单功能具有专业功能和操作频度的相似性。

分析菜单栏如图 7-2（d）所示，该菜单栏包含所有与结构分析有关的功能项，包括：主控制数据，以及 P-δ、屈曲、特征值、水化热、支座沉降、非线性、施工阶段分析等各种与结构整体分析有关的功能开关的菜单子项，这几个菜单子项的功能基于涵盖了结构工程师所关心的大部分分析类型，设计界面简洁。

其他的菜单项还有：特性菜单栏、边界菜单栏、荷载菜单栏、结果菜单栏、Pushover菜单栏、设计菜单栏、查询菜单栏、工具菜单栏等，这样的设计具有非常友好的用户体验，也符合工程师的认知习惯，是软件界面易用性的重要体现。

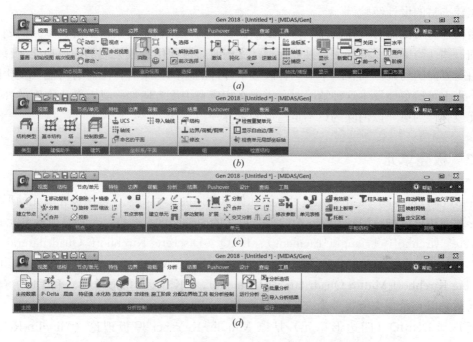

图 7-2　Midas Gen 软件中的菜单栏界面设计
（a）视图菜单栏；（b）结构菜单栏；（c）节点/单元菜单栏；（d）分析菜单栏

7.5　单元类型

7.5.1　梁单元

Midas Gen 中的梁单元含有两个 6 自由度节点，并默认计算剪切变形。当不考虑剪切变形时，从软件操作的角度，可将截面特性值的剪切面积设为零。考虑剪切变形的梁单元是以铁摩辛柯梁理论为基础，其平截面假设为垂直于中和轴的截面，在变形后保持平面形状，但不一定垂直于中和轴；这一假设在截面尺寸与构件长度的比小于 1/10 时（细长梁）

的计算精度是比较高的。当截面尺寸与构件长度的比大于 1/5 时（深梁），轴向的剪切变形的影响将显著增加，这种情况推荐使用板壳单元或实体单元建模并根据力的分布规律划分较详细的网格。梁单元截面特性值中的扭转刚度（Torsional Resistance）与截面的极惯性矩（Polar Moment of Inertia）是不同的（圆形截面时，两个值相等）。扭转刚度一般由实验确定，当扭转变形较大时，应给予注意。

梁单元（或杆单元）被理想化为两节点一维单元，截面的特性值均以中和轴为基准，因此程序不能自动考虑梁单元两端连接的刚域效果（如梁柱节点），以及沿梁长各截面不同导致中和轴不同而引起的力学性质的改变。当需要考虑梁单元连接的刚域效果以及中和轴不同引起的效果时，需要利用梁端偏心功能或几何约束条件（在主菜单中选择**模型＞边界条件＞刚域效果**）。节点刚域问题在异形柱与梁的连接节点中比较常见，参数如何设置需要比较丰富的设计经验。

当构件为变截面时，在截面中选择变截面表单输入。建立曲梁模型时，单元的划分应尽量细一些。当梁单元端部为铰接或为滚动支座时，可使用释放梁端部约束功能，释放相应自由度方向的约束。当在一个节点释放多个杆件的端部约束时，注意有可能会发生刚度奇异。当不可避免地发生这种情况时，需要在相应自由度方向加一具有微小刚度的弹性连接单元或弹性约束，以消除约束不足造成的奇异现象。

7.5.2　板壳单元

在 Midas Gen 中，板壳单元上可以施加任意方向的压力荷载。常用板壳单元的形状有三角形和四边形两种。Midas Gen 中的板壳单元的面外刚度有两种：一种是薄板单元 DKT（Discrete Kirchhoff Triangle Element）、DKQ（Discrete Kirchhoff Quadrilateral Element），另一种是厚板单元 DKMT（Discrete Kirchhoff-Midlin Triangle Element）、DKQ（Discrete Kirchhoff-Midlin Quadrilateral Element）。DKT（三角形单元）和 DKQ（四边形单元）是以克希霍夫薄板理论（Kirchhoff Plate Theory）为基础开发的；DKMT（三角形单元）和 DKMQ（四边形单元）是以 Mindlin-Reissner 厚板理论（Mindlin-Reissner Plate Theory）为基础开发的。三角形板壳单元的面内刚度使用了线性应变理论，四边形板壳单元使用了等参数单元理论。

7.6　工程介绍

7.6.1　模型基本信息

本节通过框-剪结构例题介绍使用 Midas Gen 进行多层混凝土结构的分析和设计的方法。图 7-3 为本次算例模型的平面示意图，模型为六层钢筋混凝土框-剪结构。本模型中混凝土的等级为 C30，剪力墙厚为 200mm，一层层高为 4.5m，其余层高为 3.0m，设防烈度为 7 度，场地类型为 II 类。模型基本数据如下（几何尺寸的缺省单位为 mm）：

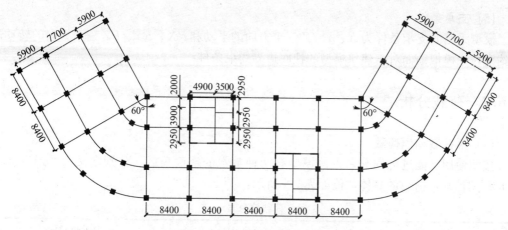

图 7-3 结构平面图（单位：mm）

> 轴网尺寸： 见平面图 7-3
> 主梁： 250mm×500mm
> 边梁： 250mm×450mm
> 连梁： 200mm×400mm
> 混凝土强度等级： C30
> 剪力墙： 200mm
> 层高： 一层：4.5m 二～八层：3.0m
> 设防烈度： 7°(0.10g)
> 场地： Ⅱ类

模型基本信息的设置需要考虑如下几点：

(1) 梁截面选取

根据工程经验以及《高层建筑混凝土结构技术规程》JGJ 3—2010 的相关规定，框架结构的主梁截面高度与主梁计算跨度之比可按（1/10～1/18）确定，梁净跨与截面高度之比不宜小于 4。梁的截面宽度不宜小于 200mm，梁截面的高宽比不宜大于 4。在本次设计中，取梁的截面分别为 250mm×450mm、250mm×500mm、200mm×400mm。

(2) 板厚

根据《混凝土结构设计规》GB 50010—2010 中的相关规定，现浇板混凝土板的设计应注意下列的事项：对于单向板和双向板的跨度和厚度的比值，单向板的跨度与厚度的比值小于等于 30，双向板的跨度与厚度的比值小于等于 40；对于没有梁支撑的底部有柱帽板的跨度与厚度的比值小于等于 35，没有梁支撑的底部没有柱帽板的跨度与厚度的比值小于等于 30。一般民用建筑中，单向楼面板的最小厚度取为 60mm，双向楼面板的最小厚度取为 80mm。

(3) 材料选取

根据《混凝土结构设计规范》GB 50010—2010 第 11.2.1 条的规定，框架梁、框支柱以及一级抗震等级的框架梁、柱结点，混凝土的等级不应低于 C30，所以本模型中混凝土等级取 C30。

(4) 模型结构类型

本例的结构类型为空间 3-D（三维分析），并在抗震验算时将结构的自重自动转化到了 X、Y 方向的地震作用。

133

（5）支承条件

模型采用的支承条件为 X、Y、Z 三个方向的平动和 RX、RY、RZ 三个方向的转动进行约束，来模拟地面对于建筑模型的柱底边界约束条件。

7.6.2 荷载分析

（1）活荷载和恒荷载

按照使用功能进行划分，本例模型有两种基本的楼面荷载，分别定义为 OFFICE 和 ROOF 的荷载，荷载的具体数值如表 7-1 所示：

荷载信息表   表 7-1

荷载信息	DEAD LOAD	LIVE LOAD
OFFICE	−4.3	−2
ROOF	−7	−0.5

楼面荷载的基本荷载信息如下：办公室（OFFICE）的活荷载数值为 $2kN/m^2$，静荷载数值为 $4.3kN/m^2$，屋面（ROOF）的活荷载数值为 $0.5kN/m^2$，静荷载数值为 $-7kN/m^2$。其中，连续梁单元荷载为 $10kN/cm$。

（2）风荷载

风荷载主要依据《建筑结构荷载规范》GB 50009—2012 的相关规定，基本风压为 $0.35kN/m^2$，地形修正系数为 1，包括 X 和 Y 两个方向的风荷载工况。本例中风荷载的基本信息汇总如表 7-2 所示。

风荷载信息   表 7-2

数据内容	数值
地面粗糙类别	A
修正后的基本风压 kN/m^2	0.55
风荷载作用下结构的阻尼比	5%
承载力设计时风荷载效应放大系数	1
结构底层底部距离室外地面高度	0m
用于舒适度验算的风压 kN/m^2	0.4
用于舒适度验算的结构阻尼比	2%
顺风向风振	不考虑
横风向风振	不考虑
扭转风振	不考虑

（3）地震荷载

地震荷载主要依据中国《建筑抗震设计规范》GB 50011—2010，设计地震分组为 1 组，地震设防烈度为 7 度，场地类别为Ⅱ类，地震影响按照多遇地震下进行计算，阻尼比取为 0.05。

其中特征值分析控制频率数量（振型数）为 6，振型组合方法取为 CQC，周期折减系数为 0.8。

（4）荷载组合

Midas 按照《建筑结构荷载规范》GB 50009—2012 给出了所有情况下的荷载组合，并在最后一项给出了各荷载组合最值的包络组合。

荷载组合具体计算包括荷载效应基本组合、荷载效应标准组合以及荷载效应频遇组合，分述如下：

（a）荷载效应基本组合设计值，又分为由可变荷载效应控制的基本组合和永久荷载效应控制的基本组合。

由可变荷载效应控制的组合：

$$S = \gamma_G S_{GK} + \gamma_{Q1} S_{Q1k} + \sum_{i=2}^{n} \gamma_{Qi} \psi_{ci} S_{Qik}$$

对于一般排架、框架结构，可简化为：

$$S = \gamma_G S_{GK} + \gamma_{Q1} S_{Q1k}$$

$$S = \gamma_G S_{GK} + 0.9 \sum_{i=2}^{n} \gamma_{Qi} S_{Qik}$$

由永久荷载效应控制的组合：

$$S = \gamma_G S_{GK} + \sum_{i=2}^{n} \gamma_{Qi} \psi_{ci} S_{Qik}$$

式中：γ_G——永久荷载分项系数。当其效应对结构不利时，可变荷载效应控制下取 1.2，永久荷载效应控制下取 1.35；当其效应对结构有利时，一般取 1.0，进行结构倾覆、滑移、漂浮验算时取 0.9。

γ_{Qi}——第 i 个可变荷载分项系数。一般情况下取 1.4，对标准值大于 $4kN/m^2$ 的工业房屋楼面结构取 1.3。

S_{GK}——按永久荷载标准值 G_K 计算的荷载效应值。

S_{Qik}——按可变荷载标准值 Q_{ik} 计算的荷载效应值，S_{Q1k} 为起控制作用的可变荷载效应。

ψ_{ci}——可变荷载 Q_i 的组合值系数。

n——参与组合的可变荷载数。

（b）荷载效应标准组合设计值：

$$S = S_{GK} + S_{Q1k} + \sum_{i=2}^{n} \psi_{ci} S_{Qik}$$

（c）荷载效应频遇组合设计值：

$$S = \gamma_G S_{GK} + \psi_{f1} S_{Q1k} + \sum_{i=2}^{n} \psi_{qi} S_{Qik}$$

ψ_{f1}——可变荷载 Q_1 的频遇值系数。

ψ_{qi}——可变荷载 Q_i 的准永久值系数。

荷载效应准永久组合设计值：

$$S = S_{GK} + \sum_{i=2}^{n} \psi_{qi} S_{Qik}$$

7.7 软件操作过程

本节针对算例在 Midas Gen 软件中的计算分析过程，把具体的软件操作步骤进行较为详细的介绍，通过步骤了解软件的功能和设计的实现过程。

7.7.1 设定操作环境及定义材料和截面

主菜单选择**文件＞新项目**，选择**工具＞单位体系**命令设置单位体系，本章中的单位体系，如未作特别说明，一律为 kN·m，如图 7-4 所示：

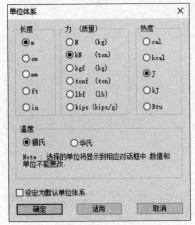

图 7-4 定义单位体系

注：也可以通过程序右下角 ▣ ▾ ▾ 按钮随时更改单位

选择**模型＞材料和截面特性＞材料**命令，添加材料，弹出材料数据对话框，选择混凝土，规范下拉单中选择 GB10（RC），此时与选定规范绑定的数据库被激活，选择 C30，可以看到混凝土的默认数据已经导入，点击确定添加材料，操作界面如图 7-5 所示。

Midas 同样支持其他材料特性输入，若设计者需自行输入材料，则需在规范中选择"无"，在后续的截面特性指定中同样可以使用这种方法添加数据库中没有的截面。

选择**模型＞材料和截面特性＞截面**命令，添加截面，操作界面如图 7-6 所示。

选择**模型＞材料和截面特性＞厚度**，定义剪力墙和楼面板的截面厚度，如图 7-7 所示。

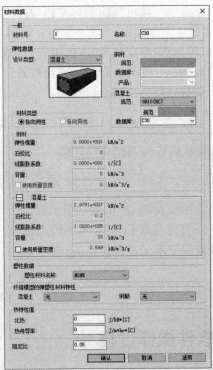

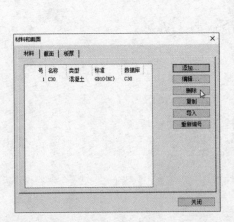

图 7-5 定义材料

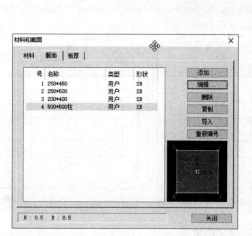

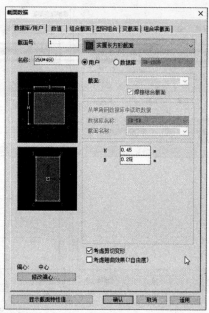

图 7-6　定义梁、柱截面

7.7.2　利用建模助手建立框架

Midas 提供了强大的建模功能，其中建模助手模块可以帮助用户更快捷地完成建模任务，选择**模型＞结构建模助手＞框架**命令，建立一层框架梁，方法如下：

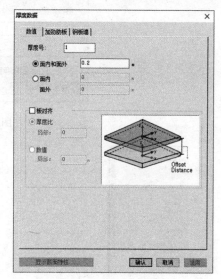

输入：添加 x 坐标，距离 8.4m，重复 5；

添加 z 坐标，距离 5.9m，重复 1；距离 7.7m，重复 1；距离 5.9m，重复 1。

编辑：Beta 角，90 度；材料，C30；截面，250mm×450mm，对应的截面尺寸为 0.45m 高，0.25m 宽；

插入：插入点，0，0，0；Alpha，−90°。

操作界面如图 7-8 所示。

本例中两侧结构有一定的旋转角度，通过设置局部坐标系可方便建模，选择**模型＞定义用户坐标系＞XY 平面**命令，自定义用户坐标系，如图 7-9 所示。

图 7-7　定义剪力墙厚度

建立局部坐标后仍然可以借助建模助手完成建模，这里为展示 Midas 其他的建模功能，采用手动建立的方法，选择**模型＞单元＞旋转/复制和移动**命令，对已有构件进行旋转和复制，效果如图 7-10 所示。

选择**模型＞单元＞建立单元**命令，选取 250mm×450mm 截面，在视图中点取梁的两端点建立 Y 方向框架梁。

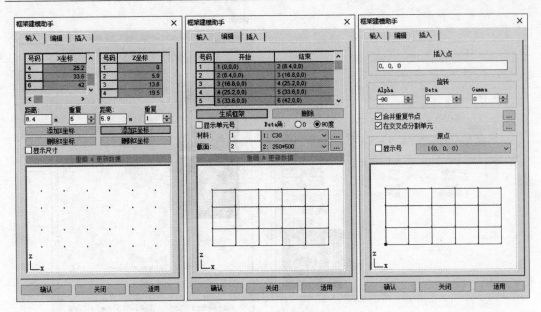

图 7-8　建立框架

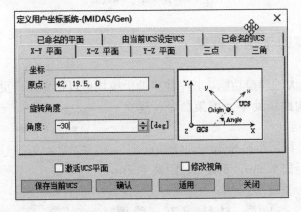

图 7-9　定义用户坐标系

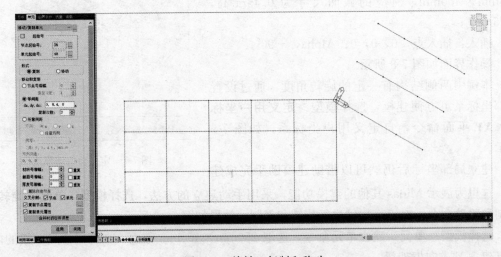

图 7-10　旋转、复制和移动

选择**模型＞单元＞建立曲线并分割成线单元**命令，建立曲梁。

选择**模型＞单元＞复制和移动**命令，建立次梁等其他构件。操作完成后的效果如图 7-11 所示。生成的轴网如图 7-12 所示。

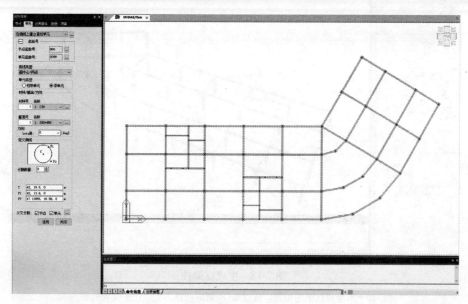

图 7-11　建立曲梁

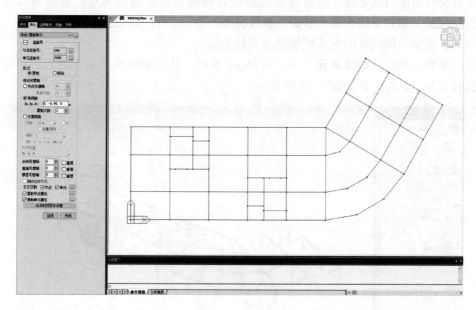

图 7-12　建立轴网

7.7.3　建立框架柱及剪力墙

建立框架柱和剪力墙也可通过直接建立单元的方式，但通过扩展命令更为便捷，选择**模型＞单元＞扩展**命令，各选项如下图所示，在模型窗口中选择需要扩展成柱的节点，点击"适用"生成柱，结果如图 7-13 所示。

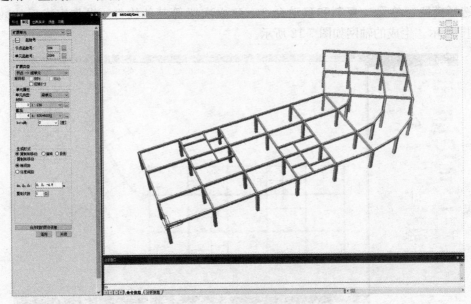

图 7-13 生成框架柱

注：对于不生成柱子的位置，可以用 <!-- icon --> 解除选择不生成柱子位置的节点

在有旋转角度的框架处，需要将柱截面的方向调整到合适的角度，选中该部分柱构件，选择**模型＞单元＞修改单元参数＞参数类型**，指定 Beta 角后点击适用。

应用扩展命令用同样的方式扩展线单元建立墙。

选择**模型＞单元＞镜像单元**命令，选择 yz 平面，并点选镜像平面上的点，对部分框架作镜像复制。操作结果如图 7-14 所示。

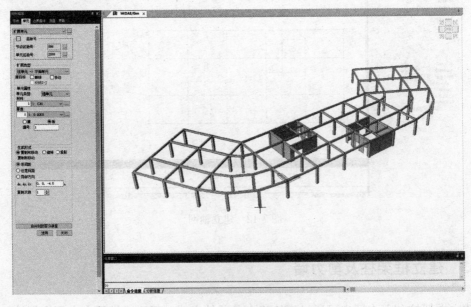

图 7-14 生成剪力墙

注：扩展时若有需要，可以勾选删除选项以删除梁单元

主菜单选择**模型**＞**单元**＞**剪力墙开洞**命令，在模型窗口选择要分割的墙单元，并按 F2 键或激活图标 激活，输入合适的开洞方式和洞口尺寸对剪力墙进行分割。结果如图 7-15 所示。

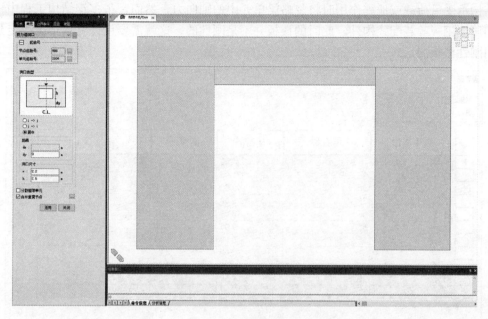

图 7-15　墙洞口布置

7.7.4　生成层数据

选择**建筑物数据**＞**复制层数据**命令，全选已建立好的首层构件，复制次数为 8，复制距离 3m，用同样的方法将两个核心筒再向上复制一层。复制完成后的模型如图 7-16 所示。

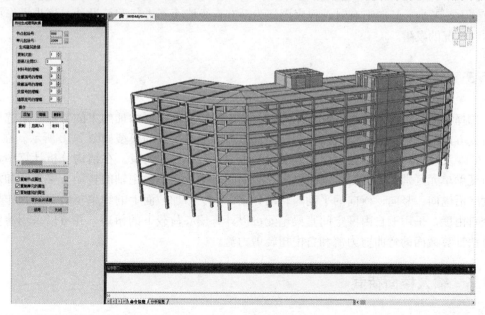

图 7-16　楼层复制

选择**建筑物数据**>**生成层数据**命令，可生成如图 7-17 所示的层数据。这里程序默认在除首层外的楼层考虑了刚性楼板假定，该假定认为楼板是完全刚性的，这使得软件在计算结构承受风荷载或地震作用时将忽略梁单元中的轴向力，然而，很多钢结构工程中楼板采用压型钢板等装配式构件，此时的楼板并不是刚性的，这就需要设计者依情况决定是否使用刚性楼板假定。

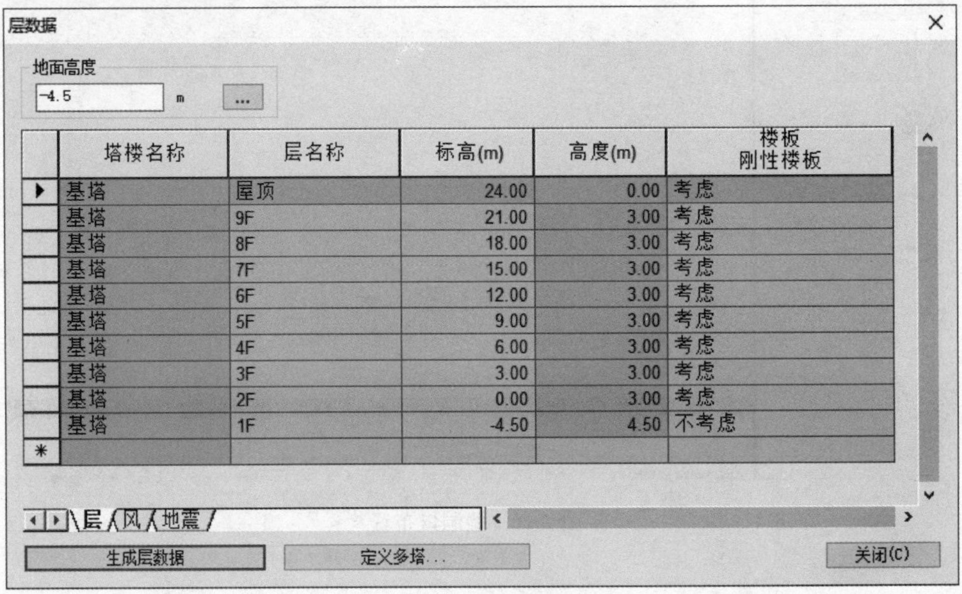
层数据

地面高度 -4.5 m

	塔楼名称	层名称	标高(m)	高度(m)	楼板 刚性楼板
▶	基塔	屋顶	24.00	0.00	考虑
	基塔	9F	21.00	3.00	考虑
	基塔	8F	18.00	3.00	考虑
	基塔	7F	15.00	3.00	考虑
	基塔	6F	12.00	3.00	考虑
	基塔	5F	9.00	3.00	考虑
	基塔	4F	6.00	3.00	考虑
	基塔	3F	3.00	3.00	考虑
	基塔	2F	0.00	3.00	考虑
	基塔	1F	-4.50	4.50	不考虑
*					

图 7-17　生成层数据

注：计算风荷载时，程序将自动判别地面标高以下的楼层不考虑风荷载

选择**建筑物数据**>**自动生成墙号**：避免设计时不同位置的墙单元编号相同，特别是在利用扩展单元功能时，一次生成多个墙单元时，这些墙单元的墙号相同，若这些墙单元不在直线上，*X* 向、*Y* 向都有时，程序则认为没有直线墙而不进行配筋设计；该步操作可避免这种情况的发生。

7.7.5　定义边界条件

选择**模型**>**边界条件**>**一般支承**命令，选中结构底部需要添加约束的节点，全选 6 个自由度方向的约束，对底部节点进行嵌固约束，施加约速后的模型如图 7-18 所示。在 Midas 2013 及以后的版本中，程序加入了对翘曲自由度 R_w 的约束。在结构分析计算中，七自由度梁单元区别于三自由度（沿纵向、竖向的平动及绕截面主轴的转动）梁单元和六自由度（沿纵向、竖向、横向的平动与转动）梁单元。增加截面上的约束扭转双力矩作为第七个自由度，采用七自由度空间直梁单元可以计算偏心荷载下的扭矩，并可以采用薄壁效应算法计算截面的弯曲剪力流和自由扭转剪力流。

7.7.6　输入楼面荷载

选择**荷载**>**静力荷载工况**命令，定义恒荷载（DL）、活荷载（LL）、*X* 方向风荷载

（WX）及 Y 方向风荷载（WY）四个静力荷载工况。操作界面如图 7-19 所示。

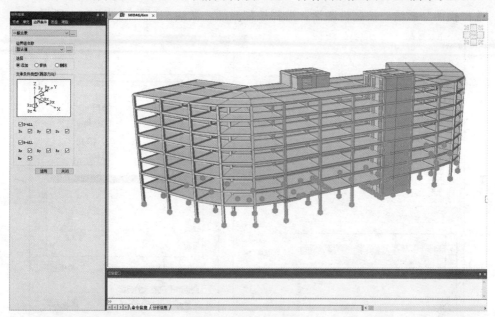

图 7-18　输入边界条件

选择**荷载**＞**自重**：荷载工况：DL　自重系数：$Z=-1$。操作界面如图 7-20 所示。

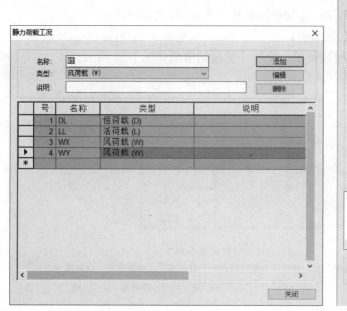

图 7-19　定义荷载工况

图 7-20　定义自重

选择**荷载**＞**定义楼面荷载类型**命令，添加楼面荷载：DL 为 -4.3kN/m^2，LL 为 -2kN/m^2；添加屋面荷载：DL 为 -7kN/m^2，LL 为 -0.5kN/m^2。操作界面如图 7-21 所示。注意楼

面荷载的正负号，代表荷载的方向。

选择**视图＞激活＞按属性激活**：选择按层激活，激活 2F 层，如图 7-22 所示。

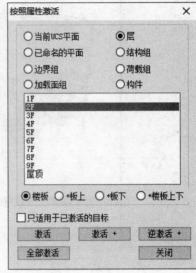

图 7-21 定义楼面荷载　　　　　　图 7-22 按层激活

选择**荷载＞分配楼面荷载**：

楼面荷载类型：ROOM　分配模式：双向（或长度）；

荷载方向：整体坐标系 Z　复制楼面荷载：方向 Z，距离 6@3；

在模型窗口指定加载区域节点；

同样方法输入 ROOF 屋面荷载。操作完成后的模型如图 7-23 所示。

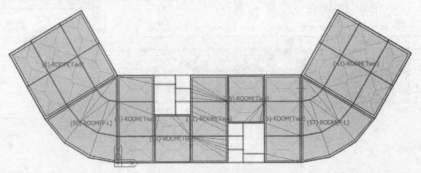

图 7-23 分配楼面荷载

注：1. 楼面荷载分配不上，可检查分配区域内是否有空节点、重复节点、重复单元。
　　2. 异形板可用"多边形-面积"或"多边形-长度"功能添加荷载。

选择**荷载＞连续梁单元荷载**：

荷载工况：DL　选择：添加；

荷载类型：均布荷载　荷载作用单元：两点间直线；

方向：整体坐标系 Z　数值：$W=-10$　复制荷载：方向 Z，距离 6@3；

加载区间（两点）：选择加载梁单元。

操作完成后的效果如图 7-24 所示。

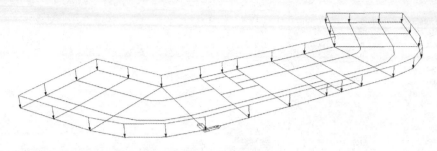

图 7-24　梁单元荷载

重复步骤 5 和 6 输入屋面荷载

选择**视图**＞**激活**＞**全部激活**

选择**视图**＞**显示**：查看输入的荷载，效果如图 7-25 所示。

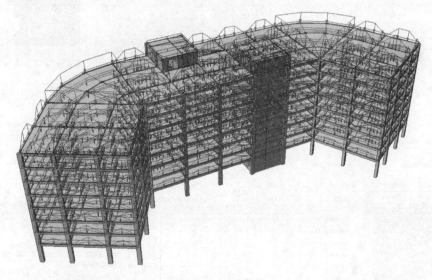

图 7-25　显示荷载

7.7.7　输入风荷载

选择**荷载**＞**横向荷载**＞**风荷载**命令，添加两个方向的风荷载，风荷载各参数如下图所示，在计算脉动增大系数时，Midas 提供了规范中给出的四个不同情况下的结构基本周期计算公式供设计者选取，操作界面如图 7-26 所示。

7.7.8　输入反应谱分析数据

选择**荷载**＞**反应谱分析数据**＞**反应谱函数**命令，输入前述地震作用计算所需的参数值，Midas 将自动给出地震反应谱函数，如图 7-27 所示。

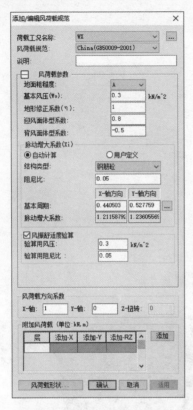
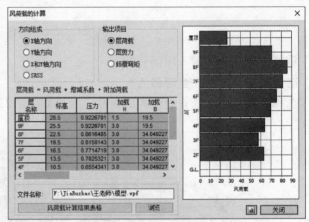

图 7-26 风荷载输入

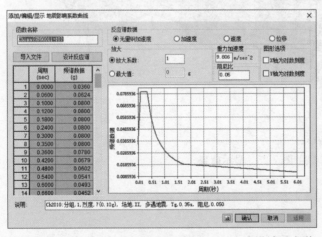

图 7-27 生成设计反应谱

选择荷载>反应谱分析数据>反应谱荷载工况命令，添加 X、Y 两个方向的反应谱荷载工况，在特征值分析控制选项中选择 lanczos 计算方法，计算 10 个特征值。操作界面如图 7-28 所示。这里 Midas 给出了三种特征值计算方法：lanczos 方法、多重 Ritz 向量法和子空间迭代法，简单地说，lanczos 法在计算某局部范围内特征值数较少的情况下较为精确，而子空间迭代法则更适用于特征值数较多的情况。在模态组合控制选项中选择 CQC 的振型组合类型，在 Midas 中给出的四种振型组合类型（SRSS、CQC、ABS 和线性组合）中，我国规范推荐使用的方法是 SRSS 和 CQC。

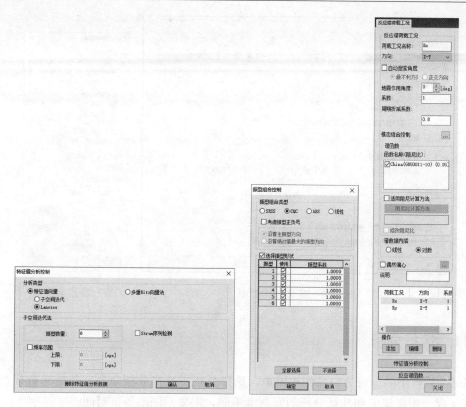

图 7-28　反应谱荷载工况

　　SRSS（Square Root of the Sum of the Squares），即平方和平方根法。这种方法假设所有最大模态值在统计上都是相互独立的，通过求各参与组合的振型的平方和的平方根，来进行组合，SRSS 方法不考虑各振型间的耦合效应。实际上结构模态都是相关联的，不可避免地存在耦合效应，因此对于那些多数频率几乎相同的三维结构，耦合效应的影响更加突出，因此不适合使用这一组合方法。

　　CQC（Complete Quadratic Combination），即完全平方根组合。这种方法是由 Wilson 等人在 1981 年提出的，也是目前在很多国家和地区规范中应用最广泛的组合方式。CQC 方法是以随机振动理论为基础，考虑了振型阻尼引起的邻近振型间的静态耦合效应，因此它是比 SRSS 组合方法更加合理的振型组合方式，但是计算量稍大。

7.7.9　定义结构类型

　　选择**结构**＞**结构类型**命令，结构类型为 3D，并在有地震作用的 X、Y 方向将结构自重转化为质量，如图 7-29 所示。

7.7.10　定义质量

　　选择**模型**＞**质量**＞**将荷载转换成质量**命令，质量方向为 X、Y，恒荷载的组合系数为 1.0，活荷载的组合系数为 0.5，操作界面如图 7-30 所示。

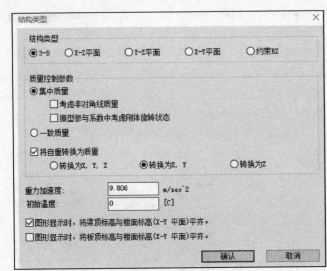

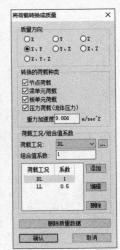

图 7-29　定义结构类型　　　　　　　图 7-30 定义质量

7.7.11　运行分析

Midas 软件中的运行分析操作很简单，**选择分析＞运行分析**命令，开始运行模型分析的计算过程。根据模型和计算分析的复杂度不同，需要不同的等待时间。

7.7.12　荷载组合

选择**结果＞荷载组合**命令，查看分析过程中用到的所有荷载组合。按照不同的结构设计规范可以给出的自动荷载组合工况，结果如图 7-31 所示。

7.7.13　查看结果

(1) 查看反力及内力
1) 主菜单选择**结果＞反力＞反力**：
柱脚内力（轴力和弯矩）
2) 主菜单选择**结果＞反力＞查看反力**：可以查看基底任意节点内力。Z 向基底反力如图 7-32 所示
(2) 位移
主菜单选择**结果＞位移＞位移形状**：可查看任意节点各方向位移；
　　　　　　　　　＞位移等值线：可查看任意节点各方向位移。
注意：位移非挠度，挠度应为相对位移
　　　　　　　　　＞查看位移：查看每个节点位移情况。水平力作用下各层侧移如图 7-33 所示。

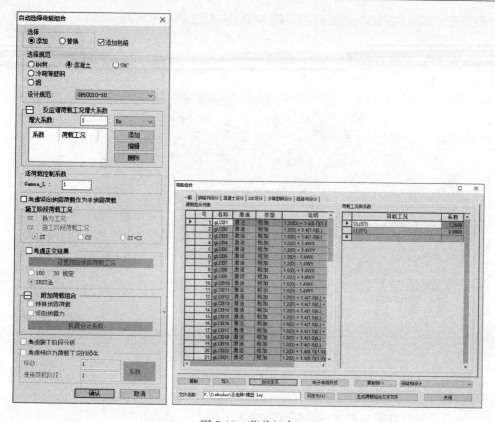

图 7-31　荷载组合

注：1. 考虑双向地震，勾选双向地震程序会在荷载组中自动添加。

　　2. 用户已可自定义所需的荷载组合。

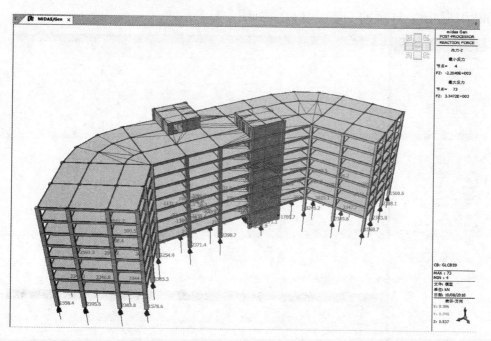

图 7-32　Z 向基底反力

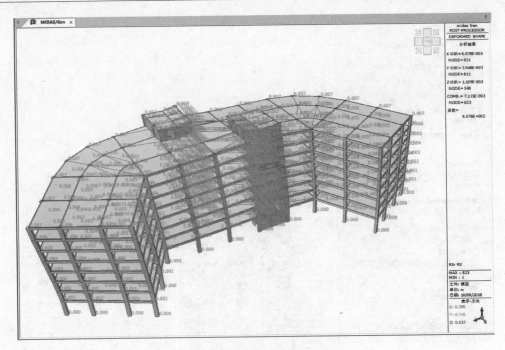

图 7-33　水平力作用下各层侧移简图

(3) 构件内力与应力图

1) 主菜单选择**结果**>**内力**>**梁单元内力图**：

查看在各种工况组合下梁单元内力。

>墙单元内力图：查看在各种工况组合下墙单元内力。梁单元内力图如图 7-34 所示，墙单元内力图如图 7-35 所示。

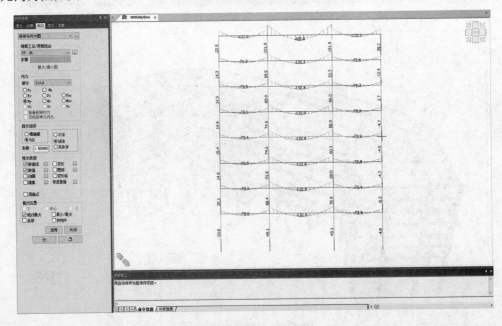

图 7-34　梁单元内力图

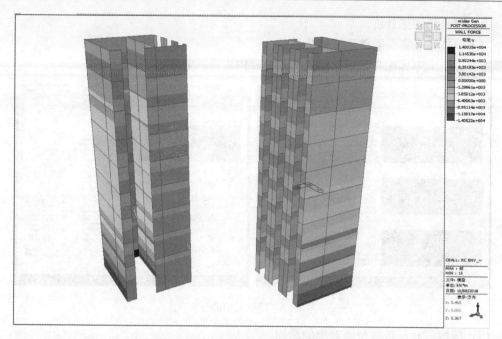

图 7-35　墙单元内力图

2）主菜单选择**结果＞应力＞梁单元应力图**：

查看各种工况组合下梁单元应力。

3）主菜单选择**结果＞内力＞构件内力图**：

查看在各种工况组合下构件的内力。梁的设计弯矩包络图如图 7-36 所示。

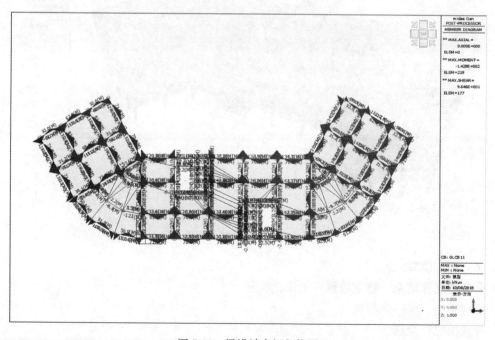

图 7-36　梁设计弯矩包络图

(4) 梁单元细部分析

主菜单选择**结果＞梁单元细部分析**：

查看各个梁单元在各种工况作用下应力及内力图，如图 7-37 所示。

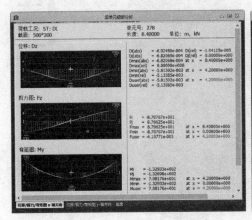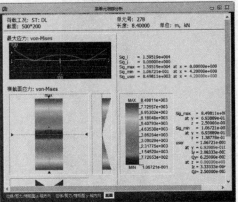

图 7-37　梁单元细部分析

(5) 振型形状及各振型所对应的周期

主菜单选择**结果＞周期与振型**：

查看各种振型作用下的结构各向位移及自振周期，如图 7-38 所示。

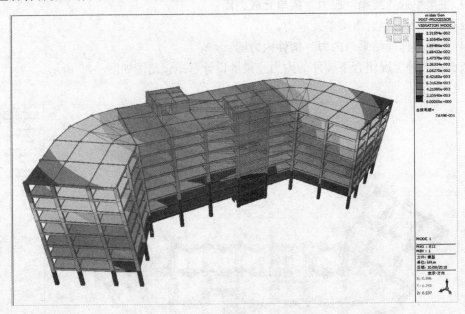

图 7-38　振型形状及周期

(6) 稳定验算

主菜单选择**结果＞稳定验算**：刚重比验算

结构类型：框—剪结构

荷载工况：全选

操作界面如图 7-39 所示。

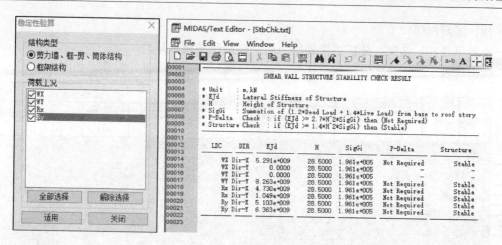

图 7-39 稳定验算

(7) 周期

主菜单选择：**结果＞分析结果表格＞振型与周期**。

输出各振型周期及有效质量参与系数，如图 7-40 所示。

节点	模态	UX		UY		UZ		RX		RY		RZ	
模态号		频率				周期		容许误差					
		(rad/sec)		(cycle/sec)		(sec)							
1		8.2033		1.3056		0.7659		5.9345e-115					
2		12.7585		2.0306		0.4925		1.8243e-102					
3		14.2844		2.2734		0.4399		4.7963e-100					
4		29.2648		4.6576		0.2147		1.2850e-085					
5		48.2067		7.6723		0.1303		6.8318e-073					
6		54.9267		8.7419		0.1144		4.2799e-068					

特征值分析

模态号	TRAN-X		TRAN-Y		TRAN-Z		ROTN-X		ROTN-Y		ROTN-Z	
	质量(%)	合计(%)	质量(%)	合计(%)	质量(%)	合计(%)	质量(%)	合计(%)	质量(%)	合计(%)	质量(%)	合计(%)
1	3.3486	3.3486	0.0000	0.0000	0.0000	0.0000	0.0000	0.0000	0.0000	0.0000	74.4505	74.4505
2	72.2966	75.6453	0.0951	0.0952	0.0000	0.0000	0.0000	0.0000	0.0000	0.0000	3.4712	77.9216
3	0.0934	75.7387	75.0526	75.1478	0.0000	0.0000	0.0000	0.0000	0.0000	0.0000	0.0034	77.9250
4	0.6383	76.3770	0.0000	75.1478	0.0000	0.0000	0.0000	0.0000	0.0000	0.0000	15.9348	93.8599
5	17.0601	93.4371	0.0021	75.1499	0.0000	0.0000	0.0000	0.0000	0.0000	0.0000	0.6724	94.5323
6	0.0042	93.4413	19.1764	94.3263	0.0000	0.0000	0.0000	0.0000	0.0000	0.0000	0.0001	94.5324

振型参与质量

模态号	TRAN-X		TRAN-Y		TRAN-Z		ROTN-X		ROTN-Y		ROTN-Z	
	质量	合计	质量	合计	质量	合计	质量	合计	质量	合计	质量	合计
1	492.3005	492.3005	0.0062	0.0062	0.0000	0.0000	0.0000	0.0000	0.0000	0.0000	7866659.7	7866659.7
2	10628.684	11120.984	13.9879	13.9942	0.0000	0.0000	0.0000	0.0000	0.0000	0.0000	366773.34	8233433.0
3	13.7383	11134.722	11033.849	11047.843	0.0000	0.0000	0.0000	0.0000	0.0000	0.0000	358.4165	8233791.4
4	93.8346	11228.557	0.0008	11047.844	0.0000	0.0000	0.0000	0.0000	0.0000	0.0000	1683723.5	9917514.9
5	2508.0828	13736.640	0.3099	11048.154	0.0000	0.0000	0.0000	0.0000	0.0000	0.0000	71051.370	9988566.3
6	0.6183	13737.258	2819.2209	13867.375	0.0000	0.0000	0.0000	0.0000	0.0000	0.0000	8.1004	9988574.4

振型参与系数 (kN.m)

模态号	TRAN-X	TRAN-Y	TRAN-Z	ROTN-X	ROTN-Y	ROTN-Z
	Value	Value	Value	Value	Value	Value
1	22.1878	-0.0788	0.0000	0.0000	0.0000	-2804.0198
2	103.0955	-3.7400	0.0000	0.0000	0.0000	597.3184
3	3.7065	105.0421	0.0000	0.0000	0.0000	18.7769
4	-9.6868	-0.0277	0.0000	0.0000	0.0000	1296.1661
5	-50.0808	0.5566	0.0000	0.0000	0.0000	-288.1937
6	-0.7863	-53.0963	0.0000	0.0000	0.0000	-2.4167

振型方向因子

模态号	TRAN-X	TRAN-Y	TRAN-Z	ROTN-X	ROTN-Y	ROTN-Z
	Value	Value	Value	Value	Value	Value
1	4.3042	0.0001	0.0000	0.0000	0.0000	95.6957
2	95.2990	0.1254	0.0000	0.0000	0.0000	4.5756
3	0.1243	99.8711	0.0000	0.0000	0.0000	0.0045
4	3.8512	0.0000	0.0000	0.0000	0.0000	96.1488
5	96.1965	0.0119	0.0000	0.0000	0.0000	3.7916
6	0.0219	99.9777	0.0000	0.0000	0.0000	0.0004

振型钩量 (kN.m)

图 7-40 周期及振型相关计算结果

(8) 层间位移

主菜单选择：**结果＞分析结果表格＞层＞层间位移角验算**。

输出各种工况下各层的层间位移角，并和层间位移角限值进行验算，如图 7-41 所示。

荷载工况	层	层高度 (m)	层间位移角限值	全部竖向单元的最大层间位移				竖向构件平均层间位移			
				节点	层间位移 (m)	层间位移角	验算	层间位移 (m)	层间位移角 (最大/当前方法)	层间位移角	验算
▶ Rx(RS)	9F	3.00	1/550	732	0.0007	1/4255	OK	0.0007	1.0568	1/4497	OK
Rx(RS)	8F	3.00	1/550	637	0.0008	1/3931	OK	0.0007	1.0705	1/4208	OK
Rx(RS)	7F	3.00	1/550	545	0.0008	1/3620	OK	0.0008	1.0745	1/3890	OK
Rx(RS)	6F	3.00	1/550	453	0.0009	1/3448	OK	0.0008	1.0773	1/3715	OK
Rx(RS)	5F	3.00	1/550	361	0.0009	1/3400	OK	0.0008	1.0799	1/3671	OK
Rx(RS)	4F	3.00	1/550	269	0.0009	1/3491	OK	0.0008	1.0826	1/3780	OK
Rx(RS)	3F	3.00	1/550	177	0.0008	1/3780	OK	0.0007	1.0865	1/4107	OK
Rx(RS)	2F	3.00	1/550	85	0.0007	1/4381	OK	0.0006	1.0949	1/4797	OK
Rx(RS)	1F	4.50	1/550	1	0.0006	1/7185	OK	0.0006	1.1181	1/8033	OK
Ry(RS)	9F	3.00	1/550	732	0.0000	1/109768	OK	0.0000	0.0671	1/117132	OK
Ry(RS)	8F	3.00	1/550	637	0.0000	1/103475	OK	0.0000	0.0838	1/112145	OK
Ry(RS)	7F	3.00	1/550	545	0.0000	1/97181	OK	0.0000	0.0860	1/105542	OK
Ry(RS)	6F	3.00	1/550	453	0.0000	1/94737	OK	0.0000	0.0892	1/103191	OK
Ry(RS)	5F	3.00	1/550	361	0.0000	1/95255	OK	0.0000	0.0918	1/104000	OK
Ry(RS)	4F	3.00	1/550	269	0.0000	1/99009	OK	0.0000	0.0941	1/108327	OK
Ry(RS)	3F	3.00	1/550	177	0.0000	1/107212	OK	0.0000	0.0965	1/117555	OK
Ry(RS)	2F	3.00	1/550	85	0.0000	1/121257	OK	0.0000	0.0993	1/133294	OK
Ry(RS)	1F	4.50	1/550	1	0.0000	1/191815	OK	0.0000	0.1054	1/212035	OK

图 7-41　层间位移角

(9) 层位移

主菜单选择：**结果＞分析结果表格＞层＞层位移**。

输出水平作用下各层最大位移及平均位移，如图 7-42 所示。

荷载工况	节点	层	标高 (m)	层高度 (m)	最大位移 (m)	平均位移 (m)	最大/平均	验算
▶ Rx(RS)	821	屋顶	24.00	0.00	0.0070	0.0066	1.0625	OK
Rx(RS)	729	9F	21.00	3.00	0.0063	0.0058	1.0903	OK
Rx(RS)	637	8F	18.00	3.00	0.0055	0.0051	1.0922	OK
Rx(RS)	545	7F	15.00	3.00	0.0047	0.0043	1.0941	OK
Rx(RS)	453	6F	12.00	3.00	0.0038	0.0035	1.0965	OK
Rx(RS)	361	5F	9.00	3.00	0.0030	0.0027	1.0997	OK
Rx(RS)	269	4F	6.00	3.00	0.0021	0.0019	1.1043	OK
Rx(RS)	177	3F	3.00	3.00	0.0013	0.0012	1.1118	OK
Rx(RS)	85	2F	0.00	3.00	0.0006	0.0006	1.1251	OK
Rx(RS)	0	1F	-4.50	4.50	0.0000	0.0000	0.0000	OK
Ry(RS)	821	屋顶	24.00	0.00	0.0003	0.0002	1.0702	OK
Ry(RS)	729	9F	21.00	3.00	0.0002	0.0002	1.1301	OK
Ry(RS)	637	8F	18.00	3.00	0.0002	0.0002	1.1322	OK
Ry(RS)	545	7F	15.00	3.00	0.0002	0.0001	1.1346	OK
Ry(RS)	453	6F	12.00	3.00	0.0001	0.0001	1.1371	OK
Ry(RS)	361	5F	9.00	3.00	0.0001	0.0001	1.1395	OK
Ry(RS)	269	4F	6.00	3.00	0.0001	0.0001	1.1416	OK
Ry(RS)	177	3F	3.00	3.00	0.0000	0.0000	1.1434	OK
Ry(RS)	85	2F	0.00	3.00	0.0000	0.0000	0.1460	OK
Ry(RS)	0	1F	-4.50	4.50	0.0000	0.0000	0.0000	OK

图 7-42　层位移

(10) 层剪重比

主菜单选择**结果＞分析结果表格＞层＞层剪重比**：

输出各层地震作用下各层的剪力及剪重比，如图 7-43 所示。

层	标高(m)	反应谱	地震反应力		楼层剪力					
					弹性支承反力		除弹性支承外		包含弹性支承	
			X(kN)	Y(kN)	X(kN)	Y(kN)	X(kN)	Y(kN)	X(kN)	Y(kN)
屋顶	24.0000	Rx(RS)	3.2907e+002	1.2032e+001	0.0000e+000	0.0000e+000	0.0000e+000	0.0000e+000	0.0000e+000	0.0000e+000
9F	21.0000	Rx(RS)	1.9353e+003	7.4755e+001	0.0000e+000	0.0000e+000	3.2907e+002	1.2032e+001	3.2907e+002	1.2032e+001
8F	18.0000	Rx(RS)	1.4604e+003	5.9113e+001	0.0000e+000	0.0000e+000	2.2627e+003	8.6749e+001	2.2627e+003	8.6749e+001
7F	15.0000	Rx(RS)	1.2280e+003	5.0056e+001	0.0000e+000	0.0000e+000	3.7016e+003	1.4561e+002	3.7016e+003	1.4561e+002
6F	12.0000	Rx(RS)	1.1118e+003	4.1353e+001	0.0000e+000	0.0000e+000	4.8402e+003	1.9490e+002	4.8402e+003	1.9490e+002
5F	9.0000	Rx(RS)	1.0478e+003	3.2839e+001	0.0000e+000	0.0000e+000	5.7473e+003	2.3478e+002	5.7473e+003	2.3478e+002
4F	6.0000	Rx(RS)	9.3249e+002	2.4379e+001	0.0000e+000	0.0000e+000	6.4889e+003	2.6548e+002	6.4889e+003	2.6548e+002
3F	3.0000	Rx(RS)	7.1511e+002	1.6187e+001	0.0000e+000	0.0000e+000	7.0891e+003	2.8734e+002	7.0891e+003	2.8734e+002
2F	0.0000	Rx(RS)	4.2851e+002	8.9049e+000	0.0000e+000	0.0000e+000	7.5259e+003	3.0101e+002	7.5259e+003	3.0101e+002
1F	-4.5000	Rx(RS)	7.7776e+003	3.0795e+002	0.0000e+000	0.0000e+000	7.7776e+003	3.0795e+002	7.7776e+003	3.0795e+002
屋顶	24.0000	Ry(RS)	1.2054e+001	3.6254e+002	0.0000e+000	0.0000e+000	0.0000e+000	0.0000e+000	0.0000e+000	0.0000e+000
9F	21.0000	Ry(RS)	7.3677e+001	2.2088e+003	0.0000e+000	0.0000e+000	1.2054e+001	3.6254e+002	1.2054e+001	3.6254e+002
8F	18.0000	Ry(RS)	5.8454e+001	1.6797e+003	0.0000e+000	0.0000e+000	8.5715e+001	2.5701e+003	8.5715e+001	2.5701e+003
7F	15.0000	Ry(RS)	4.9200e+001	1.4024e+003	0.0000e+000	0.0000e+000	1.4407e+002	4.2318e+003	1.4407e+002	4.2318e+003
6F	12.0000	Ry(RS)	4.0126e+001	1.2335e+003	0.0000e+000	0.0000e+000	1.9301e+002	5.5582e+003	1.9301e+002	5.5582e+003
5F	9.0000	Ry(RS)	3.1941e+001	1.1303e+003	0.0000e+000	0.0000e+000	2.3253e+002	6.6106e+003	2.3253e+002	6.6106e+003
4F	6.0000	Ry(RS)	2.5088e+001	9.9910e+002	0.0000e+000	0.0000e+000	2.6304e+002	7.4535e+003	2.6304e+002	7.4535e+003
3F	3.0000	Ry(RS)	1.8779e+001	7.8068e+002	0.0000e+000	0.0000e+000	2.8528e+002	8.1192e+003	2.8528e+002	8.1192e+003
2F	0.0000	Ry(RS)	1.1394e+001	4.8357e+002	0.0000e+000	0.0000e+000	2.9999e+002	8.6008e+003	2.9999e+002	8.6008e+003
1F	-4.5000	Ry(RS)	3.0795e+002	8.8827e+003	0.0000e+000	0.0000e+000	3.0795e+002	8.8827e+003	3.0795e+002	8.8827e+003

图 7-43　层剪力及剪重比

(11) 层构件剪力比

主菜单选择结果＞分析结果表格＞层＞层构件剪力比：

查看各种工况下框架柱和剪力墙的地震剪力和比率，如图 7-44 所示。

层	标高(m)	荷载	类型	号	角度1([deg])	内力1(kN)	比率1	角度2([deg])	内力2(kN)	比率2
静力荷载工况结果角度: 0[度]										
输入角度后请按'适用'键。					0.00	适用				
9F	21.0000	Rx(RS)	杆系(梁)	2485	0.00	3.6543	0.00	90.00	1.9915	0.00
9F	21.0000	Rx(RS)	墙	19	0.00	0.5197	0.00	90.00	11.4593	0.00
9F	21.0000	Rx(RS)	墙	8	0.00	0.0983	0.00	90.00	21.7435	0.01
9F	21.0000	Rx(RS)	墙	13	0.00	2.3618	0.00	90.00	620.9539	0.24
9F	21.0000	Rx(RS)	墙	14	0.00	82.1936	0.10	90.00	1.6299	0.00
9F	21.0000	Rx(RS)	墙	7	0.00	0.0872	0.00	90.00	35.0890	0.01
9F	21.0000	Rx(RS)	墙	20	0.00	1.7133	0.00	90.00	85.0118	0.03
9F	21.0000	Rx(RS)	墙	1	0.00	0.0722	0.00	90.00	46.0783	0.02
9F	21.0000	Rx(RS)	杆系(梁)	2521	0.00	3.5147	0.00	90.00	1.9193	0.00
9F	21.0000	Rx(RS)	杆系(梁)	2472	0.00	1.7935	0.00	90.00	7.8090	0.00
9F	21.0000	Rx(RS)	杆系(梁)	2486	0.00	1.0777	0.00	90.00	8.5679	0.00
9F	21.0000	Rx(RS)	墙	18	0.00	1.8360	0.00	90.00	33.0068	0.01
9F	21.0000	Rx(RS)	墙	3	0.00	8.1651	0.00	90.00	0.3325	0.00
9F	21.0000	Rx(RS)	杆系(梁)	2507	0.00	4.4509	0.01	90.00	2.1283	0.00
9F	21.0000	Rx(RS)	墙	9	0.00	0.2168	0.00	90.00	11.2725	0.00
9F	21.0000	Rx(RS)	墙	12	0.00	1.8827	0.00	90.00	544.6803	0.21
9F	21.0000	Rx(RS)	墙	15	0.00	0.5699	0.00	90.00	23.1209	0.01
9F	21.0000	Rx(RS)	墙	6	0.00	1.9259	0.00	90.00	552.8736	0.21
9F	21.0000	Rx(RS)	杆系(梁)	2475	0.00	12.1551	0.01	90.00	10.9587	0.00
9F	21.0000	Rx(RS)	杆系(梁)	2518	0.00	13.3508	0.02	90.00	12.3474	0.00
9F	21.0000	Rx(RS)	墙	4	0.00	23.5013	0.03	90.00	0.7875	0.00
9F	21.0000	Rx(RS)	墙	17	0.00	12.8597	0.01	90.00	0.3848	0.00
9F	21.0000	Rx(RS)	墙	10	0.00	250.8472	0.29	90.00	2.9243	0.00
9F	21.0000	Rx(RS)	墙	11	0.00	65.7507	0.08	90.00	1.6951	0.00
9F	21.0000	Rx(RS)	杆系(梁)	2505	0.00	1.0002	0.00	90.00	9.6429	0.00
9F	21.0000	Rx(RS)	墙	5	0.00	7.0551	0.01	90.00	548.6581	0.21
9F	21.0000	Rx(RS)	墙	16	0.00	81.6093	0.09	90.00	2.6134	0.00
9F	21.0000	Rx(RS)	墙	2	0.00	277.4965	0.32	90.00	3.7134	0.00

图 7-44　层构件剪力比

(12) 倾覆弯矩

主菜单选择结果＞分析结果表格＞层＞倾覆弯矩：

查看各种工况下框架和剪力墙的倾覆弯矩如图 7-45 所示。

(13) 侧向刚度不规则验算

主菜单选择**结果**＞**分析结果表格**＞**层**＞**侧向刚度不规则验算**：

输出各层的层刚度比，并判断侧向刚度是否规则如图 7-46 所示。

荷载工况	层	标高(m)	层高度(m)	角度1([deg])	竖向构件的倾覆弯矩(kN*m) 框架 Value	比值	墙单元 Value	比值	角度2([deg])	竖向构件的倾覆弯矩(kN*m) 框架 Value	比值	墙单元 Value	比值
静力荷载工况结果角度:0[度]													
输入角度后请按'适用'键。				0.00	适用								
WX	9F	21.00	3.00	0.00	4.71	0.06	76.26	0.94	90.00	-	-	-	-
WX	8F	18.00	3.00	0.00	93.13	0.25	281.78	0.75	90.00	-	-	-	-
WX	7F	15.00	3.00	0.00	180.29	0.19	745.48	0.81	90.00	-	-	-	-
WX	6F	12.00	3.00	0.00	287.37	0.17	1432.34	0.83	90.00	-	-	-	-
WX	5F	9.00	3.00	0.00	408.06	0.15	2331.43	0.85	90.00	-	-	-	-
WX	4F	6.00	3.00	0.00	539.98	0.14	3427.37	0.86	90.00	-	-	-	-
WX	3F	3.00	3.00	0.00	680.79	0.13	4706.27	0.87	90.00	-	-	-	-
WX	2F	0.00	3.00	0.00	804.41	0.12	6175.34	0.88	90.00	-	-	-	-
WX	1F	-4.50	4.50	0.00	1095.12	0.11	8557.42	0.89	90.00	-	-	-	-
WY	9F	21.00	3.00	0.00	-	-	-	-	90.00	-2.65	-0.03	102.42	1.03
WY	8F	18.00	3.00	0.00	-	-	-	-	90.00	134.14	0.21	506.65	0.79
WY	7F	15.00	3.00	0.00	-	-	-	-	90.00	248.48	0.13	1599.41	0.87
WY	6F	12.00	3.00	0.00	-	-	-	-	90.00	367.96	0.11	3299.97	0.89
WY	5F	9.00	3.00	0.00	-	-	-	-	90.00	538.93	0.09	5581.23	0.91
WY	4F	6.00	3.00	0.00	-	-	-	-	90.00	701.50	0.08	8400.54	0.92
WY	3F	3.00	3.00	0.00	-	-	-	-	90.00	868.01	0.07	11725.51	0.93
WY	2F	0.00	3.00	0.00	-	-	-	-	90.00	1003.45	0.06	15544.15	0.94
WY	1F	-4.50	4.50	0.00	-	-	-	-	90.00	1375.74	0.06	21867.61	0.94
Rx(RS)	9F	21.00	3.00	0.00	63.29	0.06	923.93	0.94	90.00	100.77	2.79	-64.67	-1.79
Rx(RS)	8F	18.00	3.00	0.00	1695.90	0.22	6079.54	0.78	90.00	256.41	0.87	39.93	0.13
Rx(RS)	7F	15.00	3.00	0.00	3311.14	0.18	15568.97	0.82	90.00	406.78	0.55	326.38	0.45
Rx(RS)	6F	12.00	3.00	0.00	5192.29	0.16	28208.54	0.84	90.00	577.51	0.44	740.34	0.56
Rx(RS)	5F	9.00	3.00	0.00	7209.72	0.14	43433.02	0.86	90.00	751.23	0.37	1270.96	0.63
Rx(RS)	4F	6.00	3.00	0.00	9013.46	0.13	60795.99	0.87	90.00	923.47	0.33	1895.17	0.67
Rx(RS)	3F	3.00	3.00	0.00	11451.81	0.13	79924.80	0.87	90.00	1081.98	0.29	2586.69	0.71
Rx(RS)	2F	0.00	3.00	0.00	13303.95	0.12	100650.43	0.88	90.00	1210.12	0.26	3373.59	0.74
Rx(RS)	1F	-4.50	4.50	0.00	16906.10	0.11	112047.63	0.89	90.00	1315.63	0.22	4653.84	0.78
Ry(RS)	9F	21.00	3.00	90.00	-20.96	-0.02	1108.58	1.02	180.00	-24.25	0.67	-11.91	0.33
Ry(RS)	8F	18.00	3.00	90.00	1253.77	0.14	7544.05	0.86	180.00	-125.17	0.43	-168.14	0.57
Ry(RS)	7F	15.00	3.00	90.00	2310.11	0.11	19183.20	0.89	180.00	-232.47	0.32	-493.04	0.68
Ry(RS)	6F	12.00	3.00	90.00	3518.11	0.09	34649.83	0.91	180.00	-358.83	0.28	-945.71	0.72
Ry(RS)	5F	9.00	3.00	90.00	4758.37	0.08	53241.47	0.92	180.00	-496.91	0.25	-1505.23	0.75
Ry(RS)	4F	6.00	3.00	90.00	6017.92	0.07	74342.34	0.93	180.00	-642.53	0.23	-2148.72	0.77
Ry(RS)	3F	3.00	3.00	90.00	7235.71	0.07	97482.21	0.93	180.00	-790.31	0.22	-2856.77	0.78
Ry(RS)	2F	0.00	3.00	90.00	8217.71	0.06	122302.56	0.94	180.00	-936.64	0.21	-3610.41	0.79
Ry(RS)	1F	-4.50	4.50	90.00	10401.72	0.06	160090.62	0.94	180.00	-1116.81	0.19	-4816.00	0.81

图 7-45 倾覆弯矩

荷载工况	层	标高(m)	层高度(m)	层间位移(m)	层剪力(kN)	层刚度(kN/m)	上部层刚度 0.7Ku1	0.8Ku123	层刚度比	验算
Rx(RS)	9F	21.00	3.00	0.0007	329.07	493286.59	0.00	0.00	0.000	规则
Rx(RS)	8F	18.00	3.00	0.0007	2262.74	3173888.41	345300.61	0.00	9.192	规则
Rx(RS)	7F	15.00	3.00	0.0008	3701.56	4799398.92	2221721.89	0.00	2.160	规则
Rx(RS)	6F	12.00	3.00	0.0008	4840.24	5993587.60	3359579.24	2257753.04	1.784	规则
Rx(RS)	5F	9.00	3.00	0.0008	5747.30	7033518.11	4195511.32	3724499.98	1.676	规则
Rx(RS)	4F	6.00	3.00	0.0008	6488.90	8175153.67	4923462.68	4753734.57	1.660	规则
Rx(RS)	3F	3.00	3.00	0.0007	7089.05	9704485.80	5722607.57	5653935.83	1.696	规则
Rx(RS)	2F	0.00	3.00	0.0006	7525.92	12033765.0	6793140.06	6643508.69	1.771	规则
Rx(RS)	1F	-4.50	4.50	0.0006	7777.63	13884289.1	8423635.51	7976907.86	1.648	规则
Ry(RS)	9F	21.00	3.00	0.0000	12.05	470640.88	0.00	0.00	0.000	规则
Ry(RS)	8F	18.00	3.00	0.0000	85.72	3204200.02	329448.62	0.00	9.726	规则
Ry(RS)	7F	15.00	3.00	0.0000	144.07	5068378.66	2242940.01	0.00	2.280	规则
Ry(RS)	6F	12.00	3.00	0.0000	193.01	6638932.20	3547865.06	2331525.22	1.871	规则
Ry(RS)	5F	9.00	3.00	0.0000	232.53	8061084.15	4647252.54	3976402.90	1.735	规则
Ry(RS)	4F	6.00	3.00	0.0000	263.04	9498138.72	5642758.90	5271572.00	1.683	规则
Ry(RS)	3F	3.00	3.00	0.0000	285.28	11178447.6	6648697.11	6432841.35	1.681	规则
Ry(RS)	2F	0.00	3.00	0.0000	299.99	13329033.5	7824934.38	7663386.82	1.703	规则
Ry(RS)	1F	-4.50	4.50	0.0000	307.95	14510063.1	9330323.46	9068173.31	1.555	规则

图 7-46 层刚度比

(14) 薄弱层验算

主菜单选择**结果**＞**分析结果表格**＞**层**＞**楼层承载力突变验算**：

输出各层抗剪承载力，本层与上一层的抗剪承载力之比，并判断各层强度是否规则，如图 7-47 所示。

层	标高(m)	层高度(m)	角度1([deg])	层剪力1(kN)	上部层剪力1(kN)	层剪力比1	注释1	角度2([deg])	层剪力2(kN)	上部层剪力2(kN)	层剪力比2	注释2
角度 = 0 [Deg]												
输入角度后请按'适用'键。			0.00	适用								
9F	21.00	3.00	0.00	8473.5421	0.0000	0.0000	规则	90.00	8423.2825	0.0000	0.0000	规则
8F	18.00	3.00	0.00	34809.0981	8473.5421	4.1080	规则	90.00	33505.9958	9423.2825	3.5557	规则
7F	15.00	3.00	0.00	36100.6398	34809.0981	1.0371	规则	90.00	34001.2668	33505.9958	1.0148	规则
6F	12.00	3.00	0.00	37008.2293	36100.6398	1.0251	规则	90.00	35218.0850	34001.2668	1.0358	规则
5F	9.00	3.00	0.00	38042.8625	37008.2293	1.0280	规则	90.00	36422.7084	35218.0850	1.0342	规则
4F	6.00	3.00	0.00	39081.4131	38042.8625	1.0273	规则	90.00	37629.2571	36422.7084	1.0331	规则
3F	3.00	3.00	0.00	40122.3588	39081.4131	1.0266	规则	90.00	38555.6297	37629.2571	1.0246	规则
2F	0.00	3.00	0.00	40925.8505	40122.3588	1.0200	规则	90.00	39427.3684	38555.6297	1.0226	规则
1F	-4.50	4.50	0.00	36033.4268	40925.8505	0.8805	规则	90.00	36055.2260	39427.3684	0.9145	规则

图 7-47 楼层承载力突变验算

7.7.14 配筋设计

(1) 一般设计参数

1）主菜单选择设计＞一般设计参数＞定义结构控制参数：

设计类型：三维

由程序自动计算"计算长度系数"；若勾选则按《混凝土结构设计规范》GB 50010—2002 第 7.3.11 条中第 3 项计算，否则按 7.3.11 条中表 7.3.11-2 计算，此时须设计者自己输入计算长度系数。操作界面如图 7-48 所示。

2）主菜单选择设计＞一般设计参数＞指定构件：

自动指定构件自由长度。当梁单元中间被其他节点分割成几部分时，需由程序自动指定构件，定义梁单元在强轴作用平面内的自由长度。当有非直线梁单元时，需在模型中选择此梁单元由手动完成。

(2) 钢筋混凝土构件设计参数

1）主菜单选择设计＞钢筋混凝土构件设计参数＞设计规范：

定义抗震等级及梁端弯矩调幅系数等参数，如图 7-49 所示。

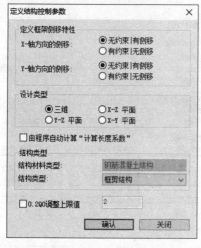

图 7-48 定义框架

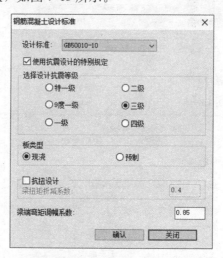

图 7-49 设计标准

注：此时自动计算程度系数只适用于钢结构

2）主菜单选择设计＞钢筋混凝土构件设计参数＞编辑混凝土材料特性：

定义主筋、箍筋设计强度及混凝土强度等级等参数，如图 7-50 所示。

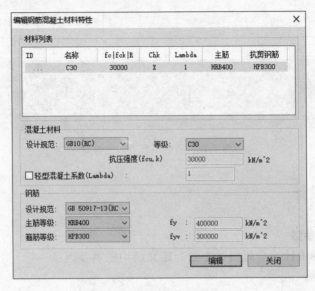

图 7-50　钢筋混凝土材料特性

3）主菜单选择设计＞钢筋混凝土构件设计参数＞定义设计用钢筋直径：
选择梁、柱、墙钢筋直径及混凝土保护层厚度等参数，如图 7-51 所示。

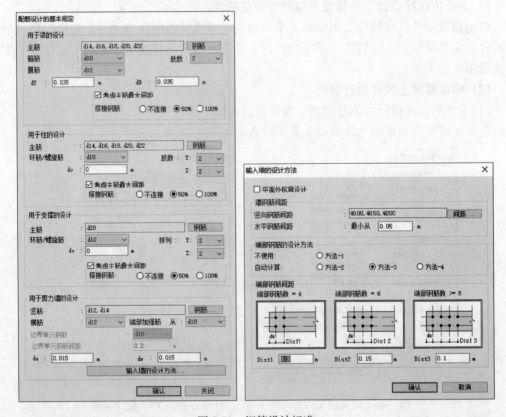

图 7-51　钢筋设计标准

(3) 钢筋混凝土构件设计

1）主菜单选择设计＞钢筋混凝土构件配筋设计＞梁配筋设计：

梁设计结果查看，选择项勾选某个梁单元，再勾选连接模型空间，在模型空间可以看到选择的梁单元，点选图形结果以图形方式输出，点选详细结果以文本文件输出。如图 7-52 所示。

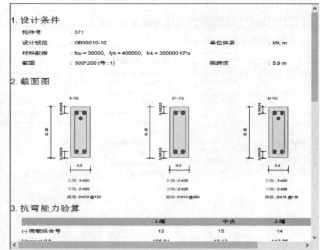

图 7-52　梁设计结果

2）主菜单选择**设计＞钢筋混凝土构件配筋设计＞柱配筋设计**：

柱设计结果查看，结果如图 7-53 所示。

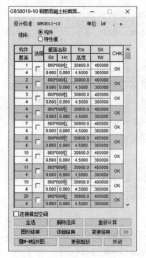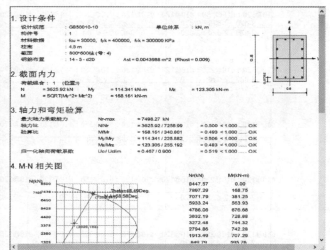

图 7-53　柱设计结果

3）主菜单选择**设计＞钢筋混凝土构件配筋设计＞墙配筋设计**：

墙设计结果查看，结果如图 7-54 所示。

（4）平面输出设计结果

主菜单选择：**设计＞钢筋混凝土结构设计结果简图**

荷载工况及组合：all combination

验算比：组合；钢筋：实配钢筋（所需配筋面积）；显示：梁、柱、墙。结果如图 7-55 所示。

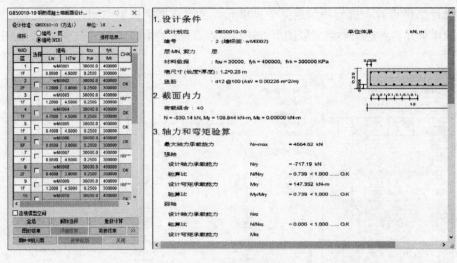

图 7-54　墙设计结果

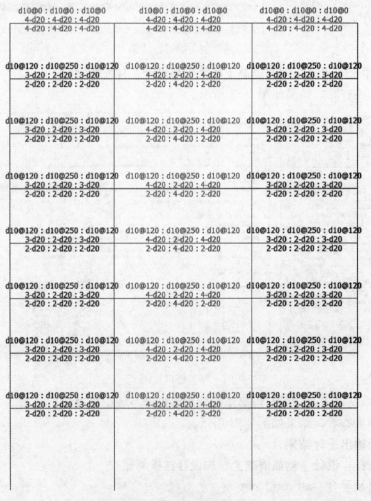

图 7-55　配筋结果输出

注：程序可以输出实配钢筋和所需配筋面积，注意单位。

7.8　小结

　　多层钢筋混凝土结构是目前在役房屋结构中存量最大的一类结构体系，其简洁、清晰的传力路径，易于建造的构造特点，使得该类结构体系在实际应用中深受工程师的青睐。对于该类房屋结构的设计也是土木工程专业的毕业生做毕业设计时的首选，既可以让学生了解结构概念及其在设计中的应用，也几乎涵盖了钢筋混凝土结构主要的部件形式，以及常见的荷载条件。对于该类结构的软件应用，是一项重要的专业实践训练，对于培养综合分析问题的能力具有重要的指导作用。故本章花费了大量篇幅，以一钢筋混凝土框架剪力墙工程为例详细介绍了整个分析、设计过程，把基本概念、规范要求和专业知识融入软件使用的每一个步骤之中，以期达到启发应用的效果，加深读者对于土木工程应用软件的理解和提高对专业知识融会贯通的应用能力。

8 多层钢结构工程的软件应用

8.1 概述

混凝土结构的设计是基于构件截面尺寸预先设定好的前提，这样结构体系的刚度分布就确定了，作为超静定结构，结构构件的内力就可以确定；随后的设计过程，是在该基础之上进行配筋设计，然后验算构件的安全度，这是一个强度分析与验算的过程，对结构体系的刚度几乎没有影响。当然，在一次设计达不到理想状态的情况下，构件截面的尺寸也会有修正，然后，构件的刚度分布会随之发生变化，就需要重新对整个结构重新进行一次分析、设计和验算的过程。然而，钢结构设计是完全不同的，钢结构构件的截面尺寸也需要预先设定，但是，在进行钢构件的设计和验算过程中，进行强度设计后对构件截面的任何改变，一般都会影响到构件截面刚度，这样结构体系的刚度分布就发生了改变，原来由于构件设计的内力已经发生了改变；这是一个相互耦合的过程。因此，钢结构的设计一般需要进行满应力的优化过程，得到构件相对合理的截面尺寸，然后，根据计算结果和工程经验进行微调。这是钢结构与混凝土结构分析和设计过程的主要区别。

本章以第 7 章的结构模型为算例，柱网布置和结构尺寸完全相同，在原来混凝土结构剪力墙位置布置了斜撑杆。下面以该模型为例，详细介绍在 SAP2000 应用软件环境中钢结构的分析和设计的基本过程及其软件应用。

8.2 软件应用

8.2.1 SAP2000 简介

SAP2000 是美国 Computer and Structures Inc.（CSI）公司旗下的一款集成化通用结构分析与设计软件，它可以对钢筋混凝土结构、钢结构、砌体结构等民用和工业建筑、桥梁、管道、大坝、水池等大部分结构类型进行分析与设计。除具备结构的基本分析设计功能外，SAP2000 还可进行逐步大变形分析、$P\text{-}\delta$ 分析、特征向量和里兹向量分析、地震反应谱分析、时程分析、几何与材料非线性分析、顺序施工分析等。SAP 即 Structure Analysis Program 的首字母简写，该系列结构分析程序有着极其悠久的历史，CSI 公司是美国 Wilson 教授的学生 Asharf 于 1978 年创建，距今已有近 40 年的历史，其 SAP 系列产品也因操作简单，功能强大，内容丰富而广泛运用于世界各地的结构设计工作。

SAP2000 的工作界面如图 8-1 所示，界面布局较为简洁、紧凑，菜单栏和工具栏中涵盖了结构分析所需的所有命令，底部的坐标系和单位系统显示了当前模型所处的状态，设计者也可以随时切换坐标系和单位，状态栏用于显示当前步骤的工作状态。

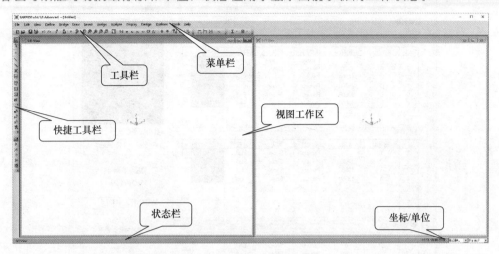

图 8-1　SAP2000 工作界面

8.2.2　建立模型

SAP2000 的建模方式与 AutoCAD 较为接近，二者之间也可以进行文件的相互导入。SAP2000 支持 .dxf 图形交换文件类型。

打开程序，选择**文件＞新模型**命令，在弹出的模型模板对话框中，选择"kN，mm，C"单位制，选择轴网模板，按照即将导入的模型的结构形式定义轴网，如图 8-2 所示。需要说明的是，在 SAP2000 中导入模型，即使不建立轴网，也完全可以进行分析，但建立轴网后，就可以利用程序查看各个平面视图的功能，方便地进行后处理及一些选择操作。

由于结构尺寸不会完全规整，很多时候需要手动更改轴网尺寸。在视图窗口中单击右键并选择编辑轴网数据，手动更改轴网数值，如图 8-3 所示。

图 8-2　建立轴网

选择**定义＞定义材料＞添加新材料**命令，选择中国规范并添加 Q235 钢材。

选择**定义＞截面属性＞框架截面＞添加新属性**命令，添加四种工字钢截面。创建截面对话框如图 8-4 所示。

由 AutoCAD 导入模型，SAP2000 采用的是分层导入的方式，是十分方便的，但这就要求用户在 AutoCAD 中建立模型时，将不同截面或不同类型的构件建立在不同的图层，如本例中的模型文件中建立了"主梁"、"次梁"、"支撑"和"柱"四个图层，需要分四次导入。选择**文件＞导入＞AutoCAD .dxf 模型文件**命令，选择需要导入的模型，选择合适的全局坐标系方向和单位系，将"主梁"图层按框架类型导入，如图 8-5 所示。

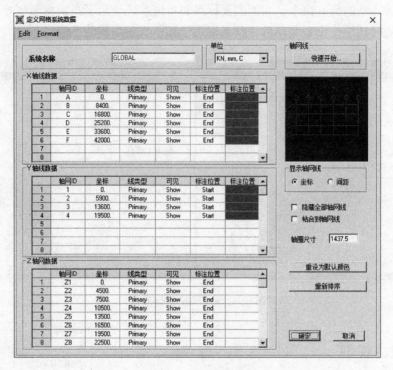

图 8-3　定义轴网数据

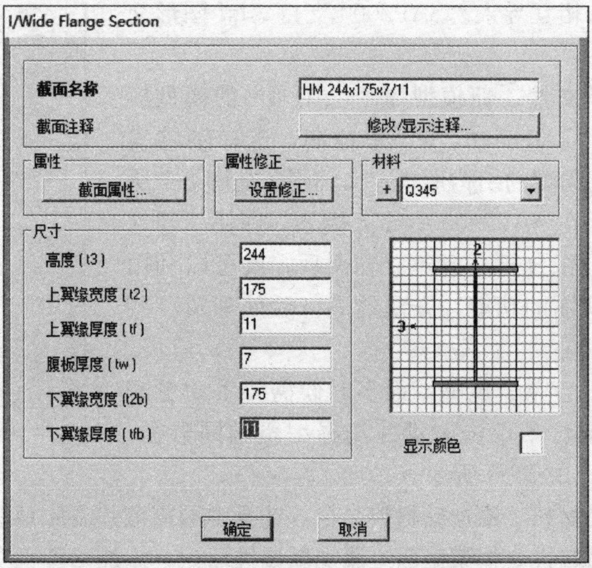

图 8-4　创建截面

　　图层导入后自动为选中状态，选择**指定＞指定到组**命令，创建一个分组以方便后续操作。选择**选择＞组**命令，选中定义好的组别，选择**指定＞框架＞框架截面**命令，为框架梁赋予事先定义好的截面。按照相同的方法导入其他图层，导入后的模型如图 8-6 所示。

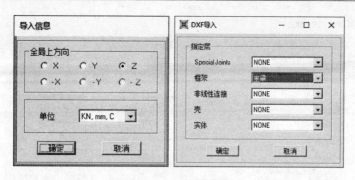

图 8-5　导入模型

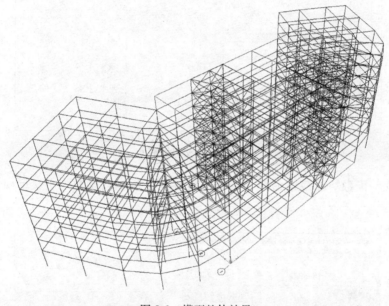

图 8-6　模型整体效果

选中结构底部节点，通过**指定**>**节点**>**约束**命令，为柱脚节点指定嵌固约束。

8.2.3　定义荷载

通过**定义**>**荷载模式**命令，定义恒荷载、活荷载和两个方向的风荷载，定义荷载模式对话框如图 8-7 所示；风荷载各参数如图 8-8 所示。

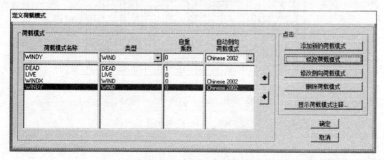

图 8-7　定义荷载模式

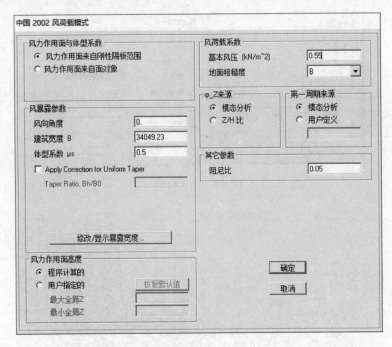

图 8-8　定义风荷载

选择**定义**＞**函数**＞**反应谱**命令，选择中国规范并添加新函数。定义反应谱对话框如图 8-9 所示。

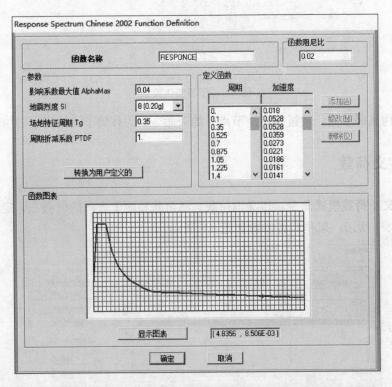

图 8-9　定义反应谱

选择**定义**＞**荷载工况**命令，添加 X、Y 方向的反应谱工况，各参数设置如图 8-10 所示，其中比例系数输入重力加速度值。反应谱荷载工况添加后，程序将自动为结构施加反应谱荷载，无需人为对结构施加。

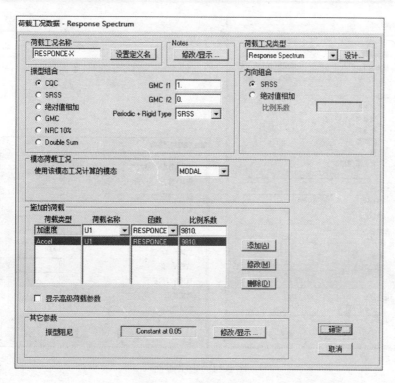

图 8-10　定义荷载工况

程序在荷载工况中默认添加了模态分析工况，修改分析参数，选择**特征值分析**并将最大振型数更改为 10，该值实际上要根据最后计算出的振型质量参与系数来调整和最后确定的。一般要保证振型质量参与系数不小于 95％。

在施加竖向楼面荷载和屋面荷载时，SAP2000 无法像 Midas 那样在没有建立楼板的情况下直接指定加载区域，当我们想要在框架上施加由楼板传递而来的等效荷载时，可以通过两种方法实现：

方法（1）：为了施加面荷载，需要通过定义虚面来创建楼板，而创建的板不能对结构的刚度产生影响，所以需要在创建面截面时对其进行刚度修正：选择**定义**＞**截面特性**＞**面截面**命令，添加如图 8-11 所示的面截面。为了使上荷载能够均匀传递到框架上，需要对面进行有限元网格划分：选择**指定**＞**面**＞**面自动网格划分**命令，为面划分适当大小的网格。这种方法的优点在于程序可以自动计算面对象的自重，为结构添加自重荷载，缺点则是该面对象刚度需要手动调整，否则会增大结构的整体刚度，使结构设计偏于不安全。

方法（2）：在 SAP2000 V14 以后的版本中，程序为了解决这一问题，加入了虚面，即截面特性中的"None"，虚面没有任何属性，既没有自重，也不会对结构刚度产生任何影响，采用虚面时，楼板的自重荷载则需要另行添加。

这里我们采用虚面法添加面荷载。将视图调整到 xy 平面，通过 可选想要编辑的层，选择**绘图**＞**绘制面**命令，选择虚面作为面截面，绘制楼板和屋面，此处仅绘制屋面板及第八层的楼面板，选中屋面板，选择**指定**＞**面荷载**＞**均匀分布到框架（壳）**命令，按照双向板添加恒荷载与活荷载，并以同样的方式添加第八层楼面荷载。选中楼面板，选择**编辑**＞**带属性复制**命令，将楼面板连同楼面荷载复制到其他层。

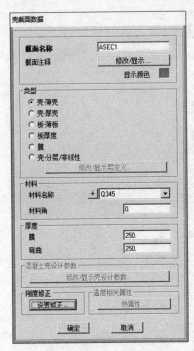
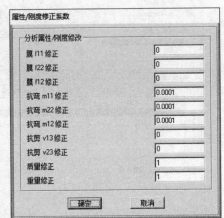

图 8-11　定义虚面

选中顶层外沿框架梁，选择**指定**＞**框架荷载**＞**均布**命令，添加连续梁均布荷载，并以同样的方式为其他各层施加梁均布荷载。施加后的效果如图 8-12 所示。

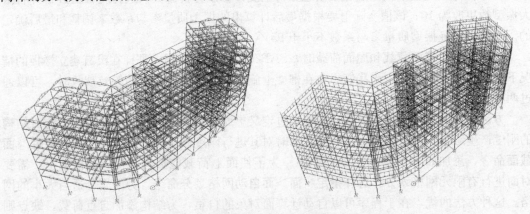

图 8-12　竖向荷载施加情况

SAP2000 中给出了两种施加风荷载方式：1）风荷载作用面来自刚性隔板范围；2）风荷载作用面来自面对象。当选择第一种施加方式时，程序会将刚性楼板上下半层内的风荷载自动转化到该刚性楼板上，但由于 SAP2000 中没有层的定义，若要采用该施加方式，需要人为定义刚性隔板束缚；当选择第二种施加方式时，与施加竖向分布荷载相同，需要在受风面建立虚面或刚度很小的面对象。本章算例中我们采用第一种施加方式。

全选所有节点，选择**指定>节点>束缚**命令，添加 diaphragm（刚性隔板）束缚，选择 Z 轴并勾选"指定不同隔板束缚到每个不同的 Z 高度处"，即可在轴网的每个 XY 面上建立刚性隔板束缚，如图 8-13 所示。此时查看荷载模式下风荷载中的"修改/显示暴露宽度"，程序已自动生成了将要等效到各层刚性隔板上的风荷载高度范围。

此处对前述风荷载工况中体形系数的取值做出解释：当选择风荷载作用面来自面对像时，程序要求设计者提供迎风面和背风面两个方向的体形系数，由《建筑结构荷载规范》GB 50009—2012 第 7.3 节可得，本例中迎风面体形系数为 0.8，背风面体形系数为 −0.5；当选择风荷载作用面来自刚性隔板范围时，风荷由程序自动等效为隔板处集中荷载，程序只要求设计者输入一个体形系数，此时只需输入迎风面与背风面的体形系数之差，本例为 1.3。

选择**定义>荷载组合**命令，添加默认设计组合，勾选钢结构设计组合，程序将自动生成钢结构设计所需的荷载组合，SAP2000 中不会自动生成包络组合，需要人为添加：选择添加新组合命令，将荷载组合类型更改为 Envelope（包络），并选择需要进行包络组合的荷载组合类型，比例系数均设为 1。

SAP2000 为基于有限元计算方法的分析软件，在分析之前我们可对结构进行有限元网格划分，选中所有框架构件，选择**指定>框架>自动网格划分**命令，输入最大段长度为 1m。

在结构动力分析过程中，两个重要影响因素是刚度和质量，结构刚度一般可有程序自动计算得到，主要引起误差的因素在于结构质量。SAP2000 通过定义质量源的方式获取用于结构动力分析的质量。

选择**定义>质量源**命令，定义重力荷载代表值，如图 8-14 所示。

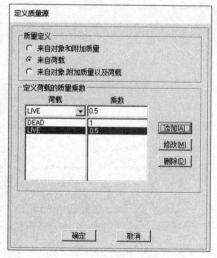

图 8-13　定义刚性隔板束缚　　　　图 8-14　定义质量源

《建筑结构抗震规范》GB 50011—2010 中采用重力荷载代表值进行结构动力分析和结构地震作用计算，并规定建筑结构的重力荷载代表值应取结构和构配件标准值和各可变荷载组合值之和，可变荷载的组合值系数按表 8-1 取值。

可变荷载种类		组合值系数
雪荷载		0.5
屋面积灰荷载		0.5
屋面活荷载		不计入
按实际情况计算的楼面活荷载		1.0
按等效均布荷载计算的楼面活荷载	藏书库、档案库	0.8
	其他民用建筑	0.5
吊车悬吊物重力	硬钩吊车	0.3
	软钩吊车	不计入

重力荷载代表值的组合值系数　　　　表 8-1

8.2.4 运行分析与计算结果

运行分析：

选择**分析**>**设置分析选项**命令，由于本例为空间框架结构，全选 6 个有效自由度。

选择**分析**>**创建分析模型**命令，程序将自动创建分析模型。

选择**分析**>**选择运行工况**命令，选择需要进行的分析工况，这里选择所有工况进行分析。

选择**分析**>**运行分析**命令，对结构模型进行分析计算。

计算结果：

选择**显示**>**显示变形**命令，选择不同的组合工况可查看相应的结构变形，将鼠标放置在想要查看的节点上可以显示出该节点的变形值，如图 8-15 所示。

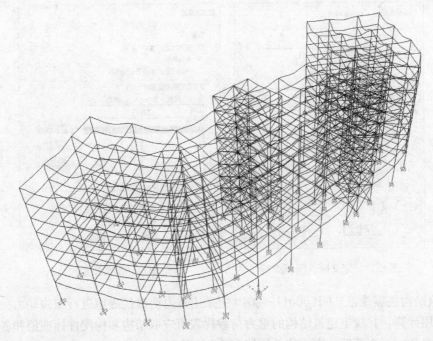

图 8-15　结构变形图

选择**显示**>**显示力/应力**>**框架/索/钢束**命令，可以查看任意荷载组合情况下的框架内力如图 8-16 所示。选中需要查看的构件，单击右键可以显示该构件的具体分析结果，如图 8-17 所示。

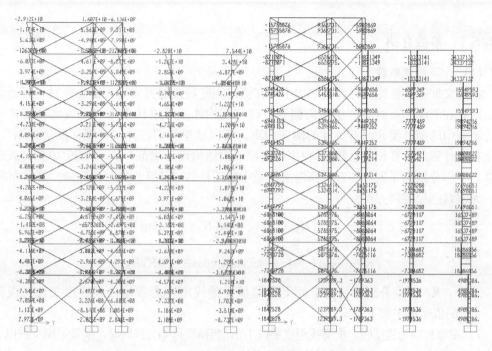

图 8-16　结构内力图

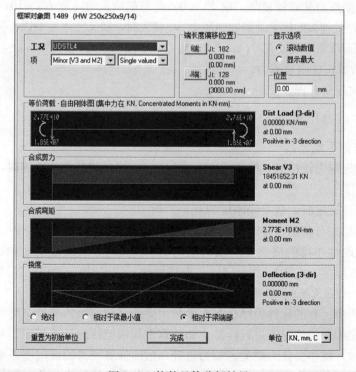

图 8-17　构件具体分析结果

选择显示＞显示力/应力＞节点命令，可以查看任意荷载组合情况下的基底反力。

8.2.5 设计校核

8.2.5.1 参数介绍

(1) 计算长度系数

在定义框架侧移特性时，若结构中存在侧向刚度较大的剪力墙、核心筒时，可近似认为结构存在侧向约束而不产生横向侧移，这些结构体系可以认为是"无侧移框架体系"，但是本例中的钢框架并没有足够的侧向约束，所以这里我们选择"有侧移框架体系"。由程序自动计算"计算长度系数"，程序将按照《钢结构设计规范》GB 50017 中的公式进行计算。下面分别把无侧移和有侧移框架体系中框架柱的"计算长度"公式做一简要介绍。

无侧移刚架控制方程：

$$\left[\left(\frac{\pi}{\mu}\right)^2 + 2(K_1 + K_2) - 4K_1 K_2\right]\frac{\pi}{\mu} \cdot \sin\frac{\pi}{\mu} - 2$$

$$\left[(K_1 + K_2)\left(\frac{\pi}{\mu}\right)^2 + 4K_1 K_2\right]\cos\frac{\pi}{\mu} + 8K_1 K_2 = 0$$

式中，K_1、K_2 分别是相交于柱上下端横梁的线刚度之和与柱线刚度之比，规范对 K_1、K_2 的值做出了如下规定：

1）横梁远端为铰接时，横梁线刚度乘以 1.5；当横梁远端为嵌固时，横梁线刚度乘以 2；

2）横梁与柱铰接时，横梁线刚度为 0；

3）底层框架柱与基础铰接时，取 $K_2 = 0$，与基础刚接时，取 $K_2 = 10$；

4）当与柱刚性连接的横梁受到轴向压力 N_b 较大时，横梁线刚度乘以折减系数 α_N，当横梁远端与柱刚接或横梁远端铰支时，$\alpha_N = 1 - N_b/N_{Eb}$；当梁远端嵌固时，$\alpha_N = 1 - N_b/2N_{Eb}$。其中 N_{Eb} 为横梁的欧拉极限承载力。

有侧移刚架控制方程：

$$\left[36K_1 K_2 - \left(\frac{\pi}{\mu}\right)^2\right]\sin\frac{\pi}{\mu} + 6(K_1 + K_2)\,\frac{\pi}{\mu} \cdot \cos\frac{\pi}{\mu} = 0$$

K_1、K_2 的值有如下规定：

1）当横梁远端为铰接时，横梁线刚度乘以 0.5；当横梁远端为嵌固时，横梁线刚度乘以 2/3；

2）横梁与柱铰接时，横梁线刚度为 0；

3）底层框架柱与基础铰接时，取 $K_2 = 0$，与基础刚接时，取 $K_2 = 10$；

4）当与柱刚性连接的横梁受到轴向压力 N_b 较大时，横梁线刚度乘以折减系数 α_N，当横梁远端与柱刚接，$\alpha_N = 1 - N_b/4N_{Eb}$；当横梁远端铰支时，$\alpha_N = 1 - N_b/N_{Eb}$；当梁远端嵌固时，$\alpha_N = 1 - N_b/2N_{Eb}$。其中 N_{Eb} 为横梁的欧拉极限承载力。

在建模过程中，有的软件程序会在次梁与主梁的交接处生成节点，将主梁分割为两部分，若在不指定构件的情况下进行计算，如计算左侧框架柱的计算长度，在确定该柱右侧横梁的线刚度时，程序会认为横梁远端为悬臂，因而计算所得的线刚度系数将会与实际情况大相径庭，因此我们需要通过指定构件命令将被分割的构件指定为一个构件。这个要根据具体情况进行必要处理。

(2) 等效弯矩系数

在计算压弯梁构件的平面内、外稳定的验算公式中，有一个重要的参数，等效弯矩系数。《钢结构设计规范》GB 50017 对 β_m 的取值做出如下规定：

无横向荷载作用时，$\beta_m=0.65+0.35\dfrac{M_2}{M_1}$，$M_1$ 和 M_2 为构件端弯矩，$|M_1|>|M_2|$，当二者使构件产生同向屈曲时取同号，产生反向屈曲时取异号；端弯矩和横向荷载同时作用时，使构件产生同向屈曲时 $\beta_m=1.0$，使构件产生反向屈曲时 $\beta_m=0.85$；无端弯矩但有横向荷载作用时，$\beta_m=1.0$。

在设计类应用软件中可以修改等效弯矩系数，工程师可以选择程序自动计算 β_m 值，即程序默认采用的计算方法为 $\beta_m=0.65+0.35\dfrac{M_2}{M_1}\geqslant0.4$；若不勾选，程序默认梁的等效弯矩系数为 1.0，柱的等效弯矩系数为 0.85；设计者亦可自行输入计算好的等效弯矩系数。

梁的等效临界弯矩系数 β_m 是计算等截面焊接工字型钢或轧制 H 型钢梁的整体稳定系数时需要用到的参数，当勾选"程序自动计算时"，程序将根据《钢结构设计规范》GB 50017 给出的计算方法进行计算，当不勾选时程序默认 $\beta_m=1$。

8.2.5.2　软件操作

进行钢结构设计首先要导入设计所需的备选截面，若构件校核不通过，程序会通过在备选截面中选取合适的截面进行替换。

选择**定义**＞**截面属性**＞**框架截面**＞**添加新属性**命令，选择**导入新属性**，选择中国规范的"Chinese. pro"文件并将需要设计选用的截面导入。选择**添加新属性**＞**自动选择列表**命令，将导入的截面添加到自动选择列表，此时截面列表中会多出一个自动选择列表项，将该项作为新的截面赋予需要进行设计的构件，这样程序在自动设计时将会在该列表中选择合适的截面用以替换校核不通过的截面，如图 8-18 所示。

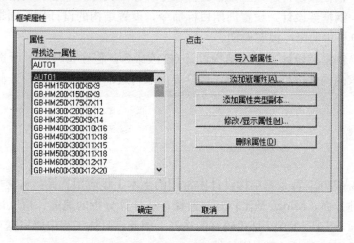

图 8-18　定义自动选择截面

选择**设计**＞**钢框架设计**＞**查看/修改首选项**命令，修改需要修改的首选项值，如图 8-19 所示。

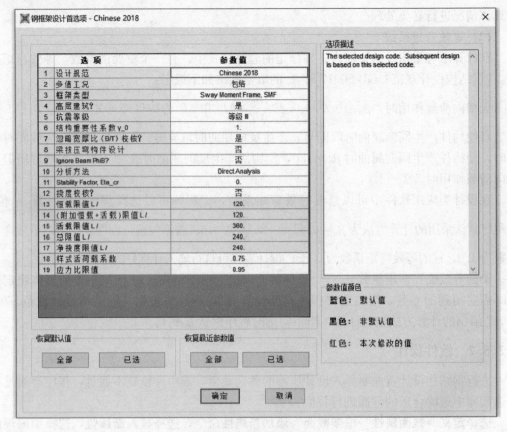

图 8-19　设计首选项

选择**设计＞钢框架设计＞选择设计组**命令，选择需要进行设计的构件组。

选择**设计＞钢框架设计＞选择设计组合**命令，确定设计计算在哪些工况下进行。

选择**设计＞钢框架设计＞设置位移目标**命令，输入关注的节点及相应的位移限值。

选择**设计＞钢框架设计＞设置周期目标**命令，设置结构的设计目标周期，程序默认为MODLE 工况分析中的第一模态周期。

选择**设计＞钢框架设计＞开始结构设计/校核**命令，程序将开始对所选构件进行校核并对不满足要求的构件进行截面替换，替换界面取自之前设置的自动设计截面。

8.3　小结

Midas 和 SAP2000 都是钢结构设计中常用的土木工程应用软件，从建模的便捷性和操作界面的友好性方面，Midas 是比较好的选择；从计算分析的速度、精度以及复杂结构分析的可靠性方面，SAP2000 又是比较好的选择。因此，具体工程中要根据项目的特点和需要，灵活选择适用的土木工程应用软件。

9 高层建筑结构的软件应用

9.1 概述

关于高层建筑结构的定义，目前的国家规范已经做了统一。根据《民用建筑设计通则》GB 50352，《高层民用建筑设计防火规范》GB 50045，《高层建筑混凝土结构技术规程》JGJ 3（以下简称《高规》）的相关规定，10 层及 10 层以上或房屋高度超过 28m 的住宅建筑，以及高度超过 24m 的其他民用公共建筑结构为高层建筑结构。高层建筑混凝土结构可采用框架、剪力墙、框架-剪力墙、板柱-剪力墙和筒体结构等结构体系。高层建筑结构体系的控制荷载主要是水平向的地震荷载或风荷载，进行水平向荷载作用下的相关指标验算成为高层建筑结构设计的控制性因素。高层建筑结构的概念设计、规则性和整体性设计是该类结构体系设计的关键。

高层建筑结构应注重概念设计，这是高层结构性能优劣的前提；重视结构的选型和平面、立面布置的规则性，加强构造措施，择优选用抗震性能和抗风性能好且经济合理的结构体系。在抗震设计时，应从结构整体抗震性能的分析和设计出发，保证整体结构具有必要的承载力、刚度和延性。

关于高层建筑结构的分析和设计是在掌握了软件应用之后，在实际设计工作中经常遇到的。本章以上海某高层商住楼为算例，详细介绍高层建筑结构的分析和设计中的关键环节，也是区别于一般多层结构设计的特殊之处，具有较强的实用性。

9.2 结构类型与布置

本算例为上海市某一商住楼高层单体结构，地面上的总层数为 22 层，地下 2 层，在 Midas Gen 软件中对该结构模型进行了详细建模，并做了静载分析、抗震分析、抗风分析，关于软件中的建模和分析等操作方面的内容，在本书第七章有详细介绍，本章节略。本章重点对计算结果进行概要性介绍，从中了解高层建筑结构分析和数据检查的重点。该高层结构的主要结构信息和相关参数如下：

➢ 结构体系：框架-剪力墙结构

➢ 结构材料信息：钢筋混凝土

➢ 结构所在地区：上海

➢ 地下室层数：2

➢ 地面粗糙程度：B

➢ 修止后的基本风压（kN/m²）：0.40

- ➤ 结构 X 向基本周期（秒）：2.18
- ➤ 结构 Y 向基本周期（秒）：2.01
- ➤ 风荷载计算用阻尼比：0.050
- ➤ 承载力设计时的风荷载效应放大系数：1.1
- ➤ 考虑顺风向风振：是
- ➤ 舒适度验算用基本风压（kN/m²）：0.10
- ➤ 舒适度验算用阻尼比：0.020
- ➤ 设计地震分组：二
- ➤ 地震烈度：7（0.1g）
- ➤ 场地类别：Ⅲ
- ➤ 特征周期：0.55
- ➤ 结构的阻尼比：0.050
- ➤ 周期折减系数：0.75
- ➤ 是否考虑偶然偏心：是
- ➤ X 向偶然偏心值：0.05L
- ➤ Y 向偶然偏心值：0.05L
- ➤ 是否考虑双向地震扭转效应：是
- ➤ 活荷重力荷载代表值组合系数：0.50
- ➤ 地震影响系数最大值：0.080
- ➤ 罕遇地震影响系数最大值：0.500

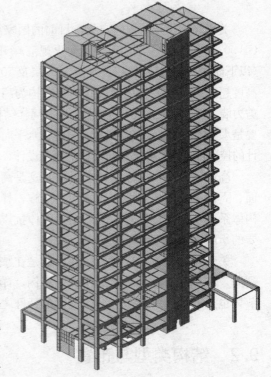

图 9-1　上海某商住楼高层单体结构

在 Midas Gen 软件中建立的整体模型，如图 9-1 所示。建模、加载以及分析等操作过程在本章中略去，相关软件操作知识读者可以参照本书第 7 章中的相关内容或进一步参考 Midas Gen 软件的用户手册。下面就该高层建筑模型分析过程和分析设计后的计算结果进行一下汇总，并分别做一简要介绍，以期通过软件应用和数据分析掌握高层建筑结构分析和设计过程中的关键环节。

9.3　计算结果分析

9.3.1　一般性验算

《高规》中对于高层结构体系的结构形式、平面布置和竖向布置的规则性、材料的选用、使用高度与高宽比的限值、构件延性（轴压比）等等都有明确的规定，这也是高层结构概念设计的重要内容，是影响高层结构方案优劣的重要阶段。这些内容往往在建模计算之前就要初步确定，也是决定软件计算模型合理性的重要前提。

高层建筑结构的变形和内力可按弹性方法计算。框架梁和连梁等构件可考虑竖向荷载作用下的塑性变形引起的内力重分布。高层建筑结构的计算模型，一般采用空间梁杆单元体系、空间梁杆＋薄壁梁单元体系、空间梁杆＋墙板单元体系或组合其他单元类型，总之，计算模型要能够准确反映结构中构件的实际受力情况。

在高层建筑结构的计算分析中，一般假定楼板在其自身平面内为无限刚性，这是保证水平地震力能够传递到侧向刚度比较大的剪力墙构件的关键，同时也是保证结构整体抗扭性能的重要构造措施。当然，如果楼板在计算过程中产生比较明显的平面内变形，一般有两种处理思路：一是加强楼板的刚度，即增加厚度，保证楼板无穷刚性假设条件的成立，这往往会显著增加工程造价，应慎重选择；二是在计算模型中考虑楼板平面内变形对计算结果的影响，这时楼层剪力的分配和扭转位移会与楼层无限刚性条件下的计算模型结果有显著的差异。

9.3.2 规则性验算

1. 周期比限值

为了保证高层建筑结构的抗扭转性能，设计中的计算模型一般首先通过限制其第一阶转动周期和第一阶平动周期的比值上限来实现；当然，模型整体计算分析之后还要控制楼层的最大水平位移（或层间位移）和楼层平均水平位移（或层间位移）的比值（一般取1.2），如本小节第 4 条的计算方法。《高规》JGJ 3—2010 第 3.4.5 条规定：结构扭转为主的第一自振周期 T_t 与平动为主的第一自振周期 T_1 之比，A 级高度高层建筑不应大于0.9，B 级高度高层建筑、超过 A 级高度的混合结构及本规程第 10 章所指的复杂高层建筑不应大于 0.85。

通过模态分析，本项目前 18 阶模态周期如表 9-1 所示，各楼层振型质量参与系数如表 9-2 所示；计算得到的本项目计算模型的第一阶扭转周期 $T_r = 1.7782$s；第一阶平动周期 $T_t = 2.4201$s。其比值为 0.74<0.85（规范限值），因此，满足《高规》关于周期比的限值。

模态-周期表　　　　　　　　　　　　　　　　　　　　　表 9-1

模态	周期（s）
1	2.4201
2	2.2183
3	1.7782
4	0.638
5	0.5241
6	0.4587
7	0.3245
8	0.2997
9	0.227
10	0.2183
11	0.1929
12	0.1407

模态	周期（s）
13	0.1422
14	0.1383
15	0.135
16	0.1229
17	0.1149
18	0.1115

各楼层振型质量参与系数表　　　　　　表 9-2

模态	TRAN-X		TRAN-Y		TRAN-Z	
	质量（%）	合计（%）	质量（%）	合计（%）	质量（%）	合计（%）
1	55.8163	55.8163	0.1792	0.1792	0	0
2	0.1038	55.9201	62.2507	62.4299	0	0
3	8.5916	64.5117	0.0471	62.477	0	0
4	13.4016	77.9133	0.0001	62.4771	0	0
5	0.0082	77.9214	16.5597	79.0368	0	0
6	3.1273	81.0487	0.0275	79.0643	0	0
7	0.2438	81.2925	0	79.0644	0	0
8	5.1791	86.4716	0.012	79.0764	0	0
9	0.0825	86.5542	5.7304	84.8067	0	0
10	0.8649	87.4191	0.0326	84.8393	0	0
11	3.2902	90.7093	0.0323	84.8716	0	0
12	3.2248	93.9342	0.0001	84.8718	0	0
13	0.0113	93.9454	0.0026	84.8744	0	0
14	0.081	94.0264	2.92	87.7944	0	0
15	0.0182	94.0446	0.0094	87.8038	0	0
16	1.9422	95.9868	0.3341	88.1379	0	0
17	0.6597	96.6466	0.0009	88.1388	0	0
18	0.0031	96.6496	0.0039	88.1427	0	0

模态	ROTN-X		ROTN-Y		ROTN-Z	
	质量（%）	合计（%）	质量（%）	合计（%）	质量（%）	合计（%）
1	0.1107	0.1107	33.4659	33.4659	6.7911	6.7911
2	41.0433	41.154	0.0635	33.5294	0.0029	6.794
3	0.0158	41.1698	5.7702	39.2996	52.8409	59.6349
4	0	41.1699	18.7868	58.0864	1.7353	61.3702
5	18.5372	59.707	0.0087	58.0951	0.0083	61.3784
6	0.0495	59.7566	3.7826	61.8777	12.2191	73.5976
7	0.0001	59.7566	0.4809	62.3586	0.2295	73.8271
8	0.0134	59.77	7.9824	70.341	0.8357	74.6628

模态	ROTN-X		ROTN-Y		ROTN-Z	
	质量（%）	合计（%）	质量（%）	合计（%）	质量（%）	合计（%）
9	8.3014	68.0714	0.1403	70.4813	0.0105	74.6733
10	0.0599	68.1313	1.4361	71.9174	4.3554	79.0287
11	0.0491	68.1804	6.7356	78.653	0.7392	79.7679
12	0	68.1804	6.8879	85.5409	0.1893	79.9573
13	0.0109	68.1913	0.0267	85.5676	4.0683	84.0256
14	5.452	73.6433	0.175	85.7426	0.0531	84.0786
15	0.0171	73.6605	0.0479	85.7905	0.0624	84.141
16	0.607	74.2675	4.4455	90.2361	1.0016	85.1426
17	0.0043	74.2717	1.5416	91.7777	1.4755	86.6181
18	0.0067	74.2784	0.007	91.7848	0.0957	86.7138

2. 剪重比限值

由于地震影响系数在长周期段下降比较快，对于基本周期大于 3s 的建筑结构，根据反应谱方法计算得到的水平地震作用下的结构效应可能偏小；而对于长周期结构，地震地面运动的位移和速度可能对结构的破坏作用更大，反应谱方法也无法对此做出合理计算。出于结构安全的考虑，规范增加了对基本周期一般比较大的高层结构各楼层水平地震力最小值的规定，规定了不同设防烈度下的楼层最小地震剪力系数（即，剪重比）。如果不满足，结构的水平总剪力和各个楼层的水平地震剪力都需要进行相应的调整，或者改变结构的质量或者刚度使之达到要求。

《高规》JGJ 3—2010 第 4.3.12 条规定：多遇地震水平地震作用时，结构各楼层对应于地震作用标准值的剪力应符合下式要求：

$$V_{Eki} \geqslant \lambda \sum_{j=i}^{n} G_j$$

其中，V_{Eki}——第 i 层对应于水平地震作用标准值的剪力。

λ——水平地震剪力系数，又称剪重比，不应小于《高规》JGJ 3—2010 中表 4.3.12 规定的数值；对于竖向不规则结构的薄弱层，尚应乘以 1.15 的增大系数。

G_j——第 j 层的重力荷载代表值。

本项目中的 X 方向和 Y 方向的各楼层剪重比分别如表 9-3 和表 9-4 所示；根据抗震规范 GB 50011 第 5.2.5 条要求，X 向和 Y 向楼层最小剪重比均大于 1.60%，满足高层和抗震规范要求。

X 方向各楼层剪重比 表 9-3

楼层	剪重比	楼层	剪重比	楼层	剪重比
22	9.26%	15	3.76%	8	2.68%
21	6.93%	14	3.48%	7	2.63%
20	6.12%	13	3.26%	6	2.58%
19	5.46%	12	3.08%	5	2.53%
18	4.92%	11	2.94%	4	2.46%
17	4.47%	10	2.83%	3	2.38%
16	4.09%	9	2.75%	2	2.20%
				1	2.14%

Y 方向各楼层剪重比　　　　　　　　　　　　　　　表 9-4

楼层	剪重比	楼层	剪重比	楼层	剪重比
22	10.17%	15	4.38%	8	3.16%
21	8.23%	14	4.06%	7	3.09%
20	7.26%	13	3.80%	6	3.04%
19	6.46%	12	3.60%	5	2.97%
18	5.80%	11	3.44%	4	2.89%
17	5.24%	10	3.32%	3	2.79%
16	4.77%	9	3.23%	2	2.53%
				1	2.46%

3. 刚度比

正常设计的高层建筑下部楼层侧向刚度宜大于上部楼层的侧向刚度，否则变形会集中于刚度小的下部楼层，而形成结构的薄弱层，因此，高层设计中应对下层与相邻上一层的侧向刚度比进行限制。对于框架结构，规定框架结构楼层与上部相邻楼层的侧向刚度比不宜小于 0.7，与上部相邻三层侧向刚度平均值的比值不宜小于 0.8；对于框架-剪力墙结构、板柱-剪力墙结构、剪力墙结构、框架-核心筒结构、筒中筒结构等，楼面体系对侧向刚度贡献比较小，一般情况下刚度比按照不小于 0.9 来控制。《高规》3.5.2 条规定，对于剪力墙结构，楼层与相邻上层的侧向刚度比值不宜小于 0.9；当本层层高大于相邻上层层高的 1.5 倍时，该比值不宜小于 1.1；底部嵌固楼层层间位移角一般比较小，因此，对底层嵌固楼层与上一层侧向刚度的比值做了更严格的规定，一般按 1.5 控制。结构的侧向刚度宜下大上小，并逐渐均匀变化。

本项目中的 X 方向和 Y 方向的各楼层刚度比计算结果汇总如表 9-5 所示；根据《高规》第 3.5.2 条要求，本项目中 X 向和 Y 向楼层最小刚度比均大于 0.9，满足规范要求；但是一层 X 和 Y 方向的刚度比限值 1.5 偏大一点点。

各楼层刚度比计算结果汇总表　　　　　　　　　　　表 9-5

楼层	X 方向	Y 方向	楼层	X 方向	Y 方向
1	1.39	1.51	12	1.16	1.17
2	2.2	2.92	13	1.16	1.17
3	1.53	1.59	14	1.16	1.17
4	1.36	1.39	15	1.16	1.17
5	1.28	1.32	16	1.18	1.19
6	1.22	1.25	17	1.21	1.22
7	1.21	1.24	18	1.26	1.27
8	1.2	1.22	19	1.36	1.38
9	1.19	1.21	20	1.64	1.67
10	1.18	1.2	21	4.62	4.51
11	1.18	1.19	22	1	1

4. 层间位移和位移比限值

《高规》JGJ 3—2010 第 3.4.5 条规定，结构平面布置应减少扭转的影响。在考虑偶然偏心影响的规定水平地震力作用下，楼层竖向构件最大的水平位移和层间位移，A 级高度高层建筑不宜大于该楼层平均值的 1.2 倍，不应大于该楼层平均值的 1.5 倍；B 级高度高层建筑、超过 A 级高度的混合结构及《高规》第 10 章所指的复杂高层建筑不宜大于该楼层平均值的 1.2 倍，不应大于该楼层平均值的 1.4 倍。

本项目中的最大位移与层平均位移的比值汇总如表 9-6 所示，最大层间位移与层平均位移的比值汇总如表 9-7 所示；根据《高规》第 3.4.5 条要求，两组比值中绝大多数小于 1.2，只有 Y＋偶然偏心荷载工况下的最大位移与层平均位移的比值为 1.26，但是也是小于 1.5 的限值，因此，满足规范要求。

最大位移与层平均位移的比值汇总表　　　　　　　　　　　表 9-6

工况	层间位移比	工况	层间位移比	工况	层间位移比
X 方向	1.12	Y 方向	1.1		
X＋偶然偏心	1.15	Y＋偶然偏心	1.26	X 方向风	1.13
X－偶然偏心	1.09	Y－偶然偏心	1.14	Y 方向风	1.08

最大层间位移与层平均位移的比值汇总表　　　　　　　　　表 9-7

工况	层间位移比	工况	层间位移比	工况	层间位移比
X 方向	1.14	Y 方向	1.02		
X＋偶然偏心	1.17	Y＋偶然偏心	1.19	X 方向风	1
X－偶然偏心	1.11	Y－偶然偏心	1.17	Y 方向风	1.02

5. 位移角限值

根据《建筑抗震设计规范》GB 50011 第 5.5.1 条中表 5.5.1 所列的各类结构应该进行多遇地震下的抗震变形验算，其楼层内最大的弹性层间位移应符合 $\Delta u_e \leqslant [\theta_e] h$，根据抗震规范要求，钢筋混凝土框架-抗震墙结构的弹性层间位移角限值为 1/800。

本项目中多遇地震作用下的最大层间位移角汇总结果如表 9-8 所示，比值都小于 1/800 的限值，因此，满足规范要求。

多遇地震下的最大层间位移角汇总表　　　　　　　　　　表 9-8

工况	位移角	工况	位移角	工况	位移角
X 方向地震	1/1105	Y 方向地震	1/1247	最不利	1/1095
X 双向地震	1/1103	Y 双向地震	1/1134	最不利	1/1238
X＋偶然偏心地震	1/1070	Y＋偶然偏心地震	1/1142	X 方向风	1/5043
X－偶然偏心地震	1/1143	Y－偶然偏心地震	1/1098	Y 方向风	1/2889

《建筑抗震设计规范》GB 50011 对于含有薄弱层的高层结构的变形验算，补充了在罕遇地震作用下的弹塑性变形验算的相关条文 5.5.2～5.5.5；并明确规定了哪一类结构必须做罕遇地震作用下的分析，哪一类适宜做罕遇地震分析，但不强制要求。高层结构在罕遇地震作用下，弹塑性变形验算的计算模型需要有比较好的精度，能够反映结构在进入塑性阶段的结构变形和受力状况。一般情况下，可采用静力弹塑性分析方法，必要时也可采用动力弹塑性时程分析方法，并且，一般情况下采用三维空间模型进行计算。虽然规范中有关丁其规则结构形式的简化计算方法和简化模型的规定，例如规则结构可以采用弯剪层模

型或平面杆系模型，但是，在实际设计和操作过程中一般不用，仍然采用空间模型进行计算；一个重要原因也是现在的土木工程应用软件的计算能力已经有了质的提升。

即便满足本节中前述的各项关于结构方案规则性的比值限制，在对高层结构进行罕遇地震作用下的弹塑性地震变形验算时，根据屈服强度系数沿着高度的分布，也仍然会出现相对的"薄弱层"，具体要求按照《抗规》5.5.4 条的要求进行。在实际设计中，就要对这里的薄弱层进行必要的加强处理。在罕遇地震计算时，需注意对应的加速度峰值和阻尼比的取值，这是决定计算结果合理性的非常重要的因素。

9.3.3 整体抗倾覆验算

《高规》中关于房屋适用高度和高宽比的限制，主要考虑方面就是保证高层结构的整体抗倾覆能力；同时，关于基础设计方面的考虑也是影响高层结构整体抗倾覆能力的重要因素。

A 级高度高层钢筋混凝土高层建筑是指符合《高规》表 3.3.1-1 最大适用高度的建筑，也是目前数量最多，应用最广泛的建筑。当框架-剪力墙、剪力墙及筒体结构的高度超出该最大适用高度的要求时，就被列入 B 级高度高层建筑，但是，其高度也不应超过《高规》表 3.3.1～2 最大适用高度的规定，并应采取更严格的计算和构造措施。按照有关规定，B 级高度的高层建筑应进行超限高层建筑的抗震专项审查。

在满足基本的高宽比限制等基本规定的前提下，针对高层建筑结构还要进行水平荷载作用下的整体抗倾覆验算。按照《高规》12.1.7 条的规定，在重力荷载与水平荷载标准值或重力荷载代表值与多遇水平地震标准值共同作用下，高宽比大于 4 的高层建筑，基础底面不宜出现零应力区；高宽比不大于 4 的高层建筑，基础底面与地基之间零应力区面积不应超过基础底面面积的 15%。质量偏心较大的裙楼与主楼可分别计算基底应力。

本项目中多遇地震作用下的整体抗倾覆验算计算结果如表 9-9 所示，没有出现零应力区，满足规范要求。

整体抗倾覆验算计算结果 表 9-9

水平荷载	抗倾覆力矩（kN·m）	倾覆力矩（kN·m）	比值（抗倾覆力矩/倾覆力矩）	零应力区（%）
X 向风	7.829E+006	1.057E+005	74.06	0.00
Y 向风	5.985E+006	2.136E+005	28.02	0.00
X 向地震	7.585E+006	4.132E+005	18.36	0.00
Y 向地震	5.798E+006	4.836E+005	11.99	0.00

9.3.4 结构整体稳定验算

高层建筑结构由于高度比较大，重力荷载在横向变形条件下引起的重力二阶效应要严格限制，否则，在水平地震作用下，有可能引起重力荷载作用下的失稳倒塌等严重后果。一般的土木工程应用软件中，都采用限制刚重比的办法，刚重比具体公式为：EJ_d/GH^2，其中，G 为当前楼层以上的各个楼层的总重量。《高规》第 5.4.1 条规定，对于剪力墙结

构、框架-剪力墙结构、板柱剪力墙结构、筒体结构，如果满足

$$EJ_d \geqslant 2.7H^2\sum_{i=1}^n G_i$$

则，该高层结构的计算可不考虑重力二阶效应的不利影响。

同时，《高规》第 5.4.4 条规定，对于剪力墙结构、框架-剪力墙结构、板柱剪力墙结构、筒体结构等高层结构形式，整体稳定性验算应满足：

$$EJ_d \geqslant 1.4H^2\sum_{i=1}^n G_i$$

即，要求任何楼层的刚重比都要不小于 1.4。

在本章高层计算模型中，该结构 X 向刚重比最大为 5.037，Y 向刚重比最大为 5.911，都出现在 3 层，满足《高规》关于稳定性的要求。

9.3.5 结构抗震验算

对于框架-剪力墙结构，一般剪力墙的刚度很大，剪力墙承担了大部分的地震力，而框架所承担的地震力很小。对于框架部分，如果按这样的地震力分配进行设计，在剪力墙开裂后会很不安全，所以需要让框架部分承担至少 20％的基底剪力和按框架-剪力墙分析的框架部分各楼层地震剪力中最大值 1.5 倍二者的较小值，以增加框架的安全度。本章计算案例的模型中按照上述规则，进行了各个楼层框架梁-柱构件的地震力调整，系数如表 9-10 所示。

框架-剪力墙结构中梁-柱构件的地震力调整系数表
表 9-10

层号	塔号	X 向调整系数	Y 向调整系数
20	1	1.530	1.200
19	1	1.400	1.114
18	1	1.369	1.093
17	1	1.285	1.027
16	1	1.209	1.000
15	1	1.199	1.000
14	1	1.186	1.000
13	1	1.161	1.000
12	1	1.320	1.060
10	1	1.042	1.000
9	1	1.047	1.000
8	1	1.073	1.000
7	1	1.145	1.000
6	1	1.033	1.000
5	1	1.544	1.468
4	1	1.965	1.390
3	1	2.000	1.924
2	1	1.473	2.000
1	1	2.000	2.000

在考虑调整时还须注意以下几点：（1）对柱少剪力墙多的框架-剪力墙结构，让框架梁柱承担 20% 的基底剪力会使放大系数过大，以致梁柱无法设计，所以 20% 的调整一般只用于主体结构，一旦结构内收则不应往上调整；（2）0.20 调整的放大系数只针对框架梁柱的弯矩及剪力的标准值，不调整轴力标准值；（3）对于侧向刚度沿竖向分布不均匀的框架—剪力墙结构，如多塔结构或大底盘结构，已不在《抗规》6.2.13 条和《高规》8.1.4 条规定的范围内，对这类结构进地调整时需特别注意；（4）程序对框剪结构，依据规范要求进行 $0.2V_0$ 调整，设计者可以指定调整楼层范围，同时，也可人工干预调整系数。

9.3.6 楼层抗剪承载力验算

楼层间抗剪承载力也是控制结构竖向不规则性和判断薄弱层的重要指标。《高层混凝土结构技术规程》JGJ 3—2010 第 3.5.3 条规定，A 级高度高层建筑的楼层抗侧力结构的层间受剪承载力不宜小于其相邻上一层受剪承载力的 80%，不应小于其相邻上一层受剪承载力的 65%；B 级高度高层建筑的楼层抗侧力结构的层间受剪承载力不应小于其相邻上一层受剪承载力的 75%。如果不满足上述的楼层间抗剪承载力比的限值要求，说明本层为薄弱层，需调整加强。

《建筑抗震设计规范》GB 50011—2010 第 3.4.4-2（3）条款的规定：平面规则而竖向不规则的建筑，刚度小的楼层（即，抗剪薄弱层）的地震剪力应乘以不小于 1.15 的增大系数；楼层承载力突变时，薄弱层抗侧力结构的受剪承载力不应小于相邻上一楼层的 65%。

《高规》JGJ 3—2010 第 3.5.8 条规定：侧向刚度变化、承载力变化、竖向抗侧力构件连续性不符合本规程第 3.5.2、3.5.3、3.5.4 条要求的楼层，其对应于地震作用标准值的剪力应乘以 1.25 的增大系数。

如还需人工干预，可适当提高本层构件强度（如增大配筋、提高混凝土强度或增大截面）以提高本层墙、柱等抗侧力构件的承载力，或适当降低上部相关楼层墙、柱等抗侧力构件的承载力。

如果结构竖向较规则，第一次计算时可只建一个结构标准层，待结构的周期比、剪重比、位移比、刚度比等满足之后再添加其他标准层，这样可以减少建模过程中的重复修改，加快建模进度。

本次计算模型中各楼层抗剪承载力汇总结果如表 9-11 所示，比值不宜小于 0.8，不应小于 0.65 的限值，表中最小比值为 0.83，因此，满足规范要求。

各楼层抗剪承载力汇总表　　　　　　　　　　　　　　　表 9-11

层号	塔号	X 向受剪承载力（kN）	Y 向受剪承载力（kN）	Ratio_X	Ratio_Y
22	1	5.7881E+003	1.1660E+004	1.00	1.00
21	1	1.5662E+004	2.2695E+004	2.71	1.95
20	1	1.7317E+004	2.4968E+004	1.11	1.10
19	1	1.8821E+004	2.7059E+004	1.09	1.08
18	1	2.0161E+004	2.8924E+004	1.07	1.07

层号	塔号	X向受剪承载力（kN）	Y向受剪承载力（kN）	Ratio_X	Ratio_Y
17	1	2.2342E+004	3.2120E+004	1.11	1.11
16	1	2.5341E+004	3.6589E+004	1.13	1.14
15	1	2.6547E+004	3.8259E+004	1.05	1.05
14	1	2.7658E+004	3.9799E+004	1.04	1.04
13	1	2.8674E+004	4.1209E+004	1.04	1.04
12	1	2.9591E+004	4.2485E+004	1.03	1.03
11	1	3.9515E+004	5.4171E+004	1.34	1.28
10	1	4.0938E+004	5.6056E+004	1.04	1.03
9	1	4.2281E+004	5.7838E+004	1.03	1.03
8	1	4.3540E+004	5.9518E+004	1.03	1.03
7	1	4.4707E+004	6.1096E+004	1.03	1.03
6	1	4.5804E+004	6.2545E+004	1.02	1.02
5	1	4.1860E+004	5.8663E+004	0.91	0.94
4	1	4.3432E+004	6.0920E+004	1.04	1.04
3	1	3.8333E+004	5.3925E+004	0.88	0.89
2	1	6.5765E+004	9.7480E+004	1.72	1.81
1	1	5.4656E+004	8.4571E+004	0.83	0.87

注：Ratio_X，Ratio_Y：表示本层与上一层的抗剪承载力之比

9.3.7 风振舒适度验算

高层建筑结构在风荷载作用下将产生振动，过大的振动加速度会使高楼内居住的人有不舒适的感觉，甚至无法忍受。加速度和人的体感之间的相关关系，如表9-12所示。

舒适度与风振加速度的关系　　　　　　　　　　　　　　　表9-12

不舒适的程度	建筑物的加速度（g）
无感觉	$<0.005g$
有感	$0.005\sim0.015g$
扰人	$0.015\sim0.05g$
十分扰人	$0.05\sim0.15g$
不能忍受	$>0.15g$

具体房屋高度不小于150m的高层混凝土建筑结构应满足风振舒适度要求。在现行国家标准《建筑结构荷载规范》GB 50009规定的10年一遇的风荷载标准值作用下，结构顶点的顺风向和横风向振动最大加速度计算值不应超过表9-13的限值。

结构顶点风振加速度限值　　　　　　　　　　　　　　　　表9-13

使用功能	$a(\text{m/s}^2)$
住宅、公寓	0.15
办公、旅馆	0.25

按《建筑结构荷载规范》附录J计算得到本章算例高层结构顶点在 X，Y 方向的最大加速度值如下：X 向顺风向顶点最大加速度为 0.008m/s^2，X 向横风向顶点最大加速度为

0.003m/s^2，Y 向顺风向顶点最大加速度为 0.016m/s^2，Y 向横风向顶点最大加速度为 0.012m/s^2；都满足高层规范要求。

9.3.8　内外力平衡验算

由于计算机软件的适用性和局限性以及房屋结构的复杂性，如果设计人员不以力学概念专业知识及丰富的工程经验为基础，从整体和局部两个方面对计算结果进行分析判断，将会影响到建筑的安全。因此，为了合理地建模，适当地选择参数，准确地判断软件计算结果，一般情况下选择恒载、活载、风载和地震作用等工况下的整体平衡情况进行分析验算。

分别统计每层墙柱梁板上的恒载和活载，计算在恒载和活载作用下墙柱轴力，进行平衡验算；统计每个风作用方向每层墙柱梁板上的风荷载，计算在每个风作用方向的风荷载作用下每层墙柱剪力，进行平衡验算；统计每个地震作用方向每层的累计地震力，动力分析 CQC 组合后计算每个地震作用方向每层墙柱剪力，CQC 内力组合后不能保证剪力和地震力绝对平衡，只能大致平衡，进行平衡验算。

进行内外力平衡分析是检验模型和输入荷载条件是否正确的一种实用性操作手段，运用该方法时应该注意：（1）分析应在内力调整之前；（2）对地震作用不能校核平衡条件，因为各振型采用 SRSS 法或 CQC 法进行内力组合后，不再等于总地震作用力；当需要进行平衡校核时，可利用第一振型的地震作用进行平衡分析；（3）平衡校核只能对同一结构在同一荷载条件下进行，故不能考虑施工过程的模拟加载的影响；（4）分析时必须考虑同一种工况下全部内力；如有不平衡情况，应检查模型、荷载等数据的输入是否正确。

软件按构件所属楼层号统计该层内力，而外力是其上全部楼层的叠加结果，对于地下室部分及存在越层构件、多层构件接地等情况可能会导致内外力统计结果不平衡，不会影响其他设计结果。

本次计算模型中恒载、活载作用下轴力平衡验算结果如表 9-14 所示，风荷载作用下剪力平衡验算结果如表 9-15 所示，因此，可以初步判定本章的计算模型和荷载输入条件基本是正确和可靠的。

恒、活荷载作用下轴力平衡验算结果汇总表

表 9-14

层号	塔号	恒载总值（kN）	恒载轴力（kN）	活载总值（kN）	活载轴力（kN）
22	1	3715.4	3715.5	599.4	599.4
21	1	18540.6	18540.7	2698.4	2698.5
20	1	32198.6	32198.8	4893.2	4893.3
19	1	45856.7	45857.0	7088.0	7088.1
18	1	59514.7	59515.1	9282.8	9282.9
17	1	73078.7	73079.1	11444.1	11444.2
16	1	86650.2	86650.6	13599.1	13599.2
15	1	100221.6	100222.1	15754.1	15754.2
14	1	113793.0	113793.6	17909.1	17909.2
13	1	127364.4	127365.1	20064.0	20064.2
12	1	140935.8	140936.6	22219.0	22219.1

续表

层号	塔号	恒载总值（kN）	恒载轴力（kN）	活载总值（kN）	活载轴力（kN）
11	1	154788.8	154789.5	24355.7	24355.9
10	1	168641.7	168642.5	26492.5	26492.6
9	1	182494.6	182495.5	28629.2	28629.3
8	1	196347.5	196348.5	30765.9	30766.1
7	1	210200.5	210201.4	32902.6	32902.8
6	1	224053.4	224017.0	35039.4	35036.1
5	1	237974.4	237938.0	41288.7	41285.4
4	1	253264.8	253228.4	44880.3	44877.0
3	1	269433.1	269396.4	47420.4	47417.0
2	1	303579.7	303543.2	53127.2	53123.8
1	1	314262.1	314225.6	54904.2	54900.8

说明：恒、活荷载指本层及以上楼层恒、活荷载总值。

风荷载作用下剪力平衡验算结果汇总表　　　　　　　　　　表 9-15

层号	塔号	X 向风荷载（kN）	X 向楼层剪力（kN）	Y 向风荷载（kN）	Y 向楼层剪力（kN）
22	1	138.8	138.8	167.1	167.1
21	1	254.4	254.4	412.1	412.1
20	1	366.6	366.6	648.7	648.7
19	1	475.6	475.6	878.6	878.6
18	1	581.3	581.3	1101.8	1101.8
17	1	683.8	683.8	1317.4	1317.4
16	1	783.0	783.0	1524.0	1524.0
15	1	878.9	878.9	1723.9	1723.9
14	1	971.5	971.5	1917.1	1917.1
13	1	1060.8	1060.8	2103.5	2103.5
12	1	1146.6	1146.6	2282.8	2282.8
11	1	1228.9	1228.9	2453.0	2453.0
10	1	1307.6	1307.6	2615.9	2615.9
9	1	1382.5	1382.5	2771.0	2771.0
8	1	1453.4	1453.4	2918.1	2918.1
7	1	1520.1	1520.1	3056.6	3056.6
6	1	1582.3	1582.3	3185.8	3185.8
5	1	1655.8	1655.8	3334.0	3334.1
4	1	1717.2	1717.2	3463.1	3463.1
3	1	1787.8	1787.8	3612.1	3612.1
2	1	1787.8	1402.4	3612.1	2984.1
1	1	1787.8	1022.0	3612.1	2405.3

说明：风荷载指本层及以上楼层风荷载总值。

9.4　小结

高层建筑结构分析与设计有其特殊性，水平荷载和侧移控制成为主要的控制指标，对于适用高度、高宽比、构件轴压比、周期比、剪重比、刚重比、刚度比、位移比等指标，《高规》、《抗规》中都有明确的规定。在软件应用方面，除了与规范相关的强制规定需要重点关注之外，高层建筑结构在软件应用方面还有两点是目前的应用难点：一是精确的单元模型，例如剪力墙的单元选择，节点刚域的设置等等；二是动力弹塑性分析方法的有效性与可靠性，目前采用的动力弹塑性分析方法有显式方法与隐式方法两种，计算效率、收敛性和精度也是各有不同，但是，计算结果的可信度一直是动力弹塑性分析方法重点关注的方面，本书将在第 11 章进一步再做详细介绍。

目前国内用于高层建筑结构分析、设计的专业软件主要有 SATWE、YJK、ETABS、Midas 等，其中国产软件 SATWE、YJK 应用比较广泛；也可采用 ANSYS、ABAQUS 等通用有限元软件进行高层结构的特殊分析，在静力和动力非线性分析方面也都有更强大的功能。在高层结构的分析和设计中，要根据项目的规模、复杂程度和分析要求以及各个软件本身的优势和特点，选择合适的应用软件工具。

10 大跨空间结构的软件应用

10.1 概述

空间结构的发展历史一般认为经历了三个阶段：即古代空间结构、近代空间结构和现代空间结构。古代与近代，近代与现代空间结构历史的分割时间节点大致分别为1925年、1975年前后；这是基于如下几个标志性事件：1925年在德国耶拿玻璃厂建成历史上第一幢40m直径的钢筋混凝土薄壳结构，1924年在德国蔡司天文馆建成世界上首个直径为15m的半球形单层钢（生铁）网壳以及1975年在美国庞蒂亚克建成很有代表性的首例巨型168m×220m气承式充气膜结构体育馆。可以说，现代大跨空间结构大致是在二十世纪七八十年代左右，采用轻质高强的膜材、钢索、钢棒，应用新技术而发展起来的轻盈、高效的结构体系，诸如平板网架结构、网壳结构、悬索结构、气承式充气膜结构、索膜结构、索桁结构、张弦梁结构、弦支穹顶结构、索穹顶结构等。

由于构造的特殊性，空间结构的受力往往是比较复杂的，建立精确的分析模型是首要问题。按组成空间结构的基本单元分类，即按板壳单元、梁单元、杆单元三种刚性单元和索单元、膜单元两种柔性单元分类，现代空间结构又可分为刚性空间结构、柔性空间结构和刚柔组合空间结构三大类。

大跨空间结构是土木工程软件应用的另一个重要领域，也是与结构专业软件的发展息息相关的。关于空间结构的定义和范畴出现过很多不同的看法，这也与其结构形式千变万化的特点有关。关于"空间结构"的定义，依据《空间网格结构技术规程》JGJ 7—2010中关于结构选型一节的规定，可选择空间网格结构形式有网架、网壳和立体桁架；但是，空间结构的形式和种类远远超出了这三类，例如张弦梁结构、索穹顶结构、索膜结构等等。关于"大跨"的定义和认知，一般认为，跨度超过30m的混凝土材料空间结构，以及跨度超过60m的钢材质空间结构，即为大跨空间结构。超过这个限制，结构的受力特性和控制因素与传统的小跨度结构相比一般有了质的改变，稳定控制因素、刚度分布特性和空间协同性对结构的极限承载力起到越来越重要的作用。传统上我们对结构类型一般是按照结构所用的主建筑材料划分；但是，对于空间结构，很少采用一种材料构件或一种单元构件，往往是多种构件类型的揉和。因此，大跨空间结构的受力有其特殊性，例如，针对柔性空间结构的找形分析是其他刚性结构里面所没有的；结构分析方法也有其特殊要求，例如缺陷类型、分布和数值大小对稳定控制类空间结构极限承载力的影响，空间结构的抗连续倒塌能力分析等等，这都是大家普遍认同的观点。基于此针对大跨空间结构的工程应用软件，在相当一段时间内受到了业内的高度重视，国内也出现了很多功能性和专业性都很强的分析和设计软件，基本满足了我国空间结构日新月异的发展需要。

空间结构的形式丰富多彩，本章仅以空间结构中应用比较广泛的单层网壳结构为例，从受力特征，稳定分析方法等方面进行简单介绍。稳定性是网壳结构，尤其是单层网壳结构设计中的关键问题。网壳结构的稳定性能可以从其荷载-位移全过程曲线中得到完整的体现，这种全过程曲线可以把结构的强度、稳定性以至于刚度的整个变化历程表示得清清楚楚。当考察初始缺陷和荷载分布方式等因素对实际网壳结构稳定性能的影响时，也均可从全过程曲线的规律性变化中进行研究。

网壳结构在静力作用下的稳定性问题在 20 世纪 80～90 年代曾是一个理论研究热点，当时计算机条件已相对完备，各研究者的研究思路都是从数值计算的角度出发，力图摆脱基于连续壳假设的解析理论的局限性，运用非线性有限元分析方法和屈曲路径的跟踪算法，实现稳定极限承载力的计算。也有的学者通过编程实现对网壳结构进行弹性的或弹塑性的荷载—位移全过程跟踪，从屈曲前后路线的变化、初始缺陷、荷载分布条件、材料塑性变形等方面的影响研究其稳定性能。通过研究初始几何缺陷和荷载分布形式等各种实际因素对其临界荷载（或称为稳定极限承载力）的影响，使得当时的计算程序已完全可以为实际工程中大型复杂网壳结构的稳定性能，进行比较精确的定量数值分析。在这些研究基础上，我国于 90 年代后期编制了《网壳结构技术规程》，把建议按弹性全过程分析进行稳定性验算写入条文，并提出了各种形式网壳结构稳定性承载力的实用公式，对于由弹性全过程分析求得的稳定极限承载力（临界荷载）采用了分析结果除以一个安全系数 K 的方法，来求得网壳结构按稳定性确定的设计容许承载力（或容许荷载）的标准值。关于这一安全系数的取值，《网壳结构技术规程》JGJ 61 中采用经验值 $K=5$。《空间网格结构技术规程》JGJ 7—2010 中规定，当按照弹塑性全过程分析时，安全系数 K 可取为 2.0；当按照弹性全过程分析且结构为单层网壳、柱面网壳和椭圆抛物面网壳时，安全系数 K 可取为 4.2。到目前为止，关于该稳定系数的具体取值仍然缺少有说服力的统一性的取值，因为空间结构的形式实在太多了，而且还缺少足够多的承载力试验的统计资料做进一步论证，稳定类型和特点随着壳体结构形式的变化而产生非常显著的变化，很难针对所有空间结构的稳定性分析采用统一的安全系数。

下面针对空间结构失稳的类型和基本原理，以及针对单层网壳结构稳定性的分析过程进行逐一介绍。

10.2 结构失稳类型

失稳，从字面理解就是失去稳定性。这时就要弄清楚"稳定性"的概念，该概念在数值计算中有之，在机械系统中有之，在结构平衡中有之。这里所讲的"稳定性"就是关于结构平衡的稳定性，是一个关于平衡状态描述的概念，当构件或结构的平衡状态不再能够保持在一个几何状态即认为失稳。如图 10-1 所示的三种平衡类型，是有很清晰的关于稳定平衡的物理意义。

结构失稳是指结构在承受面内压力荷载时，随着荷载的逐步增大，结构的平衡状态从稳定平衡发展到随遇平衡，乃至不稳定平衡的状态，当外荷载发生一个微小的增量或者结构外部对结构产生一个微小的扰动，结构都将发展为不稳定的平衡状态，此时的结构会发生一个较大的位移，丧失其原有的稳定平衡状态，从而无法再承受外界荷载。失稳问题有两个基本的类型，分别是分支点失稳和极值点失稳。

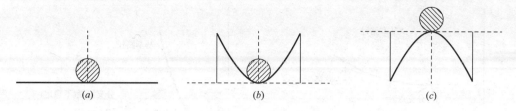

图 10-1　三种平衡类型
(a) 随遇平衡；(b) 稳定平衡；(c) 不稳定平衡

（1）分支点失稳

分支点失稳是发生在理想情况下的失稳，假设如图 10-2 所示的轴心受压杆件在初始状态下不存在任何初始缺陷，施加在杆端的竖向作用力也不存在任何初始偏心，则认为杆件即是理想轴心受压杆。

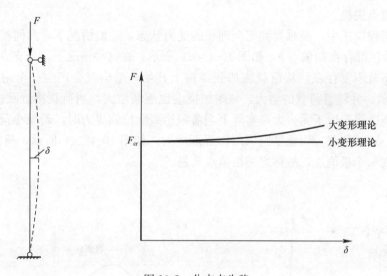

图 10-2　分支点失稳

杆件在理想受压状态下，当荷载 F 小于欧拉临界力时，杆件处于稳定平衡状态，此时杆件不会发生弯曲，没有挠度；当荷载 F 增加到欧拉临界力，此时的杆件状态为随遇平衡状态，当发生一个微小扰动时，杆件的挠度会迅速增大，此时杆件在有挠度的弯曲状态下也可以达到平衡，如图 10-2，根据不同的变形理论，荷载位移曲线会有所不同，但都在欧拉临界力处产生了一个分支，我们称这种失稳方式为分支点失稳。

分支点失稳是结构在理想状态下发生的失稳形式，即结构不存在初始缺陷，荷载不存在初偏心，此种情况下，随着荷载的增加，结构位移呈线性变化，荷载增加到结构的极限荷载，结构将可能沿着不同的平衡路径发展，如图 10-3 所示。沿初始的位移形式变化的路径称作"基本路径"，该路径的平衡是不稳定的；除此之外，结构还可能按照其他的"分支路径"发展，图 10-3 (a) 所示的分支路径为稳定的平衡路径，结构仍然可以承载更大的荷载；图 10-3 (b) 所示荷载逐渐减小而结构位移仍继续增大的分支路径则是不稳定的，过临界点后的虚线原则上就不是平衡路线了，而是机构位移。

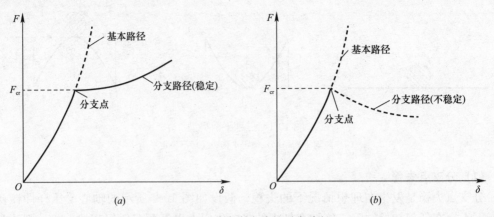

图 10-3　分支点失稳的平衡路径

（a）稳定的分支点失稳；（b）不稳定的分支点失稳

（2）极值点失稳

在实际工程应用中，很难找到完全理想的受力状态，一般情况下，几何都存在初始缺陷 Δ，而荷载也都存在初偏心 e，如图 10-4（a）所示，在这种情况下，分支点失稳中的直线型稳定状态就不复存在，从荷载施加到结构上开始，结构就会产生一个附加挠度如图 10-4（b）所示，并随着荷载的增大，该附加挠度也逐渐增大，当荷载接近欧拉临界力 F_{cr} 时，理论上挠度将趋近于无穷大，实际上当荷载达到欧拉临界力时，若减小荷载值，结构尚可以承受一定的荷载，而挠度则依然在逐渐增大，如图 10-4（c）所示，荷载-位移平衡曲线上会出现一个极值点，故称之为极值点失稳。

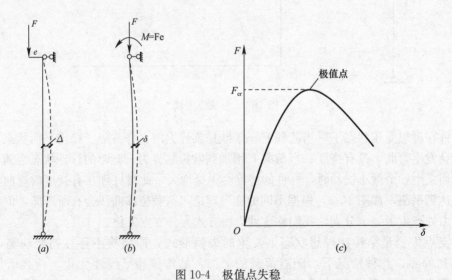

图 10-4　极值点失稳

（a）非理想受压杆；（b）附加挠度；（c）非理想受压杆的荷载-位移曲线

结构存在初始缺陷（包括材料的孔隙、构件的初始弯曲和转角、结构安装过程中的误差、荷载的初始偏心等）时，结构的荷载-位移曲线为非线性，随着荷载的增加直到达到上临界点；当荷载超过结构极限荷载时，平衡路径曲线开始下降，直到达到下临界点，此过程中结构处于不稳定平衡，该种失稳为极值点失稳。极值点失稳的平衡路径是唯一的，过了临界点之后的后屈曲位移曲线实质上就不是平衡路径了，而是机构位移；当结构再次能够开始承受荷载的时候，结构又重新进入了平衡路径；极值点失稳的荷载-位移曲线如图 10-5 所示。

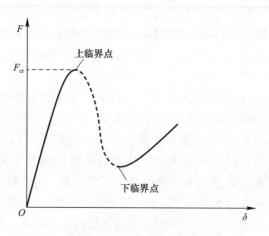

图 10-5　极值点失稳的平衡路径

10.3　失稳（屈曲）分析方法

在大跨度空间结构中，外荷载作用下结构曲面内的压力一般比较大，起控制作用的因素往往不是结构强度，而是结构的稳定性，本章以单层空间网壳结构为例，介绍采用大型有限元分析软件 ABAQUS 分析大跨空间结构稳定性的主要过程和结果分析。目前采用有限元方法分析结构稳定性，一般进行全过程分析，既分析结构屈曲前的荷载-位移状态，也要对屈曲后的结构性能表现进行分析。

在分析单层网壳的稳定性时，本章采用了两种稳定性分析方法：线性稳定分析方法和非线性稳定分析方法。第一种，线性稳定分析，又称特征值屈曲稳定性分析，在 ABAQUS 中具体的实现方法为采用线性摄动（Linear Perturbation）分析步中的屈曲（Buckle）分析，通过这种分析方法我们可以得到在特定形式荷载下结构在线性屈曲时的位移模态。另一种，非线性稳定分析方法，一般采用的数值计算方法是弧长法（Riks），在 ABAQUS 中的具体分析方法为一般分析步（General）中的弧长分析（Static，Riks），这是一种几何非线性的分析方法，可以得到结构在屈曲后的位移变化情况或失稳形式。

下面分别从基本原理和软件应用角度，结合在 ABAQUS 中的具体实现过程，针对两类稳定分析方法做一简要介绍。

10.3.1　特征值屈曲分析——buckle 分析

（1）基本理论

特征值和特征向量是矩阵理论中的重要概念，特征值分析也是矩阵分析方面的重要方法。依据固体力学的线弹性理论，假定材料为线弹性和结构位移响应满足小变形假定，基于线弹性的分析方法给出结构的总刚度矩阵可表示为：

$$[K] = [K_L] + [K_G] \tag{10-1}$$

式中：$[K]$——结构的总刚度矩阵；

$\qquad [K_L]$——结构总的弹性刚度矩阵，也即小变形假定下的结构线弹性刚度矩阵；

$\qquad [K_G]$——结构总的几何刚度矩阵，也即小变形假定下的结构初应力刚度矩阵。

由虚功原理或最小势能原理可推导得到结构失稳时的平衡状态方程：

$$([K_L] + [K_G])\{\delta\} = \{F\} \tag{10-2}$$

式中：$\{\delta\}$——结构有限元网格的所有节点位移，也对应于结构失稳时的位移模态；

$\qquad \{F\}$——结构有限元网格的所有节点荷载，也对应于结构失稳时的临界外荷载。

具体推导过程可参照本书第二章中的相关内容。按照式（10-2）计算可得荷载 $\{F\}$ 作用下的位移值 $\{\delta\}$，当荷载不断增加时，结构位移也在逐渐变大。由于 $[K_G]$ 是与外荷载有关的量，所以总刚矩阵是随着荷载的增加而变化的，当荷载增加是结构外荷载与节点位移的关系将不再呈现线性变化，当 $\{F\}$ 的值达到一定值 $\lambda_{cr}\{F\}$ 时，结构将达到一个随遇平衡的状态，这一点也就对应于结构分支点失稳的临界荷载，当 $\{F\}$ 增加了 λ 倍时，按照线弹性假设，结构的初应力刚度矩阵也会增大 λ 倍，如下式：

$$([K_L] + \lambda[K_G])\{\delta\} = \lambda\{F\} \tag{10-3}$$

当 λ 的值增加到使结构达到随遇平衡状态，$\{\delta\}$ 的值也增加到 $\{\delta\} + \Delta\delta$，则上述平衡方程也可以写为：

$$([K_L] + \lambda[K_G])(\{\delta\} + \Delta\delta) = \lambda\{F\} \tag{10-4}$$

显然，同时满足上列两式的条件为：

$$([K_L] + \lambda[K_G])\{\Delta\delta\} = 0 \tag{10-5}$$

式（10-5）从形式上与矩阵分析中的特征值问题完全相同，因此，这类稳定问题又被称为特征值问题。稳定问题的求解转化为计算特征方程的特征值（即对应结构的稳定系数）和特征向量（失稳模态）。显然，为了使式（10-5）能够存在非奇异解，系数矩阵的行列式必须为零，可得：

$$|[K_L] + \lambda[K_G]| = 0 \tag{10-6}$$

如果刚度矩阵的阶数为 n，则理论上方程存在 n 组特征值解，对应结构的 n 个失稳模态，一般在工程上只关心前几阶失稳模态，也是结构在受外荷载作用下首先达到的特征值较小的失稳模态，为了反映失稳模态之间的变化和分布特征，本章算例中的 buckle 分析选取了结构的前 5 阶模态进行分析。

（2）ABAQUS 实现

在应用 ABAQUS 软件进行线弹性稳定分析之前，一般先做模态分析，软件中提供了两种常用算法：Lanczos 方法和子空间迭代算法（Subspace），两种算法可以用于同一个分析文件的不同 buckle 分析步中，而不必强求所有的分析步均采用同一种算法。当一个结构为多自由度系统，包含多个失稳模态时，Lanczos 方法通常比较快，当所求特征值小于 20 个时，子空间迭代算法则更加有效。本章中计算的网壳结构只关注了前 5 阶失稳模态，统一采用了子空间迭代算法。

屈曲模态分析中的位移模式一般要通过规格化处理，即所有失稳模态向量中的节点最大位移均被标准化为 1。

在应用 ABAQUS 软件计算结构的线性稳定性时，应首先设定 buckle 分析步的基础状态（base state），如果 buckle 分析步就是整个分析过程的第一个分析步，则 buckle 分析步的初始状态就是该分析步的基础状态；如果 bucklc 分析步之前还有其他的分析步，则 buckle 分析步的基础状态就是前一个分析步的结束状态，之前分析步中的荷载 P^N 将作为 buckle 分析步中一直作用在结构上的不变荷载，又称"死荷载"；而在 buckle 分析步中施加的扰动荷载 Q^N 则随着 buckle 分析步逐级施加到结构上，又称为"活荷载"，所以某一时刻结构所承受的总外荷载可表示为 $P^N + \lambda_i Q^N$。

当 buckle 分析步使得总刚度矩阵达到奇异点时，对应的特征值 λ 值即为结构线性稳定极限的稳定系数，规格化之后的特征位移向量即为结构线性稳定分析下的失稳模态。

10.3.2 非线性屈曲分析——Riks 分析

(1) 基本理论

由于线性特征值屈曲分析是基于小变形的线弹性假设，没有考虑结构在受外载作用下的大位移和大变形及其耦合影响，得到的稳定状态临界荷载不是十分准确的，由于未考虑结构在荷载作用过程中的变形，得到的临界荷载往往比真实情况高出很多；也很难用一个折减系数来简化计算。目前，对于此类结构，通常采用考虑大位移和大变形的全过程非线性追踪分析方法。

20 世纪 70 年代以来，随着计算机技术的发展成熟，使得通过有限元法对结构稳定性进行全过程分析成为可能。起初，屈曲前结构稳定性分析采用牛顿荷载增量法（Incremental Newton-Raphson Method）通过线性逼近和反复迭代寻找结构稳定平衡路径，但是当结构达到临界点附近时，刚度矩阵接近奇异使得迭代不易收敛，所以该方法无法进行屈曲后的计算。为了让数值计算过程能够顺利通过临界点（奇异点），国内外学者都做了大量的研究工作，也提出了很多处理方法，有的处理方法在商业软件中得到具体的功能体现。下面就各种主要的处理方法做一简要回顾。

Sharifi 和 Popov 提出的人工弹簧法（Artificial Spring Method）人为在结构中加入线性弹簧便得结构刚度加强，保证在临界点附近结构刚度矩阵始终保持正定，这样就可以通过荷载增量法继续寻找屈曲后的平衡路径。但在处理多自由度结构时就需要增加很多的人工弹簧，不仅计算量大，弹簧对结构刚度的影响也会显著增大，会影响到计算结果的精度。

Batoz 和 Dhatt 提出了用位移增量控制荷载步长的位移增量法（Incremental Displacement Algorithm），选取位移向量中的某一分量作为已知量，将荷载作为变量，用位移变化控制荷载步长，这种计算方法在荷载位移全过程的分析中是十分有效的，但该方法适用的条件是，要求结构位移随着荷载的增加始终是单调增大的，一旦位移出现反转减小的情况，计算过程将不收敛。

Wempner 和 Riks 同时独立提出了新的非线性分析方法——弧长法（Arc-Length Method），在 ABAQUS 软件中称之为 Riks 方法。弧长法将荷载系数和未知位移同时作为控制变量，引入包含荷载系数的约束方程，用弧长来控制荷载增量步长。这种处理方法对处理屈曲后荷载位移响应分析十分有效。之后，弧长法又得到了更加充分的发展，出现了很多类型的简洁有效的弧长分析方法，如球面弧长法（Spherical Arc-Length Method）、柱面弧长法（Cylinderical Arc-Length Method）等。

为了突出非线性稳定分析的核心问题，对本章算例作了简化处理，本章介绍的全过程的分析方法仍假定材料本构为线弹性的，且荷载的大小和方向不随结构变形而改变，即不考虑荷载的随动效应，结构的切线刚度矩阵表达的增量迭代方程表达为：

$$[K_t]\{\Delta U^{(i)}\} = \lambda_{t+\Delta t}^{(i)}\{F\} - N_{t+\Delta t}^{(i-1)}$$

式中，

$[K_t]$——t 时刻结构的切线刚度矩阵；

$\Delta U^{(i)}$——当前位移迭代增量；

$\lambda_{t+\Delta t}^{(i)}$——第 i 次迭代过程中的荷载系数，$\lambda_{t+\Delta t}^{(i)} = \lambda_{t+\Delta t}^{(i)} + \Delta \lambda^{(i)}$，$\Delta \lambda^{(i)}$ 为荷载增量系数；

F——荷载分布向量；

$N_{t+\Delta t}^{(i-1)}$——$t+\Delta t$ 时刻对应的杆件节点力向量。

该方法利用切线总刚度矩阵的奇异性来判断结构的临界点及稳定性。当 $[K_t]$ 为正定阵，结构处于稳定平衡状态；$[K_t]$ 为非正定阵，结构处于不稳定平衡状态；当 $[K_t]$ 奇异，则结构处于临界平衡状态。

在分析计算过程中，想要精确调整加载步长使得某一步刚好使切线刚度矩阵奇异是很困难的，当第 k 级荷载作用下切线刚度矩阵为正定阵，而 $k+1$ 级荷载下为非正定阵，则可以判断此时的荷载 P_{k+1} 已经超过了临界值。

（2）ABAQUS 实现

当我们需要了解结构的屈曲后位移的发展情况，仅仅依靠特征值分析是不够的，应采用过临界点的非线性分析方法。ABAQUS 提供了一种求解思路，即弧长法（Riks）。Riks 方法中所采取的荷载是一个附加的未知量，它同时求解位移和荷载，所以就需要引入一个新的量来度量求解过程的进度，ABAQUS 用荷载-位移空间中的沿静力平衡路径上的弧长 L 来衡量求解过程，不论响应是否稳定，这种方法都能提供解答。本章的非线性稳定分析的算例就是采用 ABAQUS 软件中的 Riks 方法，即弧长法。

Riks 方法中的荷载是按比例施加的，它是之前分析历史的延续，在 Riks 分析步开始时所有未经过重新定义的荷载都被看作是"死荷载（dead load）"，而在分析步开始时定义的荷载被看作是"参考荷载（reference load）"，所以 Riks 分析中某一时刻的荷载值定义为：

$$P_{\text{total}} = P_0 + \lambda(P_{\text{ref}} - P_0) \tag{10-7}$$

式中，

P_{total}——总荷载值；

P_0——死荷载；

P_{ref}——参考荷载；

λ——荷载比例因子（Load Proportation Factor），作为求解过程中的未知量之一，ABAQUS 会在每一个增量步结束时输出当前的荷载比例因子。

ABAQUS 应用牛顿法求解非线性平衡方程，Riks 过程仅采用应变增量的 1‰ 外推。

在定义分析步时，给定沿静力平衡路径弧长的增量为 Δl_{in}，初始荷载比例因子 $\Delta \lambda_{\text{in}}$ 可以按照下式计算：

$$\Delta\lambda_{in} = \frac{\Delta l_{in}}{l_{period}} \qquad (10\text{-}8)$$

这里的 l_{period} 为指定的总弧长缩放系数（一般指定为 1）。$\Delta\lambda_{in}$ 的值用于 Riks 分析步的第一次迭代，至于之后的迭代及其增量步，λ 是由软件自动求得的，无需用户控制后续增量步中的 λ 值，只需给出限制其大小的最大弧长值和最小弧长值。

10.3.3　考虑结构初始缺陷的 Riks 分析方法

实际计算中，结构的初始几何缺陷是不容忽略的因素，尤其是单层空间网壳结构，此类结构的安装难度较大，且对初始几何缺陷十分敏感，在进行稳定性分析时必须引入结构初始几何缺陷的影响。但一般来说，结构初始几何缺陷的具体状态是无从得知的，这就需要一些特定的引入初始几何缺陷的方法，人为定义结构的初始几何缺陷分布形式和数值。《空间网格结构技术规程》JGJ 7—2010 中 4.3.3 条规定，关于初始几何缺陷的分布可采用结构的最低阶屈曲模态，其缺陷最大计算值可按网壳跨度的 1/300 取值。实际上，结构的初始几何缺陷往往是不确定的，至今没有很好的方法能够准确模拟实际结构的几何缺陷及其分布特征。为了全面了解该类方法，下面针对初始几何缺陷分布的计算方法逐一做简要介绍。

(1) 随机缺陷模态法

初始缺陷的分布是随机的，但也有一定的分布规律和特征。在空间网壳结构中，一般假定杆件初弯曲的弯曲角度和幅值服从特定的概率分布类型，弯曲角度和幅值中各任取一个随机变量的组合即为一种初弯曲状态，在随机缺陷模态法，取出 N 组初始缺陷的随机变量并对每一种情况进行全过程分析，得到结构极限承载力的统计数据，通过对数据统计特征的分析来评估结构的极限承载力。这种方法与实际情况较为契合，但由于计算量过大，实际分析中一般不采用。

(2) 一致模态缺陷法

一致模态缺陷法假定结构按照特征值屈曲分析得出的各阶模态的位移模式变形，故在进行非线性分析之前，需要对结构做一次特征值屈曲分析，将得出的位移模式乘以一定的比例系数作为初始缺陷，对原始结构进行几何修正，之后在该结构模型基础上进行全过程非线性分析。如前述，屈曲模态分析所得的失稳模态是结构临界点处的位移趋势，即结构临界点处的位移增量，结构按照该位移模式发生位移，可以理解为所有节点以最速下降线梯度使得结构体系趋于最小势能状态，也就是说，施加荷载后结构将产生沿该位移模式变形的趋势，故将该位移模式作为结构的初始缺陷，从物理概念上理解具有其合理性。

(3) ABAQUS 初始缺陷的实现

理想的结构模型是没有初始缺陷的，所以求得的极限荷载，及其对应的稳定系数偏高，为了得到较为真实合理的结果，利用 ABAQUS 做失稳分析时常采用 buckle 和 Riks 两种分析相结合的方法。其基本思路是先对结构进行特征值屈曲模态分析，得到结构在给定荷载下的前几阶屈曲模态和各阶模态对应的特征值，将给定荷载与各阶模态的特征值相乘就可以得到该失稳模态的线弹性极限荷载值。将各阶模态下有限元模型中所有单元节点的位移导出，通过在 ABAQUS 中写入关键词的方式导入到利用 Riks 分析步计算的分析模型中，并乘以一个比例因子，这样就将失稳模态的位移模式作为结构的初始缺陷，这个初始缺陷在后续的计算过程中会使结构在给定的与之前相同的荷载下的失稳趋势向导入的位移模式发展。由于导入了初始缺陷，求得的结果将是极值型失稳，且位移模式与特征值屈曲模态相一致，因此是较为合理的。

10. 3. 4　ABAQUS 中的稳定性分析方法

（1）线性屈曲模态分析——Buckle 分析

ABAQUS 在计算结构的屈曲模态时，会首先设定一个基础状态（base state），如果 Buckle 分析步就是整个分析过程的第一个分析步，则基础状态就是结构的初始状态；如果 Buckle 分析步之前还有其他的分析步，则基础状态是前一个分析步的结束状态，之前分析步中的荷载 P^N 将作为 Buckle 分析步的"死荷载"，而在 Buckle 分析步中施加的扰动荷载 Q^N 则作为"活荷载"分步施加在结构上，所以 Buckle 分析步中某一时刻结构承受的总荷载为 $P^N + \lambda_i Q^N$。

屈曲模态分析中的位移模式是标准化的，所有失稳模态的最大位移均被标准化为 1，若不存在非零位移值，则将最大旋转分量规格化为 1。

ABAQUS 在屈曲模态分析中提供了两种算法：Lanczos 和子空间迭代特征值算法（subspace），两种算法可以用于同一个分析文件的不同 Buckle 分析步中，而不必强求所有的分析步均采用同一种算法。当一个结构为多自由度系统，包含多个失稳模态时，Lanczos 方法通常比较快，当所求特征值小于 20 个时，子空间迭代算法则更加有效。本章中计算的结构都只需要关注前几阶失稳模态，所以统一采用子空间迭代算法。

（2）非线性屈曲后稳定性分析——Riks 分析

在进行 Riks 分析之前，首先需要得到线性特征值屈曲分析中各模态的位移模式文件，ABAQUS 中可以通过修改关键字的方式实现该功能，即在 Buckle 分析模型的关键字中 "*Restart，write，frequency=0" 后添加如下语句生成一个包含各阶模态位移模式的"项目名.fil"文件。ABAQUS 关键字如下：

* Nodefile

U,

此外，还需要在 Riks 分析模型的关键字中将位移模式文件导入并作为 Riks 分析的缺陷，即在 "** STEP：Step-Buckle" 之前添加如下语句（第一句中 FILE 项指向导入的.fil 文件名，step 项指向添加缺陷的分析步；第二句含义为将一阶模态的位移模式乘以缺陷因子 0.2 施加到模型的第一个分析步）。ANAQUS 关键字如下：

* IMPERFECTION，FILE=buckle，step=1

1，0.2

由前述可知，Riks 方法采用弧长控制荷载步长。ABAQUS 对 Riks 分析方法进行了优化，程序可以自动调整每个迭代步的步长，使计算过程更加容易收敛。

ABAQUS 应用牛顿法求解非线性平衡方程，Riks 过程仅采用应变增量的 1% 外推，具体实现过程和基本公式如本章第 10.3.2 节中所述。

10.4 稳定性分析算例 1

10.4.1 球面网壳结构简介

本算例对联方型单层空间网壳结构进行稳定性计算，如图 10-6 所示，结构跨度 60m，矢高 13.5m，矢跨比 0.225，网壳结构的顶部有直径 3m 的开洞；结构采用 Q235B 钢材的理想弹塑性本构，杆件截面通过满应力优化分析，从圆管截面杆体 P80×6；114×6；140×8；168×10 等四种杆件优化匹配获得，上下开口设置加劲环截面 P336×20；边界条件为每隔一个节点设置三个方向的平动约束；杆件单元类型采用一维梁单元 B31，由于本模型里关注的是结构的整体稳定性，对每根杆件可以不用进行精细的划分，每个杆件仅划分 1 个有限元网格；算例中仅考虑竖向荷载的布置对结构稳定性的影响，分别施加满跨和半跨均布恒载＋0.5 活载作为参考荷载，恒载取 $2kN/m^2$，活载取 $0.5kN/m^2$，施加情况如图 10-6 所示：

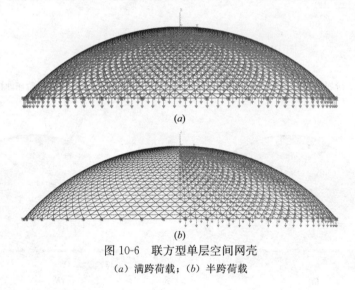

图 10-6　联方型单层空间网壳
(a) 满跨荷载；(b) 半跨荷载

10.4.2 特征值屈曲分析

首先，运用 ABAQUS 软件进行特征值屈曲分析（buckle），主要操作步骤为在 step 分析步中，选择 buckle 分析类型。为了能将 buckle 分析的位移模态结果作为参照为后续的 Riks 分析中作为初始缺陷做导入准备，需在 buckle 分析命令流的

*Restart，write，frequency＝0

位置后添加如下语句：

*Nodefile

U,

如此可生成一个与 buckle 分析的任务名（本例中为 buckle）相同的 .fil 文件来保存分析结果中的位移模态信息。应用 ABAQUS 软件计算所得到的各阶屈曲位移模态如图 10-7 所示。

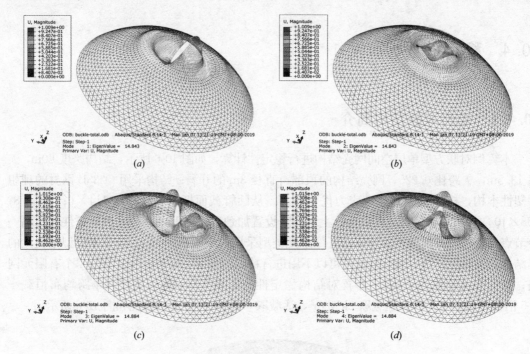

图 10-7 满跨荷载布置前四阶屈曲位移模态

（联方型单层球面网壳结构）

（a）第一阶屈曲模态；（b）第二阶屈曲模态；（c）第三阶屈曲模态；（d）第四阶屈曲模态

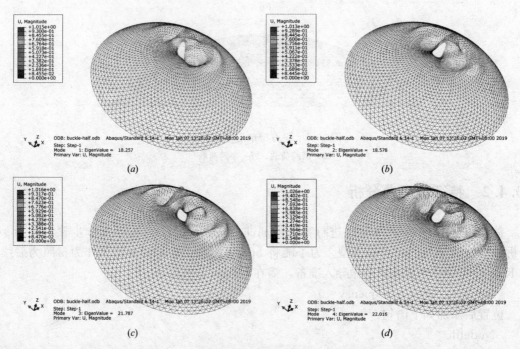

图 10-8 半跨荷载布置前四阶屈曲位移模态

（联方型单层球面网壳结构）

（a）第一阶屈曲模态；（b）第二阶屈曲模态；（c）第三阶屈曲模态；（d）第四阶屈曲模态

网壳结构的屈曲位移模态与结构的刚度分布、边界约束条件和荷载分布情况有直接的关系；这些也是影响结构屈曲极限承载力的重要因素。对于全跨分布和半跨分布荷载两种荷载分布形式，虽然这两种荷载分布形式的网壳结构的前几阶失稳模态均出现在靠近网壳顶部，主要是由于该处出现了开洞和刚度的削弱，但是具体的结构屈曲模态略有不同。网壳结构的半跨荷载分布形式对应的屈曲模态表现出一种沿径向多波屈曲的形态，第一阶稳定系数为 18.257；全跨荷载分布形式对应的屈曲模态表现出一种沿顶部开口周向的多波屈曲形态，第一阶稳定系数为 14.843。网壳的特征值屈曲是线弹性范围内的屈曲极限，未考虑非线性效应以及结构的初始缺陷影响，计算所得结构极限承载力一般都偏高很多，特征值屈曲分析得到的安全系数一般不能直接应用于实际工程，只能作为参考。

10.4.3　非线性屈曲分析

在 Riks 分析模型中导入 Buckle 分析所得最低模态位移模式作为结构初始缺陷，根据《空间网格结构技术规程 JGJ 7—2010》第 4.3.3 条，空间网壳结构全过程稳定性分析中结构初始缺陷采用第一阶屈曲模态，缺陷计算最大值可取网壳跨度的 1/300。本例中网壳跨度 60m，故最大缺陷值取 0.2m，ABAQUS 在进行 Buckle 分析时先给出各阶屈曲模态；然后，再进行 Riks 分析，ABAQUS 模型中添加关键字语句的命令流如下：

＊IMPERFECTION，FILE＝buckle，step＝1

1，0.2

非线性分析所得结构位移模式及结构中绝对位移最大节点的荷载-位移曲线如下，节点位移值取空间位移绝对值。考虑初始缺陷后，与上述 ABAQUS 非线性屈曲分析相关的屈曲位移模式如图 10-9、图 10-10 所示；对于满跨荷载和半跨荷载两种荷载分布情形下的联方型单层球面网壳结构的跨中顶点处位移最大节点的荷载-位移曲线，分别如图 10-11、图 10-12 所示；考虑和不考虑缺陷的非线性屈曲分析结果是有显著不同的。

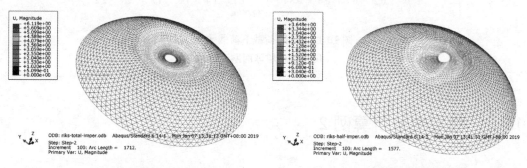

图 10-9　引入初始缺陷的满跨荷载非线性
屈曲位移模式
（联方型单层球面网壳结构）

图 10-10　引入初始缺陷的半跨荷载非线性
屈曲位移模式
（联方型单层球面网壳结构）

根据《空间网格结构技术规程》JGJ 7—2010 第 4.3.4 条，结构的极限承载力取非线性屈曲分析所得荷载-位移曲线的第一个临界点荷载值，除以安全系数 K 得到极限承载力设计值，对于单层球面网壳，K 取 4.2。本节算例中由计算结果可知，当不考虑初始几何缺陷时，结构稳定分析的安全系数 K 值分别为：满跨荷载布置时为3.8，半跨荷载布置时为4.6；当考虑初始几何缺陷时，结构稳定分析的安全系数 K 值分别为：满跨荷载布置时为2.7，半跨荷载布置时为4.5。由计算结果对比可知，初始缺陷对于满跨荷载分布时的网壳结构的稳定极限承载力有比较大的影响。

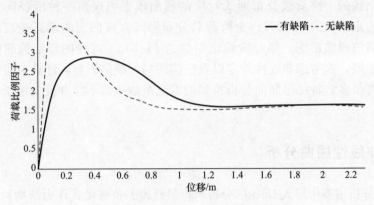

图 10-11 满跨荷载下荷载-位移曲线
（联方型单层球面网壳结构）

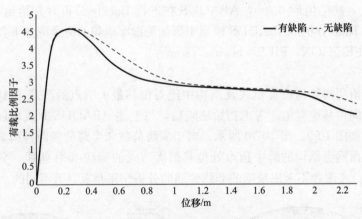

图 10-12 半跨荷载下荷载-位移曲线
（联方型单层球面网壳结构）

10.5 稳定性分析算例 2

10.5.1 球面网壳结构简介

本节算例尺寸与荷载条件与 10.4 节算例相同，网壳形式采用凯威特型单层球面网壳。算例中也是分别考虑了竖向荷载的分别施加满跨和半跨均布荷载对结构稳定性的影响。

10.5.2 特征值屈曲分析

应用 ABAQUS 软件进行模态分析，计算所得满跨分布荷载和半跨分布荷载对应的凯威特单层球面网壳结构的各阶失稳模态如图 10-13、图 10-14 所示。

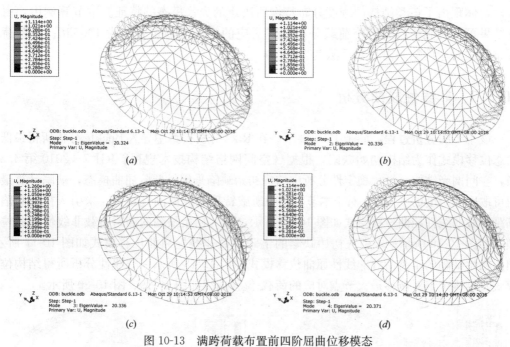

图 10-13　满跨荷载布置前四阶屈曲位移模态

（*a*）第一阶屈曲模态；（*b*）第二阶屈曲模态；（*c*）第三阶屈曲模态；（*d*）第四阶屈曲模态

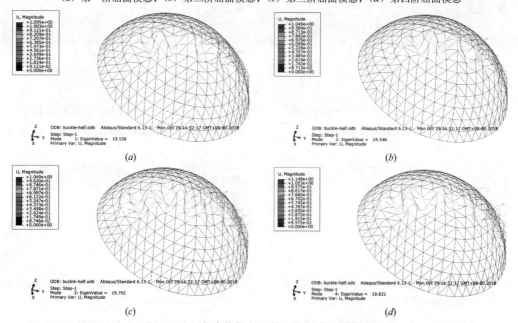

图 10-14　半跨荷载布置前四阶屈曲位移模态

（*a*）第一阶屈曲模态；（*b*）第二阶屈曲模态；（*c*）第三阶屈曲模态；（*d*）第四阶屈曲模态

本节给出的凯威特型网壳结构，由于刚度分布比较均匀，而且，网壳结构的顶部也没有出现开洞而导致结构局部刚度削弱，结构的屈曲位移模态表现出明显的整体性。对于全跨分布荷载形式，网壳结构的前几阶失稳模态均出现在网壳结构的底部，靠近支座约束的位置；对于半跨分布荷载形式，网壳结构的前几阶失稳模态均出现在沿径向的多波屈曲形态。虽然两种荷载分布的屈曲模态略有不同，但是两种屈曲模态均表现出明显的整体性，体现出了该类结构的刚度分布特性所决定的失稳模态的特征。本节算例中，由计算结果可知网壳结构的半跨荷载分布形式对应的第一阶稳定系数为 19.538；全跨荷载分布形式对应的第一阶稳定系数为 20.324。

10.5.3　非线性屈曲分析

该小节的分析过程，同于 10.4.3 节。在 Riks 分析模型中导入 Buckle 分析所得最低阶模态位移模式作为结构初始缺陷，根据《空间网格结构技术规程》JGJ 7—2010 第 4.3.3 条，空间网壳结构全过程稳定性分析中结构初始缺陷采用最低阶屈曲模态，缺陷计算最大值可取网壳跨度的 1/300。对于本节算例中凯威特单层球面网壳结构，未引入初始缺陷的满跨荷载非线性屈曲位移模式如图 10-15 所示，引入初始缺陷的满跨荷载非线性屈曲位移模式如图 10-16 所示；未引入初始缺陷的半跨荷载非线性屈曲位移模式如图 10-17 所示，引入初始缺陷的半跨荷载非线性屈曲位移模式如图 10-18 所示。非线性分析所得结构位移模式及结构中绝对位移最大节点对应的荷载-位移曲线如图 10-19、图 10-20 所示。

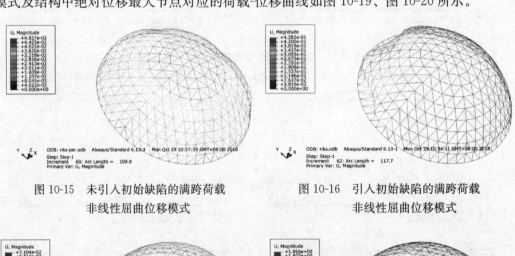

图 10-15　未引入初始缺陷的满跨荷载　　　　　图 10-16　引入初始缺陷的满跨荷载
　　　　　　非线性屈曲位移模式　　　　　　　　　　　　　非线性屈曲位移模式

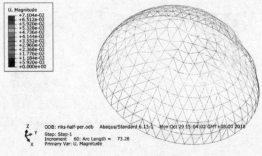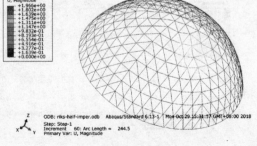

图 10-17　未引入初始缺陷的半跨荷载　　　　　图 10-18　引入初始缺陷的半跨荷载
　　　　　　非线性屈曲位移模式　　　　　　　　　　　　　非线性屈曲位移模式

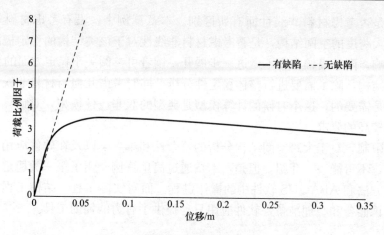

图 10-19　满跨荷载下荷载-位移曲线

（凯威特单层球面网壳结构）

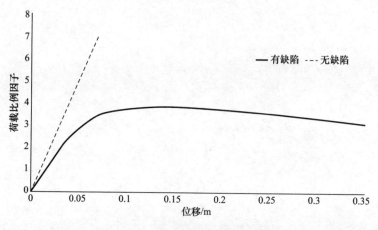

图 10-20　半跨荷载下荷载-位移曲线

（凯威特单层球面网壳结构）

由本节算例计算结果可知，当不考虑初始几何缺陷时，凯威特单层球面网壳结构稳定分析的安全系数 K 值分别为：满跨荷载布置时为 3.8，半跨荷载布置时为 4.6；当考虑初始几何缺陷时，结构稳定分析的安全系数 K 值分别为：满跨荷载布置时为 2.7，半跨荷载布置时为 4.5。由计算结果对比可知，初始缺陷对于满跨荷载分布时的凯威特单层球面网壳结构的稳定极限承载力也有比较大的影响。

10.6　小结

单层空间网壳结构是大跨空间结构中应用比较早，也是比较成熟的一类刚性结构类型，由于该类结构所承受的力以面内的薄膜内力为主，稳定性计算是该类结构的重点控制方面。目前网壳结构的稳定性分析主要以线弹性稳定分析（又称之为特征值屈曲分析，第一类稳定分析）和非线性稳定分析（一般称之为第二类稳定分析）为主。对于非线性稳定分析，又根据是否考虑材料非线性而有所区别。本章算例中，没有考虑材料非线性的影响。对于很多大跨度的空间结构，是否考虑材料非线性对于该类结构的稳定极限承载力有非常显著的影响。限于篇幅本章不做进一步展开，读者可参阅关于稳定方面的相关文献。

对于网壳结构，除了需要进行整体稳定性分析，同时考虑几何与材料非线性荷载极限承载力分析也是需要的，这个时候的计算模型是典型的双非线性模型，对计算量和计算的收敛性都有比较高的要求。

由于篇幅限制，对于大跨空间结构分析的复杂性和难点，以及在软件应用中的具体实现方法和过程，不可能——介绍，但是，本章通过简单算例介绍了第一类稳定和第二类稳定的基本分析方法和 ABAQUS 软件中的操作过程。面对实际工程，结构工程师一定要有充分的专业知识储备和心理准备，软件应用只是提供了有力的辅助工具。

11　高等结构分析专题

11.1　概述

　　土木工程软件应用是一个非常庞大的概念，用一本教材不可能介绍得面面俱到，在上述几章中，分别介绍了结构分析与设计方面常用的软件应用，例如多层结构的软件应用、高层结构的软件应用、大跨单层网壳结构的软件应用等等，并结合具体算例进行了详细介绍。静力弹塑性分析（又称为推覆分析或 PUSHOVER 分析）、动力弹塑性分析、施工阶段分析、满应力优化分析、多尺度分析等是结构分析中的重要力学问题及其软件应用的重要方面。本章分别简要介绍两种非线性地震反应分析方法：静力弹塑性和动力弹塑性分析方法在软件应用中的基本概念、实现方式和关键过程，以期对结构分析的软件应用能够达到相对全面的介绍；起到补充和提高软件应用能力的作用。

11.2　静力弹塑性分析

11.2.1　概述

　　《建筑抗震设计规范》GB 50011—2010 第 5.5.2 条规定，对于特别不规则的结构、板柱-抗震墙、底部框架砖房以及高度不大于 150m 的高层钢结构、7 度三、四类场地和 8 度乙类建筑中的钢筋混凝土结构和钢结构宜进行弹塑性变形验算。对于高度大于 150m 的钢结构、甲类建筑等结构应进行弹塑性变形验算。《高层建筑混凝土结构技术规程》JGJ 3—2010 第 5.1.13 条也规定，对于 B 级高度的高层建筑结构和复杂高层建筑结构，如带转换层、加强层及错层、连体、多塔结构等，宜采用弹塑性静力或动力分析方法验算薄弱层的弹塑性变形。历史上的多次震害也证明了弹塑性分析的必要性。可以看出，随着建筑高度迅速增长，复杂程度日益提高，完全采用弹性理论进行结构分析计算已经难以满足设计的需要，弹塑性分析方法也就显得越来越重要。

　　静力弹塑性分析方法最早是基于 20 世纪 80 年代美国的 FEMA-273 抗震评估方法和 ATC-40 报告提出的分析方法，是一种介于弹性分析和动力弹塑性分析之间的方法，其理论核心是"目标位移法"和"承载力谱法"。

　　静力弹塑性分析方法中结构的弹塑性计算模型是通过定义构件力和变形的关系曲线实现。对于梁和柱，可以较为准确的模拟；但是对于剪力墙，一直没有理想的计算模型，目前可以进行静力弹塑性分析的商用计算软件，例如 Midas Gen，是将剪力墙简化为两根刚体梁通过非线性弹簧（包括轴向变形、弯曲变形、剪切变形弹簧）连接的形式，相对于采用壳单元而言是比较简单的。

静力弹塑性分析方法的基本过程如下：

（1）建立结构的计算模型、构件的物理参数和恢复力模型等；

（2）计算结构在竖向荷载作用下的内力；

（3）建立侧向荷载作用下的荷载分布形式，将地震力等效为倒三角或与第一振型等效的水平荷载模式。在结构各层的质心处，沿高度施加以上形式的水平荷载。确定其大小的原则是：水平力产生的内力与前一步计算的内力叠加后，恰好使一个或一批杆件开裂或屈服；

（4）对于开裂或屈服的杆件，对其刚度进行修改后，再增加一级荷载，又使得一个或一批杆件开裂或屈服；

（5）不断重复步骤（3）、（4），直至结构达到某一目标位移或发生破坏，将此时结构的变形和承载力与相关规范允许值比较，以此来判断是否满足"大震不倒"的要求。

11.2.2 软件应用

本例题介绍使用 Midas Gen 的静力弹塑性分析功能。图 11-1 为本次算例模型的平面示意图，模型为 10 层钢筋混凝土框架结构。本模型中混凝土的等级为 C30，在纵向的两端设置剪力墙，层高均为 4.5m，设防烈度为 7 度，场地类型为Ⅱ类。本例的模型结构类型为空间 3-D（三维分析），并将结构的自重转化到了 X、Y 方向的地震作用。模型采用的基础底部支承条件为 X、Y、Z 三个方向的平动和 RX、RY、RZ 三个方向的转动全部约束，来模拟地面对于建筑模型的边界约束条件。用 Midas Gen 软件建成的结构模型如图 11-2 所示。模型基本数据如下（几何尺寸的缺省单位为 mm）：

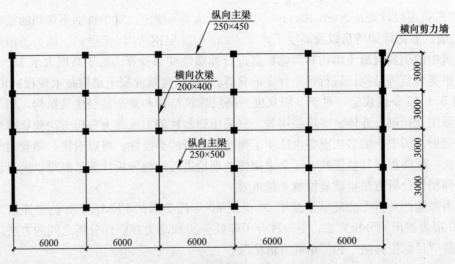

图 11-1　结构平面图（单位：mm）

> 轴网尺寸：见平面图 11-1
> 柱子：500mm×500mm
> 主梁：250mm×500mm
> 边梁：250mm×450mm
> 次梁：200mm×400mm
> 混凝土：C30
> 楼板厚度：200mm
> 剪力墙厚度：250mm
> 层高：1~10 层：4.5m
> 设防烈度：7°(0.10g)
> 场地：Ⅱ类

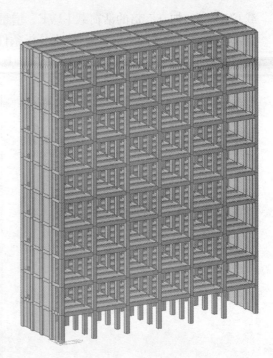

图 11-2　结构模型图

本算例的建模和设计过程简略，操作过程同于本书第 7 章内容，最后设计完成后的模型即为本节进行静力弹塑性分析的基础模型。下面直接进入静力弹塑性分析方法软件应用中的关键步骤介绍。

1. 主菜单选择设计＞静力弹塑性分析＞静力弹塑性分析控制

静力弹塑性分析的主控数据对话框如图 11-3 所示。

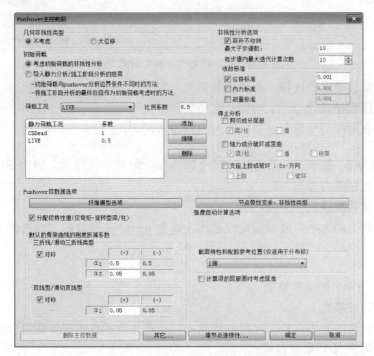

图 11-3　静力弹塑性分析控制

2. 主菜单选择设计＞静力弹塑性分析＞PUSHOVER 荷载工况

静力弹塑性分析的荷载工况：PUSH；勾选使用初始荷载，初始荷载采用 1.0 倍的静载 CSDead，加 0.5 倍的活荷载 LIVE。增量方法采用位移控制。控制选项采用整体位移控制制，取最大平动平移：0.8m；终止分析条件为塑性位移角限值 1/50。荷载分布形式采用：模态；振型为：第 1 振型；比例系数取：1。如图 11-4 所示。

注：整体控制位移一般取为：总高度×塑性位移角限值，参见抗规表 5.5.5

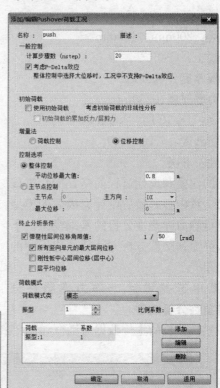

图 11-4　静力弹塑性分析的荷载工况

其中关于荷载模式的选择，有四种分别为：

（1）模态荷载模式

假定各节点侧向力与指定振型成比例的分布形式为：

$$F_i = \Phi_{si} \cdot V_b \tag{11-1}$$

式中，Φ_{si} 为第 s 振型第 i 指点的相对位移。当指定第一振型时，即为 FEMA356 建议的"第一振型比例侧力分布"。

（2）加速度荷载模式

假定各层侧力的大小与该层质量成正比，即为 fema356 建议的"均布侧力模式"

$$\Delta F_i = \frac{m_i}{\sum_{j=1}^{n} m_j} \cdot \Delta V_b \tag{11-2}$$

式中，m_i 为第 i 楼层的质量。

（3）静力荷载模式

使用已经定义的静力荷载工况的加载模式，通过比例系数实现荷载组合的加载形式。

（4）归一化模态-质量荷载模式

$$\Delta F_i = \frac{\hat{G}_i \phi_{1i}}{\sum_{j=1}^{m} G_j \phi_{1j}} \cdot (V_b^{\text{old}} + \Delta V_b) - F_i^{\text{old}} \tag{11-3}$$

即为 FEMA356 建议的"自适应模态分布"中只考虑第一振型的情况。

3. 主菜单选择设计＞静力弹塑性分析＞定义铰特性值

本算例中定义了三种铰数据类型：梁铰为弯矩铰；柱铰为考虑空间 P-M-M 交互作用的轴力弯矩铰；墙铰为 P-M 相关类型。定义塑性铰对话框如图 11-5 所示，三折线铰特性定义对话框如图 11-6 所示。

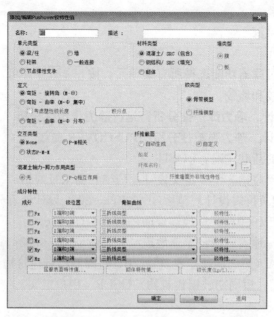

图 11-5　定义 PUSHOVER 铰

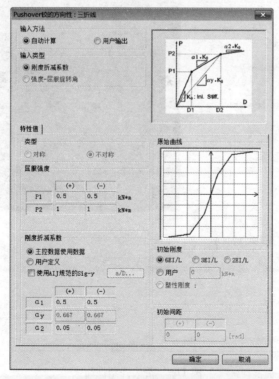

图 11-6　三折线骨架曲线

定义弹塑性铰时，显示的 P1 和 P2 仅为示意值，并非真实值。因而，P1（开裂弯矩）和 P2（屈服弯矩）既不是 0.5 倍的关系，也不是 $0.5\mathrm{kN \cdot m}$ 和 $1\mathrm{kN \cdot m}$；使用过程中这一点需要注意。

4. 主菜单选择**设计＞静力弹塑性分析＞分配铰特性值**

选项：添加/替换

铰特性值类型：梁铰

单元类型：梁单元

在模型窗口利用过滤器功能选择所有梁单元，按 适用 即可。

同样方法分配柱铰和墙铰。

5. 主菜单选择**设计＞静力弹塑性分析＞运行静力弹塑性分析**

6. 主菜单选择**设计＞静力弹塑性分析＞PUSHOVER 曲线**

静力弹塑性分析的荷载工况：PUSH

显示方式：能力反应谱　　　定义设计反应谱：需求反应谱

设计反应谱：《建筑抗震设计规范》GB 50011—2010 设计地震分组：1

地震设防烈度：7（0.01g）　　地震设防烈度：7（0.01g）

场地类别：Ⅱ　　　地震影响：罕遇地震　　　阻尼比：0.05

结构反应模式：A（短周期新建建筑物）B（短周期已有建筑物）

　　　　　　　C（短周期破损建筑物）USER（用户定义）

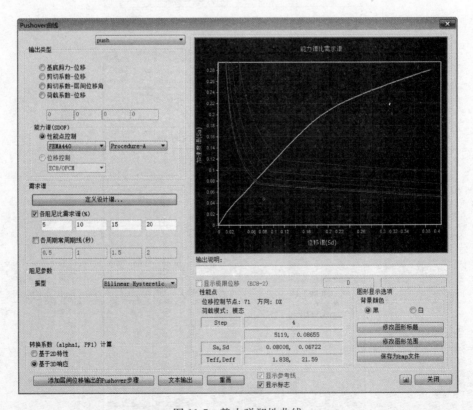

图 11-7　静力弹塑性曲线

7. 自动生成性能控制点荷载步。点击 ▢重画▢ ，然后点击▢添加层间位移输出的Pushover步骤▢。
如图 11-8 所示。

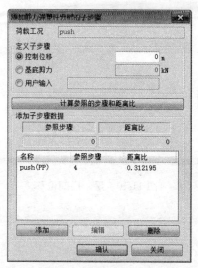

图 11-8　性能控制点荷载步 push1（pp）

8. **主菜单选择设计＞静力弹塑性分析＞PUSHOVER 图形＞层剪力/层间位移/层间位
移角**

PUSHOVER 荷载工况：push

分析结果类型：层－层剪力，层－层间位移，层－层间位移角

步骤：step4，9，13，pp。

按 ▢适用▢ ，输出结果如图 11-9 所示。

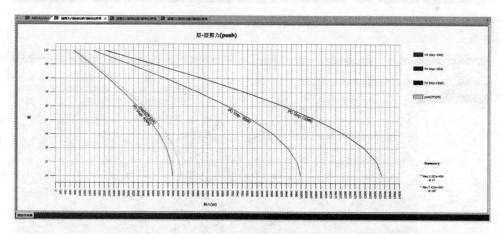

图 11-9　层－层剪力

9. **主菜单选择结果＞变形＞变形形状**

查看塑性铰产生的状态

荷载工况/荷载组合：push

位移：DY

显示类型：图例、动画、铰状态　按 ▢适用▢ ，输出结果如图 11-10～图 11-12 所示。

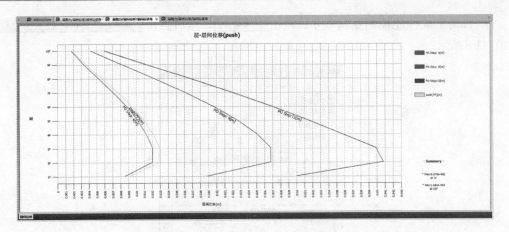

图 11-10　层—层间位移

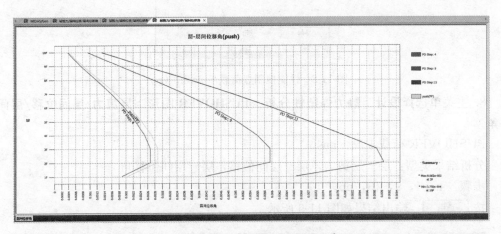

图 11-11　层—层间位移角

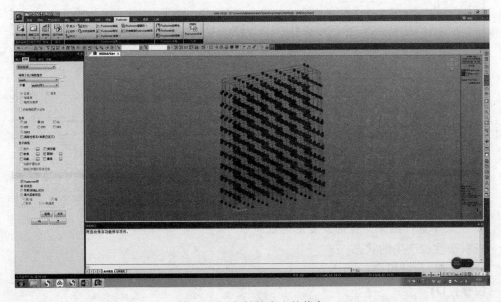

图 11-12　塑性铰产生的状态

11.2.3　小结

相比目前的承载力设计方法，静力弹塑性分析方法可以估计结构和构件的非线性变形，比承载力方法接近实际；相对于弹塑性时程分析，静力弹塑性方法的概念、所需参数和计算结果相对明确，构件设计和配筋是否合理能够直观的判断，也比较容易被工程设计人员接受；并且，可以花费相对较少的时间和费用得到较稳定的分析结果，减少分析结果的偶然性，达到工程设计所需要的变形验算精度。

另外，由于静力弹塑性方法将地震的动力效应近似等效为静态荷载，只能给出结构在某种荷载作用下的性能，无法反映结构在某一特定地震作用下的表现，以及由于地震的瞬时变化在结构中产生的刚度退化和内力重分布等非线性动力反应；计算中选取不同的水平荷载分布形式，计算结果存在一定的差异，为最终结果的判断带来了不确定性；静力弹塑性方法以弹性反应谱为基础，将结构简化为等效单自由度体系。因此，它主要反映结构第一周期的性质，对于结构振动以第一振型为主、基本周期在 2s 以内的结构，静力弹塑性方法较为理想。当较高阶振型为主要振动模态时，如高层建筑和具有局部薄弱部位的建筑，静力弹塑性方法并不适用；对于工程中常见的带剪力墙结构的静力弹塑性分析模型尚不成熟，三维构件的弹塑性性能和破坏准则、塑性铰的长度、剪切和轴向变形的非线性性能都有待进一步研究完善，还没有很理想的软件计算模型。

正是由于存在以上的一些原因，对于目前工程中遇到的许多超限结构分析，静力弹塑性方法显得力不从心，人们逐渐开始重视动力弹塑性分析方法的理论研究和工程应用。下一节将介绍动力弹塑性分析方法的基本原理和软件应用过程。

11.3　动力弹塑性分析

11.3.1　概述

动力弹塑性分析方法将结构作为弹塑性振动体系加以分析，直接按照地震波数据输入地面运动，通过积分运算，求得在地面加速度随时间变化期间内，结构的内力和变形随时间变化的全过程，也称为弹塑性时程动力法。多自由度体系在地面运动作用下的振动方程为：

$$M\ddot{U} + C\dot{U} + KU = -M\ddot{U}_g \tag{11-4}$$

式中：

$U, \dot{U}, \ddot{U}$ 分别为体系的水平位移、速度、加速度向量；

$\ddot{U}_g$ 为地面运动水平加速度；

M, C, K 别为体系的刚度矩阵、阻尼矩阵和质量矩阵。

将强震记录下来的某水平分量加速度－时间曲线划分为很小的时段，然后依次对各个时段通过振动方程进行直接积分，从而求出体系在各时刻的位移、速度和加速度，进而计算结构的内力。

式（11-4）中结构整体的刚度矩阵、阻尼矩阵和质量矩阵通过每个构件所赋予的单元和材料类型组装形成。动力弹塑性分析中对于材料需要考虑包括：在往复循环加载下，混凝土及钢材的滞回性能、混凝土从出现开裂直至完全压碎退出工作全过程中的刚度退化、混凝土拉压循环中强度恢复等大量非线性问题。

在常用的商业有限元软件中，ABAQUS、ADINA、ANSYS、MSC. MARC 都内置了混凝土的本构模型，并提供了丰富的单元类型及相应的前后处理功能。在这些程序中一般都有专用的钢筋模型，可以建立组合式或整体式钢筋混凝土单元模型。

弹塑性动力分析的软件操作包括以下几个主要步骤：

（1）建立结构的几何模型并划分网格；

（2）定义材料的本构关系，通过对各个构件指定相应的单元类型和材料类型确定结构的质量、刚度和阻尼矩阵；

（3）输入适合本场地的地震波并定义模型的边界条件，开始计算；

（4）计算完成后，对结果数据进行处理，对结构整体的非线性地震响应进行分析，并做出评估。

11.3.2 软件应用

本节介绍使用 Midas Gen 的动力弹塑性分析功能，例题模型采用本章 11.2 节中的小高层算例。平面尺寸、建成后的模型以及其他具体参数详见本书第 11.2 节。下面直接进入介绍动力弹塑性分析方法软件应用的关键步骤。

11.3.2.1 输入时程分析数据

1. 树型菜单选择**时程分析数据＞时程荷载函数**

添加时程函数

时间函数数据类型：无量纲加速度

地震波：选 Elcent－h 波

放大系数：1（也可以＞1）

2. 树型菜单选择**时程分析数据＞时程荷载工况**

添加荷载工况名称：时程 1

结束时间：15s（指地震波的分析时间，若地震波的作用时间为 50s，我们只分析到 15s 处），分析时间步长：0.01s（表示地震波的取值步长，一般不要低于的地震波的时间间隔），输出时间步长：1（整理结果时输出时间步长，例如结束时间为 15s，分析时间步长为 0.01s，则计算结果有 15/0.01＝1500 个，如果在输出时间步长中输入 2s，则表示输出以每 2 个为时间单位中的较大值，即输出上述第一和第二时间段中的较大值，第三和第四时间段的较大值，以此类推）。如图 11-14 所示。

分析类型：非线性，分析方法：直接积分法。

时程类型：瞬态（地震波），当波为谐振函数时选择线性周期。

加载顺序：接续前次 ND＋0.5LL

阻尼计算方法：质量和刚度因子，周期 1.5026、0.9355s　阻尼比 0.05

3. 树型菜单选择**时程分析数据**＞**地面加速度**

地面加速度，定义地震波作用方向，时程函数对话框如图 11-13 所示。

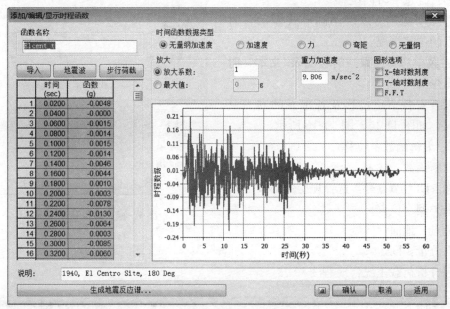

注：地震波的最大加速度调整，可以通过放大系数或最大值来实现。

图 11-13　添加时程函数

时程分析荷载工况名称：时程 1

X—方向时程分析函数：

函数名称：Elcent－t

系数：1（地震波增减系数，根据规范设定的峰值加速度进行调幅）

到达时间：0s（表示地震波开始作用时间）

Y—方向时程分析函数：

函数名称：NONE

Z—方向时程分析函数：若不考虑竖向地震作用此项可不填

水平地面加速度的角度：X、Y 两个方向都作用有地震波时，如果输入 0 度，

表示 X 方向地震波作用于 X 方向，Y 向地震波作用于 Y 方向。

如果输入 90 度，表示 X 方向地震波作用于 Y 方向，Y 向地震波作用于 X 方向。

如果输入 30 度，表示 X 方向地震波作用于与 X 轴成 30 度方向，Y 向地震波作用于

与 Y 轴成 30 度方向。

11.3.2.2　时程分析结果

1. 主菜单选择**结果>时程分析结果>位移/速度/加速度**

可以查看在地震波作用下，各个时刻各节点的位移情况

荷载工况：时程 1

步骤：4.6（可以任选某一时刻）

时间函数：Elcent－h

位移：任选一方向位移

若选择动画，可以以动画形式显示各时刻各节点的位移情况。

2. 主菜单选择**结果>时程图表/文本>时程分析图形**

可以查看各节点位移及各单元的内力及应力情况，如图 11-15、图 11-16 所示。

定义/编辑函数：位移

添加新函数

名称：D1　节点号：选择顶层角部节点 71

结果类型：位移

参考点：地面

输出分量：DX

时程分析荷载工况：时程 1

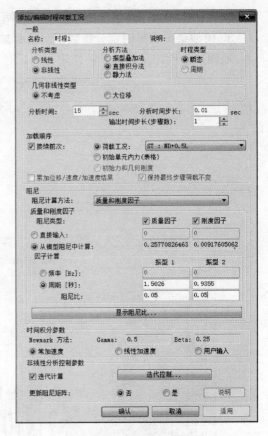

图 11-14　时程荷载工况

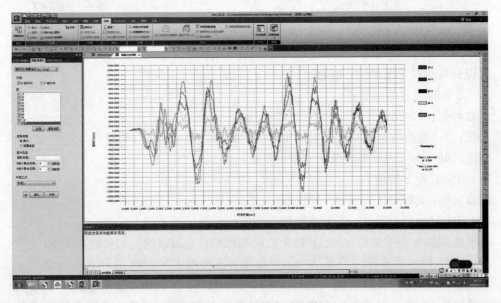

图 11-15　楼层剪力时程图

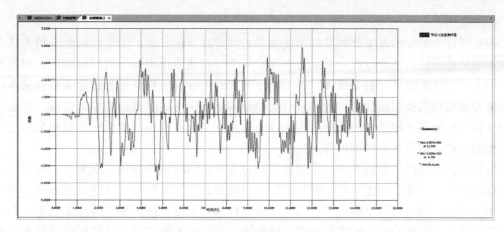

图 11-16　节点位移时程图表

3. 主菜单选择结果＞时程图表/文本＞时程分析图形

层数据图形，以图形方式查看各层在地震波作用下各时刻所分担的地震剪力，如图 11-17 所示。

方向：X 轴方向（Y 轴方向）

层：10 层　时程工况：时程 1

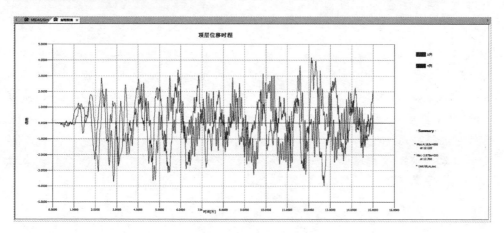

图 11-17　层剪力时程图表

11.3.3　小结

结构的动力弹塑性分析方法是一项非常复杂的工作，从计算模型的简化、恢复力模型的确定、地震波的选用，直至计算结果的分析和后处理都需要进行大量的工作，而且数据量庞大，计算周期较长。但是它是目前进行结构抗震分析较为理想的方法，具有其他方法无可比拟的优势。

当前，建筑结构的形式日益丰富，高度和跨度不断增长，对于结构的计算分析手段也提出了越来越高的要求。随着计算机软硬件水平的不断提高，将动力弹塑性时程分析方法应用于工程实践中已经逐渐变为现实，相信动力弹塑性分析方法必将在结构设计中得到更加广泛的应用。

相比弹性分析中的振型分解反应谱法和静力弹塑性分析方法，弹塑性时程分析方法由于输入的是地震波的整个过程，可以真实反映各个时刻地震作用引起的结构响应，包括变形、应力、损伤形态（开裂和破坏）等；由于大部分工程应用软件是通过定义材料的本构关系来考虑结构的弹塑性性能，因此，计算模型简化较少可比准确模拟结构性能；弹塑性时程分析方法是基于塑性区的概念，相比静力弹塑性分析方法中的塑性铰，特别是对于带剪力墙的结构，结果更为准确可靠。

但是，弹塑性时程分析方法由于要进行动力方程在时间域内的逐步求解，一般情况下计算量比较大，运算时间比较长，软件的操作也相对复杂，数据前后处理比较麻烦；在软件应用中需要用到大量关于非线性有限元、非线性本构关系、损伤模型等相关理论，对软件应用人员的专业素质有比较高的要求。随着理论研究的不断发展，计算机软硬件水平的不断提高，动力弹塑性时程分析方法已经普遍应用于超高层和复杂的大型结构的非线性地震响应分析中。

12 课程教学与思考

12.1 概述

《土木工程应用软件》是土木工程专业中必修的一门专业实践类课程，该课程可以设计得简单实用，也可以设计得全面而又有一定理论深度。随着我们国家土木工程相关市场领域的深层次调整和国际土木工程的发展趋势，我们土木工程教育的培养目标也发生了改变，即从原来培养服务于生产的工程师，提升到培养理论基础扎实、解决问题和动手能力强、思维活跃、综合素质高的复合型人才的高度。随着信息化和智能化的发展，土木工程软件应用几乎可以贯穿土木工程教学的各个方面，包括理论基础和专业知识，因此，《土木工程应用软件》应该成为土木专业实践类课程的核心。

本教材的编写是基于作者多年的课程教学实践和思考。从本课程的教学方式和方法上实现教学模式由传统的灌输式的教学，向以"新三中心"为核心的新的教学模式和方法的转变，逐步提高土木专业毕业生的综合竞争力，提高土木工程教育质量。作者认为以互联互通为主导的教学思想将有助于上述教学目标的达成，提高《土木工程应用软件》课程的在土木工程课程体系中的纽带作用。在本课程的教学中建议从学科交叉式、问题导向式的教学模式，实现专业基础理论与工程应用实践的结合；从理论层次把该门课程在培养学生"举一反三"的综合能力方面发挥作用；以互联互通为主线的教学模式改革把学生学习的过程由被动接受向主动挑战推进，提升学习的活力和兴趣。通过本课程的教学，使得土木专业的本科毕业生从理论知识到实践应用的综合素质得以显著提升，为提高学生工作以后用人单位的评价和认可程度，奠定能力基础。通过本课程的以互联互通为主线的教学模式，基本可以解决如下几点问题：

（1）实现基础知识与操作实践上的互联互通。通过教学内容和教学平台创新，通过本课程《土木工程应用软件》的教学，建立以典型工程案例为导向，以关键问题解决为核心的教学模式；通过本项目组成员的协同努力，把土木工程中的主要方向通过与土木工程应用软件的内在联系，实现学生知识体系和动手能力的互联互通。

（2）实现专业理论与实际工程应用的互联互通，实现探索式学习知识的能力。创新教学模式，把经验丰富的工程师请到交大，与学生面对面交流，针对实际工程和复杂软件功能进行直接对话。

（3）以能力培养为目标创新教学评价体系。把单一的试卷评价方式，改为灵活的大论文形式，从具有实际背景的问题解决过程中提升学生的动手能力和解决问题的能力，并最终获得与其真正综合能力相一致的成绩。"项目式"课程内容和考核设计，让学生的学习始终以项目为主线贯穿始终，将一门或多门课程中的知识点融入项目中。

（4）通过本课程的教学，建立从理论教学到工程应用与实践的桥梁，帮助土木工程专业的学生把知识学活，学扎实，并真正做到学以致用，举一反三，实现学生知识体系和能力塑造的互联互通。

12.2 课程目标

本课程的教学过程中建议授课老师对本课程的大纲设计、课程模式改革、教学方法探讨等环节进行系统性梳理和设计，建立以综合能力为主要培养目标的《土木工程应用软件》的课程框架。以本教材为载体，把《土木工程应用软件》构建成从专业基础理论到实际工程应用的重要桥梁。把互联互通作为本课程改革的灵魂和主导思想，让学生的零散知识通过互联互通式的教学过程，能够真正进入工程实践中检验。

在目前土木工程专业本科阶段的课程体系设计中，我们往往以给学生多少知识来安排教学和进度，却忽视了学生将来走上工程应用一线岗位和面对社会环境以及继续学习的现实挑战。实际上，学生在大学学到多少知识应该成为次要考量，更重要的是学生综合能力、综合素质的形成。因为，大学的学习只是他人生学习的一个环节。对于土木专业的学生，最重要的是培养成"卓越工程师"的显性素质，抑或隐性素质；如何培养本科生灵活运用所学知识和解决实际问题的能力，以及自我学习、协同组织的更新能力是最重要的；成体系、综合性建设已经成为课程建设的重要指标。

在土木工程专业课程体系的设计中，《土木工程应用软件》或者类似课程，从课程设置的最初构想是希望学生能够学习1～2门专业软件的操作和应用，达到能够满足建设单位和设计单位等用人单位对毕业生专业技能方面的要求。但是，由于教学模式和课程大纲比较单一，更像是为学生提供的软件培训课，而非专业应用课程，所以课程教与学的过程中也一直存在一些误区。如果达到上述的课程改革目标，在教学实践过程中基本可以实现如下几点：

（1）显著提高了土木专业的本科毕业学生在理论基础与实践环节的协同发展。为学生即将踏入工作岗位，奠定了良好的实践和能力基础。实现了对专业知识的灵活贯通；把各门基础和专业课程，从分散的知识模块，在学生的脑子里形成了系统化和能力化，在这门课里，让学生把解决问题的路子走到最后，给学生留下很多有意义的经历和思索，对以后进入工作后的能力发挥起到很好的作用。

（2）使得学生所学的土木工程软件知识与实际工程应用有机联系，在学校学到的软件技能在设计院或施工单位直接就可以用。课堂上的知识与实际工程中的解决方法或思路完全一致。克服了学生对软件应用以往存在的"黑匣子"依赖症问题，避免了对软件计算的盲目依赖。这种把工具功能扩大化的倾向存在了好多年，影响了我们学生的培养质量和就业评价。

（3）土木工程中的专业问题可以说是错综复杂，如何选择适合的软件，然后建立合理的模型，并进行正确的运算甚至有针对性的功能开发与延伸，一直是一个困扰我们《土木工程应用软件》教学的重要问题；也是影响学生能力提升的重要方面。《土木工程应用软件》，不完全以解决软件的使用操作为目的，而是以解决工程问题为核心，教学效果明显改善。

（4）改进教学模式和教学大纲，适应目前国家对卓越工程师培养所提出的更高要求，大幅度提高学生的就业竞争力。

12.3 教学方法与措施

在本课程的教学实践中，可以结合土木工程的特点，探索教学模式和方法的改革。如果条件允许，建议在软件应用环节把设计院的工程师请到学生中间来，与学生一起探讨软件在具体工程中的应用。通过以工程应用为背景的土木工程应用软件的教学，提高学生解决工程实际问题的能力，提升学生知识的系统化程度。通过软件开发原理的介绍并具体工程分析案例让学生真正掌握专业知识与实际软件应用之间的关系，并做到专业知识的灵活运用，既激发学生对土木工程专业的由衷喜爱，也提升学生学以致用、举一反三的能力。解决了土木工程专业的本科生从理论基础、专业知识到实际工程问题的解决方面所存在的隔阂，建立联系理论知识与专业实践的桥梁。

在本教材的编写过程中，作者充分考虑了本课程的特点，希望通过知识体系、理论与实践、课堂内外、学校内外、师生之间都能够实现互联互通，以本教材为载体通过以提升能力为目标，以互联互通，开放融合的教学方式，把学生的学习主动性和创新精神充分激发出来。培养学生主动思考、自主的和探索式的学习、解决实际问题为基本要素的改革，使土木专业的学生逐步从本课程的改革实践中，意识到本课程在大学教学课程体系中的关键作用。大四课程不是学习体系的结束，而是本科生面向社会，面向市场后新学习的开始，是承前启后的重要环节。

基于本教材的基本内容，通过教案、课堂设计、教学实践等环节的综合考虑，适当增加基础分析理论部分的讲解；并显著增加跨学科相关知识的讲解；增加在实践环节的软件工程应用实例。本门课程的教师一定要与软件公司和设计院保持长期的合作与交流，既可以让学生了解最新版本的行业设计软件和土木设计的发展趋势，对学生进入工作岗位有无缝衔接的作用，也可以通过毕业设计环节体现出本门课程的重要实践意义。通过在土木工程应用软件方面的丰富工程案例，拓展教学资源。

12.4 教学大纲探讨

本教材编写的初衷，是希望通过课程内容调整、课程大纲设计和教学改革，把《土木工程应用软件》的教学打造成真正以典型工程案例为导向，以典型工程问题解决为核心的教学模式；把土木工程中的主要方向通过与土木工程应用软件建立联系，把学生零散的知识体系推向互联互通的境界。通过面向工程问题的教学改革，提高学生的综合能力和素质。本课程的改革从基本技能、团结协作、解决问题和思维方式等方面，重点提升土木专业毕业生的"卓越工程师"方面的综合素质和科研能力。以此为目标，作者重新编排了教学内容，梳理教学大纲；本教材的主要框架，也是教学大纲的整体结构的主要关系如

图 12-1 所示，作为参考。

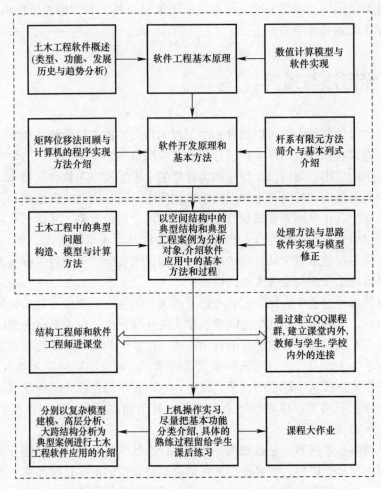

图 12-1 《土木工程应用软件》课程大纲结构示意图

12.5 展望

《土木工程应用软件》随着信息化、智能化的飞速发展，跨学科的专业发展趋势，以及综合性的项目运作模式的日益增多，该课程在土木专业课程体系中的重要性将逐步得到体现。作者力图通过这本粗浅的教材，促进业内同仁对《土木工程应用软件》的相关教学的重视，并为工程师在实际工程中的问题解决和软件应用提供一定的思路和借鉴。

参考文献

[1] J. J. 帕森斯，D. 奥亚. 计算机文化导论［M］. 北京：机械工业出版社，2009.

[2] G. 布兰切特；B. 杜波乌. 计算机体系结构［M］. 北京：清华大学出版社，2017.

[3] I. 萨默维尔. 软件工程［M］. 北京：机械工业出版社，2018.

[4] D. M. 克伦克，D. J. 奥尔. 数据库原理［M］. 北京：清华大学出版社，2008.

[5] 陈学伧，陈洪亮. 数据库原理与工程应用［M］. 合肥：中国科学技术大学出版社，1996.

[6] 王晓东. 计算机算法设计与分析（第3版）［M］. 北京：电子工业出版社，2007.

[7] 徐赵东. 土木工程常用软件分析与应用 MATLAB-SAP2000-ANSYS［M］. 北京：中国建筑工业出版社，2010.

[8] E. L. 威尔逊. 结构静力与动力分析—强调地震工程学的物理方法［M］. 北京：中国建筑工业出版社，2006.

[9] 沈祖炎. 钢结构学［M］. 北京：中国建筑工业出版社，2005.

[10] 王勖成，邵敏. 有限单元法基本原理和数值方法（第2版）［M］. 北京：清华大学出版社，1997.

[11] 尹德钰，钱若军，刘善维. 网壳结构设计［M］. 北京：中国建筑工业出版社，1996.

[12] 钱若军，杨联萍，胥传喜. 空间格构结构设计［M］. 南京：东南大学出版社，2007.

[13] 董石麟，罗尧治，赵阳等. 新型空间结构分析、设计与施工［M］. 北京：人民交通出版社，2006.

[14] 沈世钊，陈昕. 网壳结构稳定性［M］. 北京：科学出版社，1998.

[15] 林同炎，S. D. 斯多台斯伯利. 结构概念和体系（第2版）［M］高立人等（译）. 北京：中国建筑工业出版社，1999.

[16] 赵鹏飞. 空间网格结构技术规程理解与应用［M］. 北京：中国建筑工业出版社，2013.

[17] H. Max Irvine. Cable Structures［M］. The MIT Press，Cambridge，1981.

[18] 北京迈达斯技术有限公司. Midas Gen 工程应用指南［M］. 北京：中国建筑工业出版社，2012.

[19] 北京金土木软件技术有限公司. SAP2000 中文版使用指南（第2版）［M］. 北京：人民交通出版社，2012.

[20] O. C. Zienkiewicz，R. L. Taylor etc. The Finite Element Method（Sixth Edition）［M］. Holand：Academic Press，Elsevier，2005.

[21] 朱玉华. 土木工程应用软件［M］. 上海：同济大学出版社，2006.

[22] 王伟. ANSYS 14.0 土木工程有限元分析从入门到精通［M］. 北京：清华大学出版社，2013.

[23] 庄苗，张帆，岑松. ABAQUS 非线性有限元分析与实例［M］. 北京：科学出版社，2005.

[24] 王鹰宇等. ABAQUS 分析用户手册：分析卷［M］. 北京：机械工业出版社，2017.

[25] 崔春义，孟坤，许成顺. ADINA 在土木工程中的应用. 北京：中国建筑工业出版社，2015.

[26] 朱丙寅. 建筑结构设计问答及分析［M］. 北京：中国建筑工业出版社，2013.

[27] Daniel L. Schodek 著. 建筑结构—分析方法及其设计应用［M］. 罗福午，杨军，曹俊译. 北京：清华大学出版社，2005.

[28] 包世华，张铜生. 高层建筑结构设计和计算［M］. 北京：清华大学出版社，2005.